都市構造と都市政策

Urban Policy Study based on Urban Structure Viewpoint

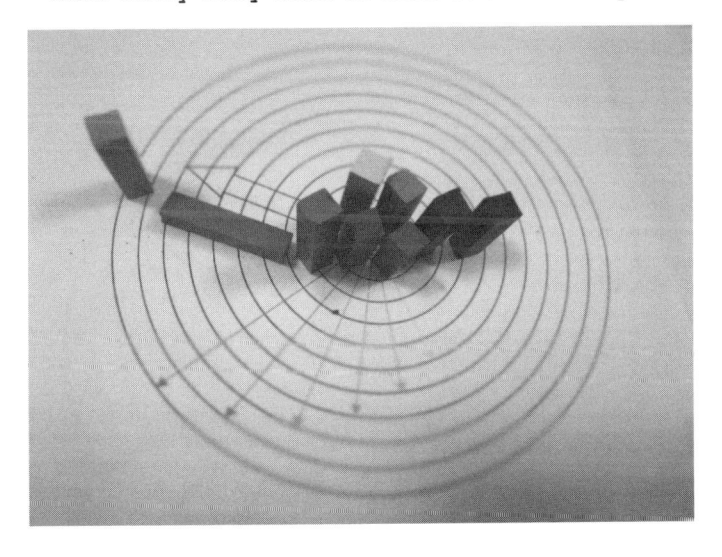

近畿都市学会 編

古今書院

はじめに－都市政策の具体化・構造化・総合化をめざして

　19世紀以来爆発的な増加を続けていた都市人口は、ついに20世紀末に世界の総人口の半数を超え、21世紀は、人類の過半が都市民となる「都市の時代」となった（特に先進国では都市人口が7～8割にも達している）。

　しかしながら、この急速な都市化の影で、先進国ではいまや、都市間競争の激化の下で、都市の再構築（リストラクチャリング）が大きな課題となっている。すなわち、21世紀初頭に、先進国では、『人口減少社会への突入』や『産業空洞化』など、近代都市の発展の前提条件が崩れ、近代以来はじめて直面する（ポストモダン的な）環境変化により、都市環境や経済基盤の構造的再編が否応なく求められているのである。21世紀初頭という現在は、そのような新たな社会経済環境の変化、新しい複雑な課題の出現によって「都市政策・地域づくり」はかつてない転換期にある。そして都市研究・都市関連諸科学は、＜都市のあるべき姿、新たな都市像の再構築＞という、重要でチャレンジングな課題がつきつけられているのである。

　ところで、都市政策が他の政策と違うのは、都市が空間的な存在であるということである。都市問題が発生しそれに対応する場合も、また具体的な都市政策をうつ場合も、それは都市の具体的な地域、または都市の構造を離れては考えられない。したがって、本来は都市政策が具体性をもつためには都市構造とともに考えることが必要不可欠と言える。本書は、そのような観点から都市政策を都市構造からとらえなおし、まとめたものである。

【Ⅰ】第Ⅰ部は、21世紀の都市構造の諸問題についてとりあげる。都市とは、集積の利益をもとめて都市型産業（商工業）が集積し核ができ、それに通勤するものが住宅地を形成したものといえる。この通勤手段がもともとは公共的な軌道交通であったが、車へ移行しつつあること、また21世紀に入り、人口減少社会の到来とともに、(1)都市縮小の段階に入り、(2)逆に郊外空洞化の対策も重要になっている。こうした基本事項について第1章・第2章で説明する。

　人口減少社会への移行期において、集約型高密度都市を志向する典型的都市政策の1つがコンパクトシティ政策であり、これについては第3章で説明する。

また、車に対する公共交通の復権をめざす動きについては第4章で、高齢化への対応については第6章で、内外の交通政策の動向として説明する。

現在の都市圏の人口変動は、「①郊外（通勤）人口減少」と「②都心回帰」とに要約できることが第5章で明らかとなる。

「①郊外（通勤）人口減少」については、第7章で居住と通勤から分析され、もともと中心都市通勤者のベッドタウンとして形成された郊外が「地元化」しつつあることが示される。郊外の空洞化のもつ意味が、第8章で検討され、また郊外ニュータウンの歴史のなかで、ニュータウンの衰退と再生として第9章で分析される。

「②都心回帰」については、人口動態は第11章で分析される。一方、商業や地域の面から、いったん郊外化し、郊外の大型店におされ地域の商業が衰退した問題（中心市街地問題）があり、中心市街地をどのように再生をするのかについて第10章で説明する。

【Ⅱ】都市は、中心部に多い都市型産業（商工業）の就業の場とその周りをとりまく住宅地域からなっているので、第Ⅱ部はセクター別に構造と政策をとりあげる。

まず、住宅市場の構造と特性については第12章でとりあげる。

つぎに、商業・流通の立場から都市構造をとらえることを第13章・第14章でおこなう。地方都市の問題は、歴史的中心商業地に対し郊外の大型商業、さらにはJR中央駅地域の3元論でとらえなければならないことが第13章で示唆される。都市における物流と構造については第14章で説明される。

第15章では、工業の立場から都市構造をみて、21世紀には産業集積地域の活性化と住工混在地域の問題の解消が公共政策的課題となっていることを説明する。

21世紀には、旧来型の商工業だけでなく、いわゆる第4次産業といわれるソフト産業やハイテク産業こそ都市の基盤として重要となる。ハイテク産業の立地問題として、第16章では、大阪湾ベイエリアを例としてBPE（Branch Plant Economy）の罠について論じる。また、IT・クリエイティブ系オフィスの立地の特殊性については、第17章で論じる。

【Ⅲ】第Ⅲ部では、応用として、21世紀におけるまちづくりと都市構造の関係

について説明する。21世紀のまちづくりの潮流としては、(1) ハード中心（巨大な公共事業）からソフトを含めたまちづくりへ、(2) 手法としては、既存のストックを生かす歴史的まちづくり、文化のまちづくり、観光まちづくりなどが重要となる動き、(3) 主体論としては、行政中心から市民や民間主体のまちづくり（いわゆる「新しい公共」論）への流れ、(4) 社会全体の高齢化にともなう、高齢者を組み込んだまちづくりへの流れ、などが起こっている。

市民主体のまちづくりへの大きな流れについては、第18章と第22章で説明される。市民主体のまちづくりでは、①専門家でない市民が専門知識やデータを利用できる必要があり、また②多くの市民が同時に参加できるように、ICT（情報通信技術）の活用が大きな役割をはたす。ここで出てきたのが「市民参加型GIS」というツールである。

既存のストックを活かす歴史的まちづくりも大きな動きとなっており、これについては、第23章で説明される。

歴史の重視とは、個性や都市文化を活かすことに他ならない。都市文化を活かした文化のまちづくりについては、第19章で説明される。

観光による都市振興と都市施策については、第20章で説明される。

一方、これからの社会全体の高齢化社会への移行にともない、コンビニがデイセンターになり、オフィスがグループホームになるなど、都市全体がユーザーの需要にあわせて、高齢者向けのまちづくり、高齢者を組み込んだ高齢者も参加するまちづくりが重要となっている。これについては第21章で説明される。

【Ⅳ】最後に、人口減少社会・産業空洞化社会の危機に直面し、現在の都市政策を考えるうえで、政策主体である自治体が財政難となり、自治体自身の運営・経営自体を問題にする必要がある。そこで第Ⅳ部では、**都市構造と都市経営問題**をとりあげる。また**本書の総括と展望**として、さらに世界の都市政策の新しい潮流を説明する。

第24章では、都市自治体の行財政論を説明する。

これからの都市づくりでは、効率化も重要な課題である。これまで行政がやってきた公共事業を民間主導でより効率的におこなっていくという新公共経営的都市経営手法として、PFI・PPP事業などがあり、第25章で説明される。

また、2011年の東日本大震災は、もともと災害が多い我が国において、公共政策として防災につよい都市づくりが重要であることを認識させた。これは

ついては、第26章で論ずる。

　最後に、今後の展望として、都市の空間・経済・社会構造を踏まえた海外の都市政策の動向を第27〜29章で総括する。第27章ではイギリスの都市政策、第28章ではヨーロッパ全体の都市政策の動向をとりあげ、第29章では近年注目されているクリエイティブ都市論・クリエイティブ階級論をめぐる議論を紹介しまとめとする。

　第二次大戦後、日本都市学会が復活し、1957年にはその支部として近畿都市学会が設立され2012年で創立55周年をむかえた。この間、学会では大学研究者・市政担当者・市民リーダーとの緊密な協力のもとに、都市に関する総合的な調査研究の実をあげてきた。

　すでに本学会では、2007年の創立50周年にあたり、『21世紀の都市像』（古今書院刊）を計画、2008年に刊行した。この計画の実施は、時宜を得たものと、今後の都市研究の行く末を予測したものであったといえるのか、関連機関、学会でも、同じような趣旨の企画がその後現れてきたことも大変喜ばしいことであり、21世紀の都市像について、ますます研究が進むことを期待したい。

　そして2012年の創立55周年にあたり、都市政策や都市構造研究の課題や時代の必要性を踏まえ、21世紀の都市づくりを見据えた都市研究成果を学会の総力を挙げて世に送り出そうと本書『都市構造と都市政策』を計画することとなり、会報等で、その計画の全容を内外に2011年より何回か公開した。

　2012年に編集委員会を組織し作業に入ったが、編集委員会・執筆メンバーの分野も経済・経営、都市計画、地理と多岐にわたり、職場も多彩である。

　このように関係諸氏のご努力により、2012年より約2年を費やして、ここにその成果が結実した。

　本書は広い意味での都市構造（空間、経済、社会等）をふまえて都市政策・都市づくりを論ずるもので、本書は、内容的には21世紀の都市づくり・地域づくりに寄与すると考えられるテーマを選んで執筆した。本書が将来とも、都市関連諸科学の教育と研究にとどまらず、「まちづくり・地域づくり」や自治体の行政に大いに活用されるよう願ってやまない。

　　2013年10月

　　　　　　　近畿都市学会『都市構造と都市政策』編集委員会

目　　次

第Ⅰ部　21世紀の都市構造の諸問題

第 1 章　都市構造の変容（交通）－通勤通学流動と都市交通　2
第 2 章　都市構造の変容（歴史と展望）　14
第 3 章　コンパクトシティ　26
第 4 章　都市構造と公共交通政策　36
第 5 章　人口変動と都市圏構造　45
第 6 章　高齢化と都市交通　52
第 7 章　郊外論 1 －居住と通勤　60
第 8 章　郊外論 2 －郊外の空洞化　67
第 9 章　都市発達史的にみた日本のニュータウンの特徴と再生に向けた都市政策　77
第 10 章　中心市街地の衰退と再生　84
第 11 章　人口の都心回帰　92

第Ⅱ部　セクター別の構造と政策

第 12 章　住宅市場の構造と特性　104
第 13 章　商業と都市構造の変化
　　　　　－3 元モデルと中心市街地活性化の新しい戦略　112
第 14 章　都市における物流施策　125
第 15 章　工業と都市構造／政策－産業集積地域の活性化に向けて　132
第 16 章　都市型新産業と都市構造／政策－大阪湾ベイエリアは BPE（Branch Plant Economy）の罠から逃れることはできるのか？　141
第 17 章　都市型新産業と都市構造／政策
　　　　　－ IT・クリエイティブ系オフィス　148

第Ⅲ部　都市構造とまちづくり

第18章　GISとまちづくり（市民参加）　158
第19章　都市の発展と文化政策　173
第20章　都市と観光　182
第21章　医療・福祉とまちづくり　187
第22章　新たな社会システムとしての住民主体のまちづくり　198
第23章　歴史資産を活かしたまちづくり　209

第Ⅳ部　都市構造と都市経営

第24章　行財政論　222
第25章　都市経営の手法（PFI・PPP事業：NPM）と都市構造／政策　231
第26章　都市構造と防災政策　240
第27章　海外の都市政策の動向1－イギリス　249
第28章　海外の都市政策の動向2－欧州を中心に　257
第29章　海外の都市政策の動向3－創造階級論と都市の創造性　267

●第1部●
21世紀の都市構造の諸問題

第1章

都市構造の変容（交通）
ー通勤・通学流動と都市交通

松澤 俊雄

はじめに

　本章では20世紀後半からのわが国の都市・都市圏における通勤・通学流動の変容を「国勢調査」を中心に概観・分析することにより、21世紀になったこれからの社会における交通・運輸インフラの整備・運営上の若干の示唆について考えてみたい。1節では就業者の居住・従業の動向について、2節では都市規模別にみた居住・従業パターンと交通手段について、3節ではわが国の3大都市圏の空間構造と居住・従業パターンの動向について、また4節では就業者の域内従業可能性について、地域・都市のコンパクト性との関連で考えてみたい。

1. 都市圏発展と居住・従業の空間的配置の動向

　わが国における20世紀後半の経済発展の過程においては、人口および生産年齢人口の増加があり、地域・都市構造の変化に於いては、居住・従業の空間的配置で、居住者（常住就業者）が自宅を始めとする近場の自市区町村内での従業から通勤交通手段の発展にも支えられて、より遠方の他市区町村での従業へとシフトしていく傾向が見られる。自市区町村での従業は1960年の81%、1970年の74%、1980年の66%、1990%年には60%へと低下してゆき、逆に他市区町村での従業はその分増加する。20世紀半ば頃までは通勤手段の制約上、一般に居住地と従業地は比較的近くにあったが、20世紀後半おいては（鉄道・自動車などの）交通手段の発展により急速に条件が緩和されていったわけで、それが1960年～90年の通勤における（距離も考慮した）流動量の飛躍的増加としてみられたといえる（表1・2）。

　都市構造ならびに都市圏構造の観点からは中心都市従業者の郊外居住という通勤流動の構造的変化（いわゆる郊外化）を伴うとともに、郊外への事業所の

表1　従業地・通学地別の就業者・通学者（15才以上）：万人

	1960	1970	1980	1985	1990	1995	2000	2005	2010
全国（含自宅）	4,838	5,941	6,379	6,711	7,129	7,304	7,089	6,844	6,465
自宅		1,958	1,453	1,251	1,178	956	879	772	622
自市区町村	3,913	2,426	2,753	3,001	3,074	3,278	3,176	3,171	2,908
他市区町村	924	1,557	2,166	2,452	2,878	3,070	3,034	2,900	2,935
（内　他県）	146	243	418	478	577	619	591	583	556
人口（百万人）	93	104	117	121	124	126	127	128	128
生産年齢人口（同）	60	72	79	83	86	87	86	84	81
高齢者比率 (%)	5.7	7.1	9.1	10.3	12.1	14.6	17.4	20.2	23.0

「国勢調査報告書」等による。1970年値は沖縄を含む。
近年の調査では不詳分が増加しており、本表では合計値（全国値）から除かれているので、時系列的比較上の整合性は必ずしも保たれていない。

表2　利用（代表）交通手段別　就業者・通学者数

	1970	1980	1990	2000	2010
全国（自宅外）	3,983	4,926	5,952	6,211	5,842
鉄道	1,148	1,397	1,561	1,491	1,437
自動車	578	1,414	2,212	2,751	2,635
その他・不詳	2,257	2,115	2,255	2,040	1,771

「国勢調査報告書」より算出。鉄道による流動数には調査年により、集計結果が若干異なる。

立地にともない、郊外相互間での流動も調査年ごとに大きくなってゆく。
　しかし、わが国における生産年齢人口も20世紀末の1995年国勢調査をピークに減少に転じる。生産機能の海外流出による影響もあり、わが国の従業者の数が減少するとともに少子化が重なり通勤・通学の流動人口も相当に減少してゆく。
　3大都市圏の人々の全目的の流動をパーソントリップ調査についてみれば、東京都市圏での増加に対して京阪神圏、中京圏での減少・停滞が見られるとともに、各都市圏とも通勤・通学トリップの相対的低下と高齢者人口の増大にともなう私事（自由）トリップの相対的かつ絶対的増加が顕著に見られる（表3）。しかし全体としては一人当たりのトリップ（流動）数は若干の減少傾向にある。また前述のようにトリップ当たりの距離は増加してきたことが分かるが、最近年は別として大都市圏でのトリップ当たりの平均時間は長年変化が少なく、大都市交通センサスでみた通勤平均時間も変化は少ないし、大学の郊外移転も落ち着いて、通学時間も近年での変化は少ない（表4）。つまり総じていえば、

表3 トリップ数（万）

都市圏	調査年	目的別トリップ数 全目的	出勤登校	私事（自由）	人口当トリップ数
東京	1978	6700	1548	1615	2.53
	1988	7425	1853	1672	2.42
	1998	7896	1835	2005	2.40
	2008	8489	1892	2407	2.45
中京	1981	1686	401	314	2.54
	1991	1798	446	358	2.46
	2001	1972	448	477	2.57
	2011	1924	435	498	2.40
京阪神	1980	4161	929	945	2.79
	1990	4333	1019	965	2.70
	2000	4354	936	1163	2.57
	2010	3970	843	1124	2.35

表4 トリップ平均時間（分）

	パーソントリップ調査			大都市交通センサス		
	調査年	全目的	出勤目的	調査年	通勤	通学
	1978	29.2	41.4	1980	63.0	65.0
	1988	30.6	41.8	1990	65.1	69.2
	1998	32.0	43.1	2000	66.9	73.0
	2008	34.3	45.7	2010	68.7	77.0
	1981	23.1	28.9	1980	59.0	67.0
	1991	25.8	29.1	1990	60.4	72.5
	2001	24.3	29.4	2000	59.0	72.6
	2011	24.0	31.5	2010	61.0	71.8
	1980	24.8	35.9	1980	56.0	63.0
	1990	26.3	35.9	1990	60.4	72.3
	2000	26.7	35.8	2000	61.2	75.2
	2010	29.0	38.0	2010	62.7	74.9

出所）各都市圏「パーソントリップ調査」ならびに「大都市交通センサス」
注）パーソントリップ調査（全交通機関）での人口あたりの値は、東京・中京では5歳以上、京阪神は全夜間人口。大都市交通センサスでは、首都圏・中京圏・近畿圏（鉄道利用分）。

わが国の通勤・通学流動は相対的にも絶対的にも減少ないしは安定化傾向にあるといえる。

人口の中位推計によると2030年には、わが国人口は1億1700万人、生産年齢人口は2010年の8400万人から6800万人へと16%の減少、一方高齢者率は2010年の23%から2030年では32%、2050年では39%と推計されている。このようななかで、通勤・通学流動に焦点を合わせた鉄道の輸送力増強整備中心の交通・輸送整備政策が転換されなければならない（ずっと以前から転換されるべきであることを筆者は指摘してきた（松澤1993、2005など）。つまり交通システムをハード・ソフト両面から「通勤・通学」目的ならびに昼間時高齢者・休日利用者も多い「私事、業務」目的流動の両者に適うように整備する必要がある。

表 5　通勤・通学流動数

2000年従業者数基準で	全従業・従学者及び流入従業・従学者数:15歳以上（千人）							
	全体				流入者			
	70年	80年	90年	2000年	70年	80年	90年	2000年
(1) 15万未満	680 100	743 109	804 118	810 119	137 100	173 126	213 155	234 171
(2) 15～25万	2,780 100	3,152 113	3,425 123	3,521 127	419 100	543 130	666 159	760 181
(3) 25～50万	3,113 100	3,522 113	3,963 127	4,044 130	430 100	593 138	763 177	846 197
(4) 政令（5市）	2,629 100	3,156 120	3,704 141	3,829 146	345 100	471 137	599 174	657 190
(5) 3大都市	10,787 100	11,232 104	12,693 118	11,814 110	3,299 100	4,311 131	5,625 171	5,314 161
合計	20,389	21,806	24,591	24,019	4,632	6,093	7,867	7,814

「国勢調査報告書」から算出

Ⅱ．都市規模別通勤・通学パターンと交通手段

　つぎに、わが国の都市を従業者の規模別に分類して、全市従業者ならびにその市外からの流入者の変化とそれらに対応する交通手段についてみてゆきたい。図1・2・3は、3大都市圏以外の地域にある県庁所在都市等を規模別（2000年の従業者数）にみて、(1) 15万未満：山口・鳥取……下関・甲府の7市、(2) 15～25万：青森・山形……長野・長崎の19市、(3) 25～50万：大分・岐阜……岡山・熊本の12市、(4) 政令（中枢）都市：北九州・仙台・広島・福岡・札幌の5市、(5) 3大都市：名古屋・大阪・東京都23区の5つにグループ化・合計して、都市内での全従業者・従学者と、そのうち市外から通勤・通学してくる流入者（2000年の行政区域に基づき70、80、90年は遡及して調整）数の変化をみたものである。1970～2000年において、3大都市を除く市全体の従業者数および市外からの流入者は、(1)(2)(3)では、都市規模が大きくなるほど増加率が高くみられる。政令（中枢）都市(4)も周辺地域の併合を考慮すると実質的には、(1)(2)(3)よりも増加率は高い。

　図1・2・3は、1970→80→90→2000年における交通手段別利用者数の変動を表している。中心都市における通勤・通学人口の増加分は、(1)(2)(3)の3つのグループでは、その殆どが自家用車利用によって占められている。また、3大都市(5)では、増加した従業者の殆どが鉄道利用者となっており、道路容量に変化が少ない3大都市圏では通勤・通学時の自家用車利用は「所要時間」

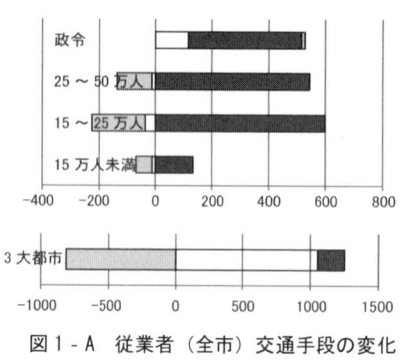

図1-A 従業者（全市）交通手段の変化
1970年→80年

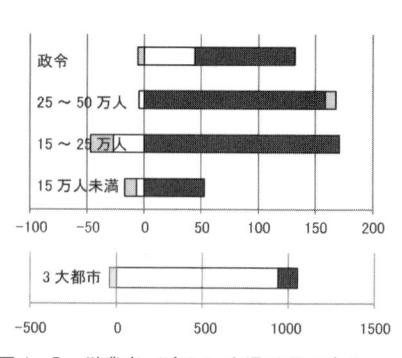

図1-B 従業者（流入）交通手段の変化
1970年→80年

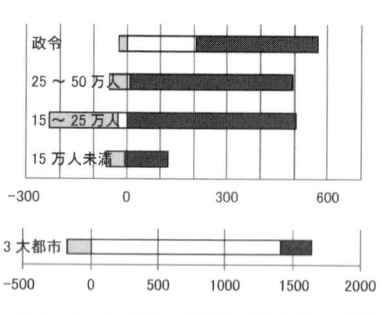

図2-A 従業者（全市）交通手段の変化
1980年→90年

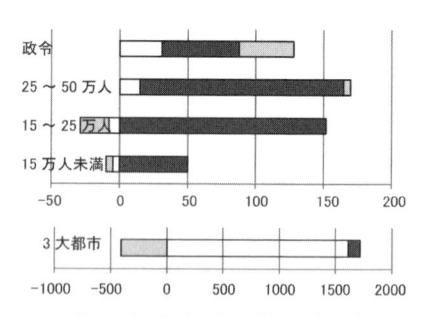

図2-B 従業者（流入）交通手段の変化
1990年→2000年

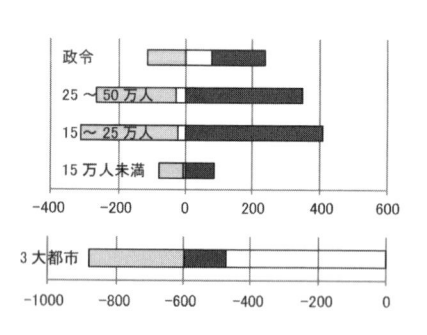

図3-A 従業者（全市）交通手段の変化
1990年→2000年

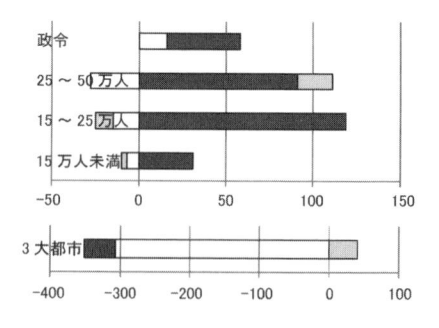

図3-B 従業者（流入）交通手段の変化
1990年→2000年

□鉄道　■自家用車　□その他（含不詳）

注）「その他」には、他の交通機関、自宅就業の変化、調査不詳分も反映されている。

を通じて自ずと一定に抑制されるので、都市高速鉄道の存在は大都市圏発展の要件であることが分かる。一方、政令（中枢）都市(4)では全市および流入の両者で従業者増加分の多くは鉄道と自家用車の両者によっており、中間的都市規模の性質は利用交通手段にも現れている。とくに、1980年代は、地方都市におけるモータリゼーションが進行した時代であるが、比較的規模の大きい(3)グループの地方都市では、中心都市周辺でのJR駅の設置や列車本数の増大により、鉄道利用者の増加がみられるのは特徴的である（図2-B）。

Ⅲ．都市圏通勤・通学流動の空間的外延化・多様化

　都市圏の成長・発展過程は、中心都市と郊外の間における人口・経済活動の再配置過程でもあった。本節では、東京・名古屋・大阪の大都市圏を中心都市と都府県境界によって3つの地域区分にわけるとともに、通勤・通学流動を方向別に①～⑧の8種類にわけてその動向について考えてみたい（図4と表6）。居住人口は都心区での減少、中心都市での停滞（初期の増加はあるものの）、郊外地域での増加が共通に見られるとともに、従業・通学人口の発生は3つの地域区分の何れでも増加し、かつて中心都市に集中していた経済活動が全域的に分散していったことがわかる。

　表6は上記①～⑧の流動数とその指数（1970年を100）を表しており、それらを図示したのが図5・6・7である。この内、中心都市から比較的同心円的に広がる大阪府についてみると（図5）、まず、流動量全体（①～⑧）では1960年の353万人から2000年の566万人へと60%の増加がみられる。中心都市大阪市内々の流動（①）は初期に増加の後、減少するが、他の流動はすべて増加している。しかし、時期的にみると高度経済成長の初期である1960年には大阪市へは59万人（⑥＋⑦）が流入し、僅か10年後の70年には倍近い107万人に達する。そのため、主な通勤・通学手段としての郊外鉄道にはその輸送力に比べ多大な乗客が殺到して、激しい混雑・混乱にみまわれることになる。また郊外から市

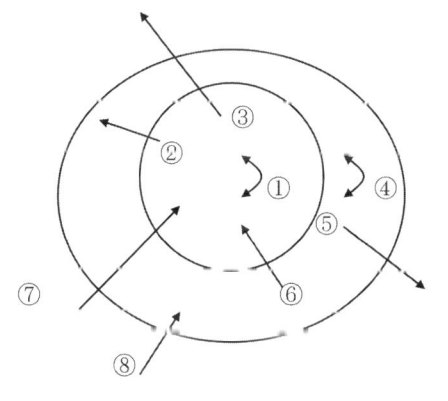

図4　通勤・通学流動図（内周界：中心都市境界，外周界：都道府県境界）

内に入った通勤・通学者と、市内区間相互の移動者（自区外通勤者）の増加と相まって、中心都市内における通勤・通学交通も膨張する。

また、府下相互の流動④や府下と他県の流動⑤⑧も大きく増加する。通勤・通学のトリップエンド（発生・到着数）でみると、中心都市（大阪市）関連（①②③⑥⑦）と周辺地域（府下）関連（②④⑤⑥⑧）は1960年の約6：4から2000年の4：6へと逆転し、都市圏の外延化と周辺部のウエイト増加ならびに流動の多様化傾向がみられる。東京・名古屋の都市圏についても同様の傾向が見られる。

表6　方向別通勤・通学流動（流動数：千人；1970年＝100の指数）

調査年次		1960 流動数	1960 指数	65 指数	70 指数	75 指数	80 指数	85 指数	90 指数	95 指数	2000 指数	2005 指数	2005 流動数
①	東	4,458	90	104	100	97	94	96	95	91	88	82	4,024
	名	828	77	99	100	98	99	100	105	103	99	94	1,014
	大	1,476	99	111	100	89	84	84	84	82	75	70	1,037
②	東	40	49	85	100	108	129	135	145	149	139	129	105
	名	21	31	61	100	126	154	181	219	229	238	257	175
	大	74	48	86	100	108	120	130	141	137	127	120	185
③	東	114	51	79	100	104	121	132	145	149	140	136	306
	名	4	57	74	100	120	137	153	185	240	237	244	18
	大	32	66	87	100	106	112	116	130	150	131	130	64
④	東	339	39	77	100	112	129	144	159	168	167	163	1,416
	名	1,358	80	88	100	104	101	124	135	139	140	142	2,410
	大	1,082	67	77	100	109	122	135	143	146	142	136	2,203
⑤	東	19	32	63	100	127	168	212	267	299	299	302	176
	名	7	46	65	100	141	190	238	325	393	408	418	61
	大	31	34	65	100	135	159	178	204	231	213	212	193
⑥	東	190	43	78	100	115	121	135	153	148	138	132	579
	名	142	53	77	100	119	129	138	160	171	164	153	406
	大	350	49	79	100	113	114	122	132	132	114	104	744
⑦	東	641	44	72	100	129	145	165	202	209	195	189	2,749
	名	30	49	82	100	119	137	147	172	186	175	174	108
	大	240	67	88	100	112	118	129	148	153	143	136	488
⑧	東	24	33	62	100	141	196	240	332	394	388	383	277
	名	16	57	75	100	125	169	203	251	285	299	335	93
	大	55	45	74	100	126	155	174	201	220	213	204	252

「国勢調査報告書」より算出

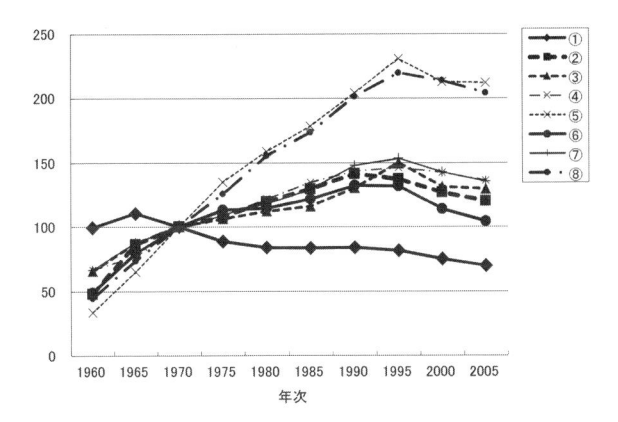

第1章　都市構造の変容（交通）―通勤・通学流動と都市交通　　　9

図5　方向別通勤・通学流動（大阪府指数）：1970年＝100

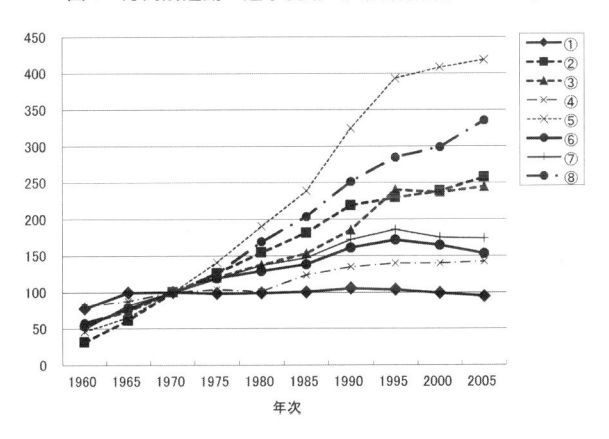

図6　通勤・通学流動（愛知県指数）：1970年＝100

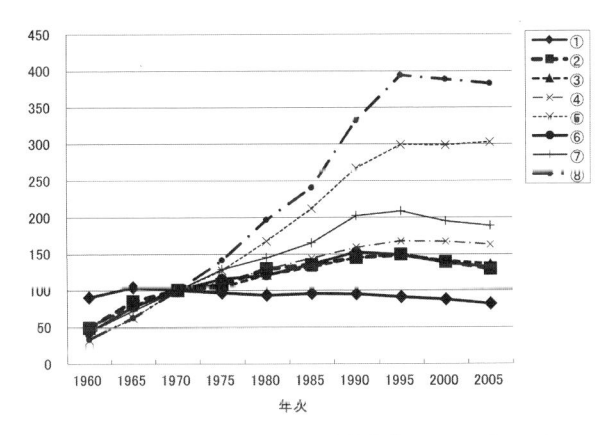

図7　方向別通勤・通学（東京都指数）：1970年＝100

IV. 地域内通勤・通学流動と従業可能性（自立性）の動向

　今日あるいは21世紀のわが国社会の課題として、人々の移動あるいは移動に費やされるエネルギーが可能な限り抑制されるようなコンパクトな地域・都市構造の形成が挙げられている。コンパクトな地域・都市構造はこれまでにも幾度となく議論されてきたが、本章の第1節でみたように、20世紀後半から世紀終わりにかけてのわが国の通勤・通学流動をみると、コンパクト化とはむしろ逆方向の拡散的地域・都市構造の社会が形成されてきたといえる。しかし21世紀に向けての生産年齢人口の減少と経済・雇用の停滞・減少、さらには高齢化傾向の昂進という状況下で、再度大都市圏通勤・通学流動を例としてこの問題について若干の考察を行ってみたい。

　各地域で雇用されている人々の常住地がどこであるかは、地域の自立性を考えるうえで一つの重要な点となる。19〜20世紀にかけて形成されたイギリスのニュータウンにみられるように職住近接が比較的高度な形で実現するならば、居住者の通勤流動は地域で雇用される従業者（W）の内、地域内に常住する就業者（WS）によって充足される比率WS/Wと、その地域に常住する就業者全体（WI）の内、地域内で就業する者（WS）の比率＝地域内従業（可能）比率WS/WIの値は何れも高い値を示すことになる。この比率は地域の産業構造や都市圏に占める各地域の地理的条件と深く係わっている。

　図8は大阪府下を旧郡制度時代の各地域を単位として、WS/WとWS/WIを示している。総じていえば、通勤・通学交通手段に乏しい時代、あるいは地域では、域内従業が主となるためこれらの比率は高かったが、交通手段の発達でモビリティが高まると共に比率は低下する。同図で、右上の極は地域のWI、W、WSが一致した場合で、2つの比率はWS/WI＝WS/W＝1（100％）となる。

　1960〜70年で図の右上にある泉南・南河内や泉北ではWS/WIもWS/Wの値が高く、「自立的」な通勤・通学流動をしていたが、年を追って両者の値は下がり、その自立的性質が低下してゆく。また、中河内や豊能では高低の差はあるが、WS/WIはほぼ一定のままWS/Wが低下の一途を辿る。地域雇用の増加が地域居住の就業者増加を上回り、他地域からの従業者の通勤が増大してくることを意味するが、その分地域の求心力を強めているといえる。また北河内・三島は、表7のように、WとWIの何れもその水準と増加率は大きいが、WS/WとWS/Wともに中位的な大きさであまり変化していない。このことは、地域に居住するようになった就業者の内一定割合はコンスタントに他地域で従

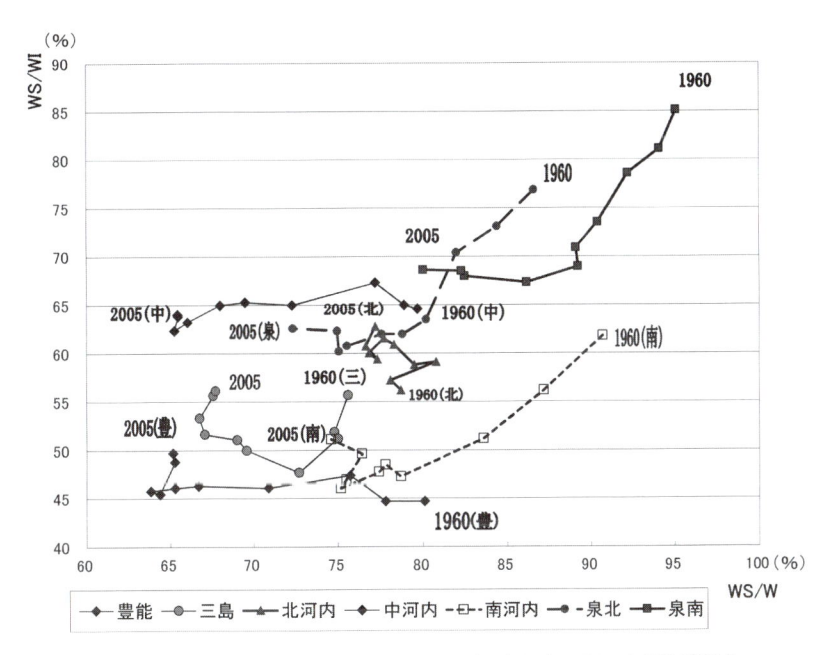

第1章　都市構造の変容（交通）－通勤・通学流動と都市交通　　11

図8　地域内外流動比率の推移（1960-2005）－大阪府旧郡による地域単位

表7　就業者数（WI）と従業者数（W）：千人、1960=100 指数

	1960 WI（千人）	1960 指数	1980 指数	2005 指数	2005 WI（千人）	1960 W（千人）	1960 指数	1980 指数	2005 指数	2005 W（千人）
三島	131	100	328	378	496	97	100	319	425	411
北河内	142	100	347	392	557	102	100	378	446	453
豊能	129	100	212	231	299	72	100	265	317	228
中河内	207	100	185	189	390	168	100	214	227	382
南河内	87	100	259	322	280	57	100	237	336	192
泉北	241	100	197	214	514	215	100	175	207	445
泉南	160	100	137	159	254	143	100	121	152	217

業し、逆に当地域で増加した雇用の一定割合はコンスタントに他地域居住の就業者で占められていることを意味している。

　この図において原点に近いほど、その地域の常住就業者は他地域で従業し、逆にその地域での従業者は他地域に居住する就業者によって占められる。その地域への及び地域からの通勤・通学（あるいは他の目的の流動でも同様に）の出入りが多くなることは、地域交流人口の増大を生み出すので、地域・産業活性化の視点からみるとポジティブな面をもつ。しかし反面移動によるエネル

ギー消費の増大を生みだすことでもある。WS/WIとWS/W比率の低下、すなわち原点方向への動きは、従業者数Wの停滞・減少とも関連して、20世紀最後の10年になってから、どの地域でも変化が止まるかないしは逆に右上方向への回帰傾向すらみられるようになった。従業者に占める地域内就業者比率であるWS/Wは一般に常住者の地域内従業比率WS/WIに比べて高くかつ地域間での差もより小さい。これは郊外地域の事業所は従業者を比較的近くから集めていることを意味する。別の見方をすればWS/Wの高い地域は居住と雇用がよりマッチして職住近接的であるともいえるし、逆に人々を引きつける力がより乏しいともいえるであろう。それは中心都市大阪市での充足率が非常に低い（図9参照）事実と対照的である。

注）地域内従業者充足率WS/W＝（地域内従業者数／従業者数）＝（WS/WI）／（W/WI）＝（地域内従業者数／常住就業者数）／（従業者数／常住就業者数）と書き換えることができるので、地域内従業可能率WS/WIが低い値であったとしても、地域内従業可能率W/WIもまた低いのであれば、自立性はその分を考慮しただけ高くみなされてよいはずで、これを表わすのがWS/Wであるといえる。この意味から地域内従業率WS/WIのみをもって自立性を規定するのは必ずしも適切とはいえない。反面任意の正の実数kに対して、WS/W＝（WS/WI）／（W/WI）＝k（WS/WI）／k（W/WI）であるから、地域内従業者充足率WS/Wだけで自立性を規定するならば、地域内就業可能率と従業率のいずれもが高い地域と低い地域とが同じ自立性をもっていることになり、やはり適切とはいえない。したがって地域内従業率WS/WIと充足率WS/Wの両者でもって自立性を規定する方がより適切と考えられる（松澤1986を参照）。

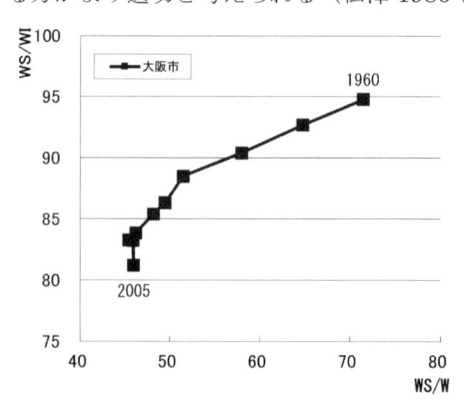

図9　地域内流動比率の推移（1960–2005）大阪市

むすび

　社会経済の総てにおいて右肩上がりで質量共に拡大基調にあった20世紀に対して、20世紀から21世紀にかけてわが国は人口減・生産年齢人口減・高齢者比率の上昇の傾向が見られ、20世紀では経験していないどちらかといえば縮小的な社会に入っていったと考えられる。そのような社会経済的状況を反映して、人々の地域・都市における空間的流動も変化する一方、それに対応した輸送需要も大きく代わりつつある。つまり交通システムをハード・ソフト両面から「通勤・通学」目的ならびに昼間時・高齢者・休日の利用者が多く、かつ比較的短距離が多い「私事・業務」目的流動の＜両者に＞適うように整備する必要がある（松澤2001、2005など参照）。

【参考文献】

角本良平（1987）『都市交通－21世紀に向かって』晃洋書房。
松澤俊雄（1986）「交通流動からみた郊外の自立化傾向」大阪市立大学経済研究所編『都市圏多核化の展開』、東京大学出版会。
松澤俊雄（1993）「大都市交通システム整備における一つの方向－昼間時自動車交通について考える－」『交通学研究　1992年研究年報』日本交通学会。
松澤俊雄（2001）「都市空間の活性化と交通機能」大阪市立大学経済研究所編『大都市圏再編への構想』東京大学出版会。
松澤俊雄（2005）「都市圏交通政策・施策の一つの方向性－中心都市における公共交通利用促進策」『交通科学』Vol.35、No2。
山田浩之（1980）『都市経済学』東洋経済新報社。
Bieber,A.et al (1994), "Prospects for Daily Urban Mobility", Transport Reviews,Vol.14,No4.
Dargay,J.M.,and M.Hanly (2002), *Journal of Transport Economics and Policy*", Vol.36,Part1,Jan.
Newman,P.and J.Kenworthy (1999), *Sustainability and Cities:Overcoming Automobile Dependence*",Island Press.
Thomson,J.M. (1978), *Great Cities and Their Traffic*", Penguine Books.

第2章

都市構造の変容（歴史と展望）

小長谷 一之

Ⅰ．20世紀までの都市形成の原理：都市拡大期

1．都市核の形成

　都市とは何か？都市は、都市型産業（第2・3次産業）と人が集積するところで、その理由は集積することによるメリット「集積の経済」にある。都市的産業は事業所同士が離れているよりも近づいていた方が便利だから集積するのである[1]。古代には産業というより政治や宗教的な機能で都市を造ったが限定的なものであり、本格的な都市型産業である商業・流通業が発展し、都市の数が増え、立地が確定したのは多くの国で中世期（日本では近世まで）である。近代になり工業によって都市経済がより強力になり都市は成長・拡大する。現代（ポスト近代）は、工業空洞化のため、より高度なオフィス型業務やIT系、クリエイティブ産業等の事業所による都市核の形成がもとめられている。

2．交通原理による拡大

　このように「（商工業の）集積の経済」で事業所、すなわち就業の場の集積地ができる（以下、小長谷2005）。住居は最初は職住接近だった。これが現在の都心（経済的にはCBD（中央業務地区）＋ターミナル中心地）で、歴史的には歴史的都市核といい、交通論的には歩行者都市（pedestrian city）である。この後、交通手段の発達とともに職住が分離し、増加した人口は都市の周辺部につくられる新規市街地に居住するようになり、都市は拡大する。しかし、通勤交通に関しては以下の式がなりたち、

| 交通原理：［①通勤時間（一定値）］×［②スピード］＝［③都市（範囲）］ |

①通勤時間がほぼ一定であることから、交通技術が進歩して②スピードが大きくなれば、③都市範囲が拡大し郊外開発が行われる。このようにして、丁度産業革命期（日本では大正・昭和初期まで）の、路面電車が普及した時期に都

心をとりまく市街地「インナーシティ」が形成され、中心都市（都心＋インナーシティ）の骨格がかたまった。「インナーシティ」の市街地特性は住工商混合地区である。戦後の高度成長期(1960～1970年代)までに、通勤鉄道が開通し、中心都市をとりまく隣接諸市の範囲に郊外開発が始まる。この時期に形成されたのが「内郊外」で、いわば老舗の郊外である。1980年代以降21世紀初頭まで、さらに、高速鉄道や自家用車の普及で通勤可能となり、その外側に形成されたのが「外郊外」である。以上から、現在の大都市の生成プロセスとは、「(商工業の) 集積の利益で核ができ＋交通原理で郊外拡大したもの」ということができる。

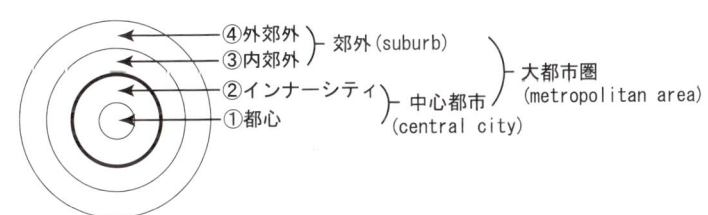

図1　先進国の大都市圏の4帯構造モデル。出典：小長谷（2005）

Ⅱ．都市ライフサイクル：老朽化型都市問題

1．都市ライフサイクルとは

上記のように、インナーシティ、内郊外、外郊外とも、その市街地形成時の入居層は世帯規模が増大する当時の新居世帯（20代～30代）で、新規に形成される市街地の住宅も新築であるから（ほぼ形成された時期（年齢）が同じ集団のことを人口学的には「コーホート」という）、近似的に、集合的な意味でコーホート的な性質を維持する。

すると、市街地と最初に入ってくる入居層の集団は、一種の「集団としてのライフサイクル」を持つとみることができる場合が多い。この市街地形成後の住宅と入居層のサイクルは、遅くとも半世紀のうちに更新の時期を迎えると想定される。こうした市街地形成の特性を、都市構造論と組み合わせると、都心（近代以前）→インナーシティ（工業化期）→内郊外→外郊外という順番で市街地が形成されてきたということから、市街地と入居層が最初に形成された時期の古い順に、集合的な意味で、コーホート的老齢化・老朽化の波がやってくることになる。筆者はこれをかつて「都市ライフサイクル仮説」と呼んだ（小長谷2005）。

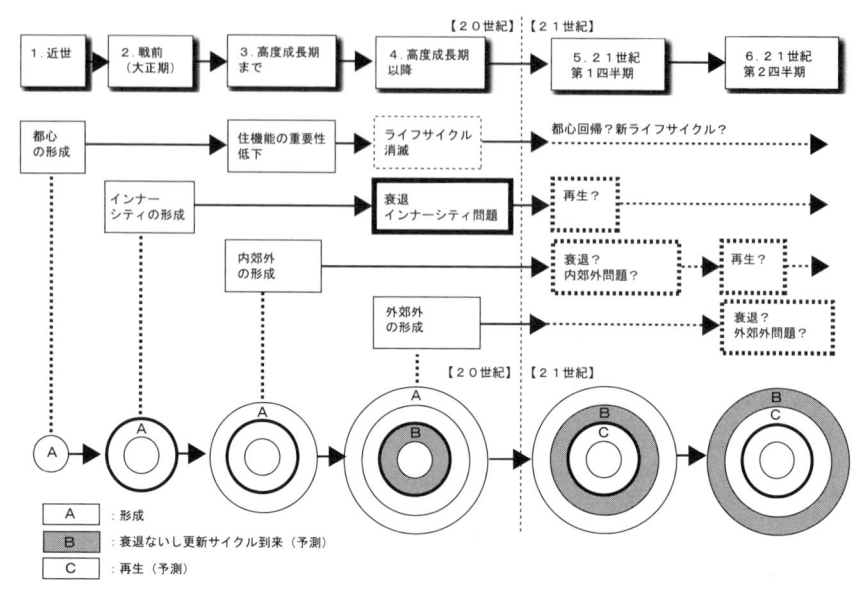

図 2　都市ライフサイクル仮説（市街地と最初の入居層の形成によるサイクル）
出典：小長谷（2005）

2. 20世紀末の都市ライフサイクル型都市問題としての「インナーシティ問題」

（1）ライフサイクル要因＝第1の要因

　都心は、商業やオフィスなどの業務機能が卓越したため、一旦はほとんど居住者によるライフサイクル性は失われた。都心を除けば、居住機能の残るもっとも古い市街地がインナーシティで、ここに半世紀を経過した20世紀後半の特に高度成長期以降に、「人口老齢化」「住宅老朽化」の最初のサイクルが訪れた。これが有名な「インナーシティ問題」に他ならない。

（2）20世紀末に重なったその他の要因－郊外化や「産業空洞化」

　1）第2の要因＝郊外化要因（郊外化の裏返しとしての中心都市のシェアの低下）：郊外化とは、より外側の郊外における新都市形成であり、その結果、①現在中心都市にある人口や経済活動が、郊外に流出（直接的効果）、②都市圏外から転入してくる人口や新規経済活動が、最初から郊外に立地（間接的効果）、という2つの点いずれからも、中心都市は、人口や経済活動における都市圏内でのシェアが低下する。

　2）第3の要因＝都市経済要因：20世紀第3四半期以降、先進国の都市経済

のたどった歴史も、インナーシティの産業にとってマイナス面が多かった。日本では、インナーシティは、1970年代からの「産業の郊外化」、1980年代からの「産業構造の転換」「産業の地方分散」「円高」、1990年代からの「産業の海外移転」「アジアからの挑戦」といった6つの波を経験した結果、「産業空洞化」も起こり衰退の一途を辿ってきた。

(3) 対応
「インナーシティ問題」の解決は、ハード的な整備手法では、工場や密集市街地の後の再開発、新規住宅（マンション等）建設から、筆者がかつて指摘したような町家再生のようなソフトな手法（小長谷2007、寺西2006）までさまざまである。

3. 21世紀初頭の都市ライフサイクル型都市問題としての「内郊外問題」
(1) 定義
内郊外は、20世紀後半の高度成長期までに形成された市街地であるので、半世紀を経過した21世紀初頭に最初の老齢化・老朽化のサイクルがやってくると予測した（小長谷2005）がそのとおりである。内郊外問題はさらに、①ニュータウンのオールドタウン化問題、②密集市街地の再生問題、③工業都市の再生問題がある。

(2) 対応
①についてはニュータウンのバリアフリー化、住み替え・立て替え促進政策がある。②については、国の都市再生緊急整備事業、大阪圏の例では府のインナーリング問題対策等、③は、産業構造の高度化・高付加価値化、大阪圏の例では、国の都市再生緊急整備事業で、ベイエリアの工場跡地に緑のかたまりをつくる。尼崎市の21世紀の森、堺市の共生の森事業などがある。また、アートや観光による町おこしも有効。

4. 都市ライフサイクル型都市問題としての「外郊外問題」はくるのか？
外郊外は、高度成長期以降、1980年代以降に形成されたもっとも新しい市街地であるので、都市ライフサイクル型の都市問題は21世紀の中葉に起こると予測され、現在（21世紀初頭）は存在しない。

Ⅲ．21世紀都市の全く新しい局面：人口空洞化型都市問題

1．新しいファクターとしての「人口減少社会への移行」からくる「外郊外問題」

ところが、日本は2000年代に入り全く新しい段階を迎えた。それが「人口減少社会の到来」である。小長谷（2005）では、このことによって、21世紀初頭の現在（第1四半期）においても、ライフサイクル型都市問題はまだ発生しないと考えられていた「外郊外」ですら、別の形態の都市問題、すなわち人口空洞化問題が生起する可能性を示唆した。建築は新しく問題がないが、入居者が少なくなる問題である。

2．コンパクトシティ政策はある程度別問題

（1）人口減少時代において期待される都市政策の代表がコンパクトシティ政策である。コンパクトシティ政策とは、高密度・集約型都市構造に向かうための、①小都市においては都市拡大の抑制、②大都市においては公共交通駅中心の「団子＋串」型集中、③省エネルギーなどの政策である。

（2）しかし、上記のように、全人口のパイが増えず、減る場合、必ず生じる都市問題が「郊外空洞化問題」である（小長谷2005）。これは、明示的な都心回帰政策をとらなくとも起こりうるし、都心回帰政策（コンパクトシティ）をとればむしろ「郊外空洞化問題」には不利になる。したがって、<u>コンパクトシティ政策をとるときにはその負の側面として、また全体の人口が減る場合にも「郊外空洞化問題」は、別問題としてかならず考えなければならない</u>のである。

3．「郊外空洞化」問題に対する政策とその課題

（1）空地のコモンズ化

たとえば、兵庫県三田市の「アルカディア21」は空地を周辺住民がコモンズとしてポケットパークに再生した例がある。しかしすべての郊外でこのような対応がとれるわけではない（土木学会2007年デザイン賞受賞）。

（2）空地の周辺住民への賃貸化

隣地のオーナーに賃貸する。第8章（山田）を参照。

(3) 最大の問題は採算性問題：なにかサスティナブルな経済メカニズムを導入しなければならない

郊外の空洞化問題を解決するときに一番かけている根本的視点は、資金の確保である。すなわち、ただ単なる郊外放棄戦略＝縮小都市戦略では、経済採算性が成立しない。

都市は、発展期、すなわち、拡大（スプロール）するときは、新しい都市を売り、都市整備の原資とすることができたが、人口減少期にただ単に都市を放棄・撤退するだけでは、資金がない。この根本的解決策は、「郊外に（新たな技術の追加により）付加価値をつけ、できるだけ（放棄せず）再生すること」である。もともとサスティナビリティは維持・活用が原則である。そもそも投資し作られたストックは放棄せず活用するのが望ましいことは、中心市街地の歴史的建築物や町屋の再生と同じ方向であろう。

Ⅳ．21世紀の郊外＋α＝高付加価値化戦略

筆者は、以下の2つの付加価値戦略を提唱している。
（戦略1） あらたなる地域付加価値創造である**「再生可能エネルギー」を導入し地産地消コミュニティ**をつくる（経済採算性がとれる新たな経済的価値の発生メカニズムの付与）。
（戦略2） 高齢化社会向けモビリティの整備。**「超小型モビリティ（EV等）＋自動運転」**など有効と考える（交通＋IT＋高齢者福祉の3連動戦略）。

1.「再生可能エネルギー」－新しいサスティナブルな経済メカニズムの導入

（1）地産地消の経済モデルである再生可能エネルギー政策は、郊外にインセンティブがあり、郊外の空洞化問題を緩和しうる

小長谷・神尾（2012）のように、一般に再生可能エネルギーの導入は、太陽光発電の例のように、敷地規模 s に比例するインセンティブを有し、高度 h と逆の低層地域でより有利になる。すなわち、郊外再生の効果をもつ。

それでは、具体的にこれからの郊外はどのような姿が考えられるのか。

（2）これからの郊外の姿（1）－「ネット・ゼロ・エネルギー・タウン」

ここでは、そうした方向を示唆する一つのモデルを紹介する。その例は、大阪府堺市南区の**日本初の「ネット・ゼロ・エネルギー・タウン」「晴美台」**コ

モデルタウン」(以下小長谷・神尾 (2012) 大和ハウス、および SUUMO 等資料)である。**単なる太陽光電池（ソーラー）だけでは、再生可能エネルギー特有の時間的変動問題（発生のかたより、需給ギャップ）があるが、そうした欠点を克服するための蓄電池を装備した「再生エネ＋蓄電池＝ダブルバッテリー方式」により、昼間に発電し、電気を蓄積し使うという理想形態が可能**となる。外部電力に全くたよらない完全自立型自給自足コミュニティが可能となる。

　この堺市の晴美台の場合は、国の補助と堺市の補助により、新規入居者は、発電・蓄電部分の負担をほとんどせず、ニュータウン型スマートシティの恩恵を享受できた。この「再生エネ＋蓄電池＝ダブルバッテリー方式」こそ、これからの郊外を含むコミュニティの新しいインフラと考えられる。

　経緯は、大阪府堺市が、2011 年に「堺市立晴美台東小学校」跡地で「晴美台エコモデルタウン創出事業」の公募をおこない、それを大和ハウス工業株式会社が、受託。同 10 月に堺市と基本協定を締結。全ての住戸を「ZEH（ネット・ゼロ・エネルギー・ハウス）」にすることで、日本初のネット・ゼロ・エネルギー・タウン開発となった。ちなみに「ZEH」とは省エネ性能の向上、再生可能エネルギーの活用などにより、年間での一次エネルギー消費量が正味（ネット）でゼロ、または概ねゼロとなる住宅のことである。2012 年秋から販売開始。2013 年春より入居開始。完成名称が「スマ・エコタウン晴美台」（全 65 区画、総事業費は 25 億円で土地面積は 1 万 6754 平方メートル）、所在地は大阪府堺市南区晴美台 1-38-1 である。国（国土交通省が 2012 年度に公募した「第 1 回住宅・建築物省 CO_2 先導事業」）や堺市の補助金も出たために、太陽電池や蓄電池などのコスト増分はほとんど相殺できた。

写真 1・2　「晴美台エコモデルタウン創出事業」（小長谷撮影 2013 年 9 月）

2.「超小型モビリティ＋自動運転」による郊外シニアモビリティ圏の創出

A. 需要論・マーケット論からの「超小型モビリティ＋自動運転」の重要性

（1）都市構造モデルの変化

　これまでの都市（20世紀）は、人口増加社会、都市スプロール（外向的拡大）、通勤者社会であったが、これからの都市（21世紀）は、人口減少社会、郊外の人口空洞化、自立的地産地消的コミュニティ＝高齢化社会・テレワーク／SOHOの普及となる。

（2）これからの郊外の姿（2）－「シニア・モビリティ・コミュニティ」＝交通マーケット予測－タイプAからタイプBへ

　これまでのタイプA市場は「通勤流動マーケット」＝「郊外＝都心間の通勤者流動」（強都心構造都市）であるが、これからのタイプB市場として「高齢者流動マーケット」＝「郊外のある街区の内部での高齢者流動」が出現する。タイプA市場は縮小し、かわってタイプB市場が拡大する（図3）。

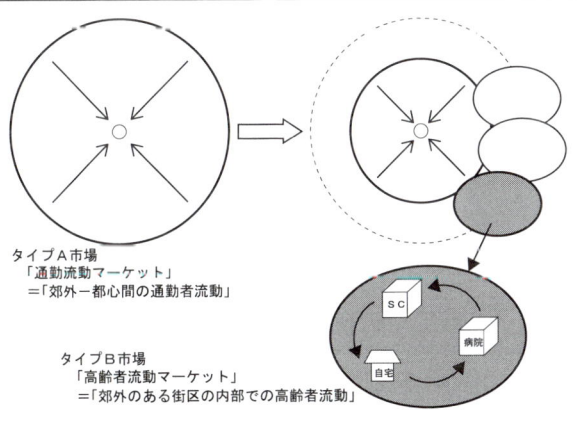

図3　交通需要の変化（小長谷）

（3）「集団公共交通」から「個人公共交通」へ－軌道交通よりはるかに有利で現実性がある

　コンパクトシティなどで軌道型公共交通復権が叫ばれているが本当はどうか？軌道交通（LRT等）、コミュニティバス等の「集団公共交通」は大部分経済採算性がとれない。成功しているようにみえるヨーロッパでも、①非常に観光流動のあるところか、②公的補助があるケースである。

　そもそも軌道交通だけをこれから最大のユーザになる高齢者が望んでいるの

か？筆者の大阪北部住宅地（都心から50キロ）でのタクシー事業者へのヒアリング調査によれば、実に平日のタクシー需要の約9割は、「お年寄りを家→病院→SC等の買い物につれていく移動」であるという。高齢者の本音をアンケートすると「公共交通といっても、駅までいくのが大変、むしろ休日に息子や嫁に運転してもらってショッピングセンターにいくのがラク」という意見の方が多い。また、約30戸程度の街区で、いまや2～3戸で高齢者の電動車椅子での移動が毎日観察されるようになった。

じつは、もともと軌道交通が成立するためには移動の方向「ベクトル」がそろっている「通勤交通」が適切で、通勤交通が減少し、個人主義的活動の時代になれば、交通流動はバラバラになり、そもそも軌道交通で拾うことはできない。「集団公共交通」は、人の動きがそろっていることが大前提なのである。タイプBマーケットは「ベクトル」がそろっていなくてよい。「集団公共交通」（4～5人以上）から「個人公共交通」（1～2名）へ移行する必要がある。

(4) 超小型モビリティEVが有利な点
1) 個人の需要をみたせばよい。2) 場所をとらず、小さな道でもOK。道に負担にならない。3) 騒音、排気ガスがなく、低速で安全、機関が簡単で故障が少ない。4) 超小型なら適当な価格。以上からむしろGVが不向きである。

(5) さらに自動運転（完全自動運転でなくとも安全運転）が必要な理由。
1) お年寄りの自由運転の危険性の増大。2) 超小型モビリティEVの方が自動運転・安全運転システムと相性がよい。もともと家電であるからITとマッチする（内燃機関のコントロール不要）。

(6) そもそも「自動運転」は任意の地点で設計する必要は全然ない。
野原を走っているときにハンドルが少しぐらいずれても関係なく、若者・壮年が運転するケースは「自動運転」の必要はない。「自動運転」に向くのは、<u>1) 高速道路のような完全な「ガイドウェイ交通」か、2) 郊外住宅地の高齢者超小型モビリティ移動マーケット（マーケットタイプB）の2つである。**以上から、「超小型モビリティ＋自動運転」は、ニッチ的マニア的マーケットではなく、これからの高齢化社会の郊外における「中心的マーケット」＝利益のあるマーケットになる可能性がある。**</u>

B. 産業論からの「超小型モビリティ＋自動運転」の重要性

（1）ＥＶ単体だけでは日本は優位をたもつことはできない。

（理由）ＥＶは簡単な「モジュール型」製品であり、日本が優位を保てる「すりあわせ型」製品でない。GV（ガソリン自動車）は優位を保てる「すりあわせ型」製品であった。したがって、GVからＥＶへの転換がすすみ、単なるＥＶ単体だけで勝負した場合、日本は産業の最後の砦である自動車産業を失い、産業が衰退する恐れがある[2]。

写真3　超小型モビリティの例（日産ニューモビリティコンセプト、小長谷撮影 2013 年 12 月）

（2）日本のＥＶ産業戦略は２つ＝高付加価値化しかない

1）デザイン戦略：デザインだけでヨーロッパのブランド力に勝負できるのかという課題がある。アパレルが好例。
2）制御系戦略：①自動運転＋②都市の中央センターで制御する。自動制御する個人モビリティとは、一言でいうと「個人公共交通」なのである。「集団公共交通」→（移動パターンの個人化）→「個人公共交通」という流れである。ＥＶ単体でなく、都市そのものを売る産業になる。

（3）「自動車単体」産業から「都市インフラ」産業へ

すなわち、日本人はもうＥＶ単体では食えない。自動運転の制御系も込みのスマートモビリティシステム＝「都市全体」を売って輸出する時代である。

（4）さらにエネルギー系と統合化された制御へ

さらにスマートシティ（エネルギー制御）にスマートなモビリティ（自動車制御）をセットしたものが「スーパースマートシティ」である。家電・自動車がすべてロボット化しネットでつながる時代である。グーグル元副社長のいう「IOE（インターネット・オブ・エブリシング）」の時代へ移行する[3]。

C. 福祉・社会保障論からの「超小型モビリティ＋自動運転」の重要性

上記のようにマーケット調査によれば、郊外住宅地の平日のタクシー需要の大部分は、高齢者移動であるとしても、すべてのお年寄りが支払いはできない。そうすると、交通費支出こそ高齢者の一番重要な支出ということであり、これが解決しないと高齢者福祉にならない。**お年寄りの一番ほしいものは「足」なのである。**「超小型モビリティ＋自動運転」により**「個人公共交通」を整備**することにより、お年寄りの効用が増大し、高齢者福祉の大きな効果をあげることができる。**これにより社会保障・福祉政策も効果的となり、破綻を防げる。**

【注】
1) 高橋孝明（2012）、Duranton and Puga（2004）は集積の経済の要因を「シェアリング」「マッチング」「ラーニング」にあるとする。
2) (参考)「すりあわせ理論」とは経営学者の藤本隆弘教授が提案したもので、一般の産業は「モジュール型」と「すりあわせ型」に分類され、日本が優位をもてるのは「すりあわせ型」で、「モジュール型」産業は強みを失ってしまう。「モジュール型」とは、要素のまとまりの集合体で、簡単にはめ込めばできる製品。パソコンが例。これは簡単なので、日本は価格競争力で負けてしまう。「すりあわせ型」は、最後の完成まで綿密な設計のいる製品。日本のお家芸である。GVは2段階エネルギー変換装置で複雑な機械「すりあわせ型」であるが、EVは1段階エネルギー変換装置で簡単な「モジュール型」である。

1. GVは2段階エネルギー変換装置→複雑な「すりあわせ型」＝日本優位保てる

化学エネ → 熱エネ → 運動エネ

2. EV「単体」は1段階エネルギー変換装置→簡単な「モジュール型」＝日本優位保てない

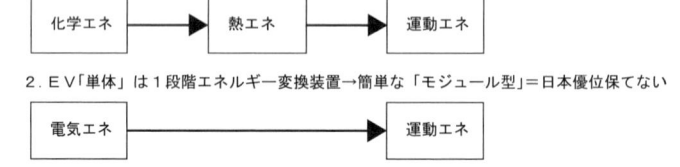

電気エネ → 運動エネ

図4　EVは単体では日本が優位が保てない可能性

3) グーグル副社長村上憲郎氏の大阪市大における講演による。

【参考文献】
海道清信（2001）『コンパクトシティー持続可能な社会の都市像を求めて』学芸出版社。
海道清信（2007）『コンパクトシティの計画とデザイン』学芸出版社。
小長谷一之（2005）『都市経済再生のまちづくり』古今書院。
小長谷一之（2007）「21世紀の都市問題とまちづくり」『21世紀の都市像－地域を活かすまちづくり』古今書院。
小長谷一之・神尾俊徳（2012）「再生可能エネルギー政策は郊外の空洞化問題を緩和しうるか？」『創造都市研究』第8巻第2号（通巻13号）。
佐々木公明・文世一（2000）『都市経済学の基礎（有斐閣アルマ）』有斐閣。
高橋孝明（2012）『都市経済学』有斐閣。
玉川秀則編（2003）『持続可能な都市「かたち」と「しくみ」』東京都立大学出版会。
寺西興一（2007）「老朽木造家屋の再生と生産性」『建築とまちづくり』。
中川雅之（2008）『公共経済学と都市政策』日本評論社。

山田浩之（1978）『都市経済学 (有斐閣双書)』有斐閣。
山田浩之（1980）『都市の経済分析』東洋経済新報社。
Duranton G. and D. Puga（2004）"Micro-foundations of urban agglomeration economies" in J.V. Henderson and J.F. Thisse eds. Handbook of Regional and Urban Economics Vol.4", Amsterdam, Horth Holland.
土木学会（2007）http://www.jsce.or.jp/committee/lsd/prize/2007/works/2007n7.html

第3章

コンパクトシティ

海道　清信

I．ふたつのコンパクトシティ

　コンパクトシティには2つの意味がある。ひとつは「歴史的な都市形態としてのコンパクトシティ」であり、もう一つは現代都市がめざすべき「目標像としてのコンパクトシティ」である。歴史的なコンパクトシティのモデルは、ヨーロッパにおいては周囲の壁と門、中央に配置された広場や市役所、大聖堂、そして多層階建物（レンガ造、石造あるいは木造）の住居や商店などで構成された中世都市である。中世以前のギリシャ・ローマ時代の都市、さらにさかのぼったエジプト等でもすべての歴史的な都市はコンパクトシティだったといえよう。日本では、江戸時代の城下町や宿場町がコンパクトシティのモデルといえる。

　目標像としてのコンパクトシティは、20世紀に先進国の多くの都市が経験した、郊外スプロールによって生み出された拡散的な市街地を転換して、都市本来の特性であるコンパクトさをとりもどそうというもの。目標像としてのコンパクトシティのモデルとしては、英国政府の都市政策の指針でもあった『アーバンルネッサンスに向けて』[5]（DETR 1999）に掲載された図画（図1）がわかりやすい。左図は分散した市街地で、地域中心がはっきりしないで田園地帯を市街地が無秩序に侵食している。右図はコンパクトな市街地で、都市の境界が明確で近隣地区から都市全体にいたるまで、中心核を有する圏域で構成されている。同報告書は、これからの都市政策、都市開発、都市デザインは全体としてよりコンパクトで、自動車交通への依存度を減らして土地利用と交通（公共、徒歩、自転車）の連携を高める方向に進めるべきであるという主張と具体的で詳細な提案を示している。

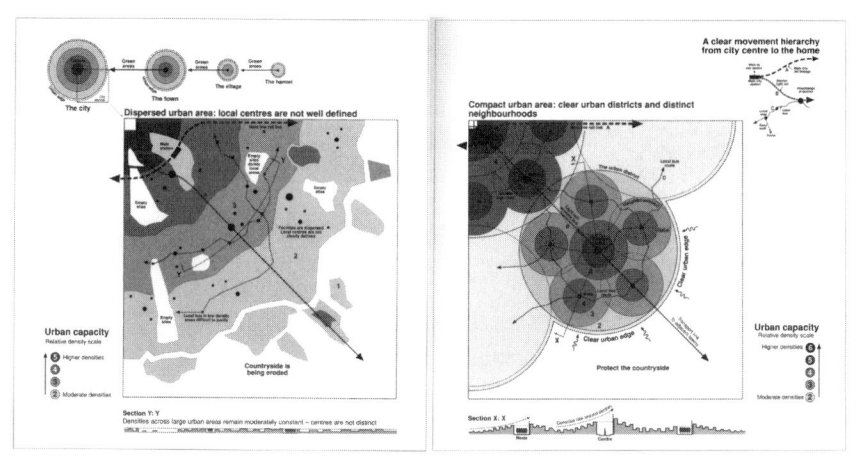

図1　分散都市（左）とコンパクトシティ（右）の構造比較
出典：DETR（1999）、pp. 52-53

　ここで、都市のコンパクトさとは、とりあえず言葉本来の意味である「まとまっている」と考えておく。都市形態としてのコンパクトさを空間的な要素に分けて考えると、密度が高い、さまざまな用途・都市機能が共存・混合している、都市の外側の自然や農地は市街地拡散で無秩序に開発されず人々は自然環境を享受できるといった状況として理解される。そして、自動車交通に依存しなくても、徒歩や自転車といった交通手段で日常生活が概ね満足され、都市らしさ・個性の象徴でもある都心部は賑わって都市的文化的な楽しみを享受できる、こういった特性も有する。こういった特性を高めようとするのが目標像としてのコンパクトシティである。こうした方向性の重要性が社会に認知されるようになって、「コンパクトシティ」は『広辞苑』（第6版、岩波書店）に採録されている。

Ⅱ．コンパクトさを喪失した現代都市

　コンパクトな形態をしていた都市は、先進国では自動車交通の発展と相まって、郊外へ郊外へと成長、拡大を重ねてコンパクトさを喪失するようになった。こうしたスプロール現象はアメリカでは20世紀の半ばから、ヨーロッパでは20世紀の後半から、我が国では1960年代後半から見られるようになった。
　世界で最もスプロールが進んでいるアメリカのデトロイト市の場合。同市の人口は1950年代半ばの185万人から2009年には91万人と半減し、人口密

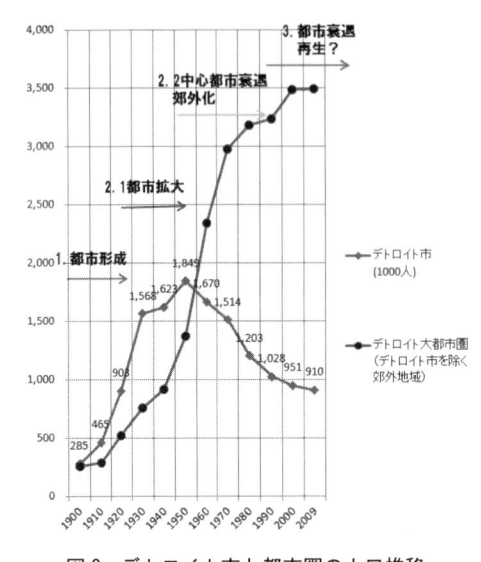

図2 デトロイト市と都市圏の人口推移
出典：U.S. Census Bureau データより筆者作成

度は50人／haから25人／haとなった。都市圏人口（中心都市デトロイト市を除く）は継続的に増加し今日では400万人となったが、最近ではそれも頭打ちとなっている（図2）。基幹産業である自動車産業が衰退し、大量解雇、関連産業倒産がすすみ、市街地の治安悪化・荒廃化から、「ホワイト・フライト」、白人たちの郊外移住が進み、中心都市デトロイトの黒人人口比率が高まった。2013年に市財政は破綻し、市内の宅地の40％が空き地というすさまじい空洞化と都市衰退が進んでいる。

金沢市の場合、城下町は城を中心に構成され19世紀半ばの人口5万6000人、市街地面積は約800haだった。武家地が面積の多くを占め、北国街道などの沿道を中心とする町人地だけでみると面積は140ha、人口密度は400人／haと高密で、城下町の半径は2km足らずで歩いても30分以内だった（図3a）。1930年頃の市人口は27万人に増加したが、主としてかつての武家地に住宅が建設され、市街地面積は約1000ha程度で郊外への拡大はまだそれほど進まなかった。中心部の人口密度は200〜300人／haと高く、路面電車とバスが市民の足となり、市街地はまだコンパクトだった（図3b）。こうした都市構造は概ね1960年頃まで続いたが、自動車交通の発達、道路建設の進展、郊外での様々な開発がその後進んだ。路面電車は1960年代末に廃止され、幹線道路に沿い市街地が拡大し県庁や金沢大学も郊外に移転、全体として低密拡散した市街地が形成されていった。金沢市のDID（人口集中地区）の面積と人口密度は、1960年の1600ha、141人／haから、2010年には6100ha、62人／haと面積は約4倍、人口密度は半分以下に低下した（図3c）。

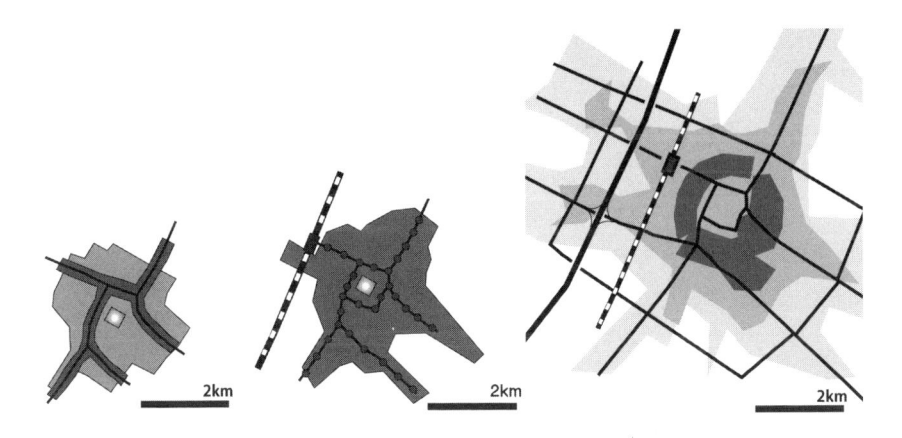

図3 金沢市の市街地の拡大（筆者作成）
(a) 19世紀半ば（城下町）、(b) 1930年頃（路面電車時代）、(c) 2000年頃（郊外拡散）

　都市といっても様々な規模やタイプがある。東京のような巨大都市圏から人口数万人の都市、あるいは小さな集積が分散している地方都市圏から市街地が連坦・連続しているような大都市地域などである。ヨーロッパの町を訪問すると、その中心部は人で賑わっており歴史的な町並みもよく残されている様子を見ることができる。ドイツやポーランドなどに行くと、第二次大戦で破壊された中世の都市景観を元通りに復元している都市もある。そこでは、自動車で都市を離れると、畑や牧草地、よく管理された自然や森が急にあらわれ、都市の境界がはっきりしている。道路の沿道には広告看板は見られず、お店やスーパーなどもあまり見当たらない。しかし、日本では市街地の中に農地が入り交じっており、市街地とその外との境界が明確ではない。沿道にはロードサイドショップがたくさん立地して、大きな看板が林立している。

　したがって、日本では、コンパクトな都市といっても、なかなかイメージしにくいかもしれない。コンパクトシティには他のイメージもある。たとえば、高層建築群で構成された都市開発地区、香港やシンガポールのような高層高密度都市、あるいは人々が自動車交通に煩わされないで楽しく過ごせる賑わいのある都心、近所の人々とみちで談笑するコミュニティの風景など。

III. 市街地スプロールと持続可能な都市

　現代都市が低密度に拡散していくにしたがって、様々な問題がうまれた。自動車からの大気汚染や地球温暖化の原因ガス・CO_2の排出、公共交通の衰退

や都市インフラの整備と管理コストの増大、自動車利用ができない人々の不便、コミュニティの衰退、自然や農地の侵食などである。世界の学者の集まりであるローマクラブが「成長の限界」を 1972 年に発表して、地球規模では無限に成長することには限界があるという警鐘を鳴らした。1987 年には国連のブルントランド報告が「持続可能な発展」という考え方の重要性を提起し、1992 年にブラジルのリオで地球サミットが開催され、地球環境問題が人類の生存に関わる重大な問題であるという共通認識が生まれるようになった。

こういった時期に、EU（ヨーロッパ連合）が都市環境政策の推進のために『都市環境に関する緑書』を発表し、都市環境問題を克服するためには、市街地のスプロールを抑制して、中世都市がもっていた都市らしさ、コンパクトさを再評価すべきだと訴えた（1990 年）。これが、今日のコンパクトシティ政策の実質的なスタートである。

持続可能な都市・地域は、経済面では安定的活動、産業構成の多様さや健全な財政など、社会面では参加と共同、健全な社会関係や多様な構成員が共生するコミュニティや地域文化の継承、環境面では CO_2 などの地球温暖化ガスの削減、省資源・省エネルギーと循環型・環境共生型のシステムなどが必要と考えられる。こうした要素を支える空間的な基盤として、市街地が拡散しておらず、自動車交通に過度に依存した都市構造となっていない、コンパクトな市街地が望ましいと考えられる（図 4）。コンパクトな空間形態の都市では、都心部の賑わい、徒歩でも暮らせる利便性、都市の多様さの魅力、人々の濃密な直接的交流といった都市らしさが可能になると考えられる。

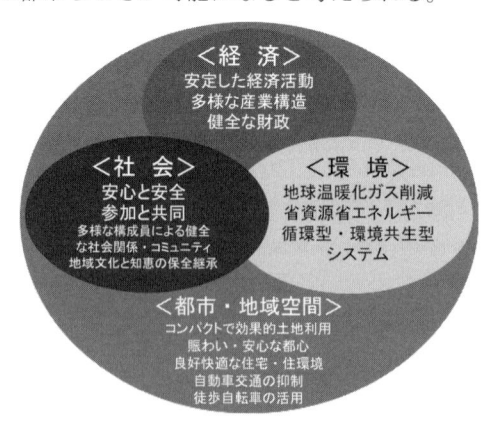

図 4　持続可能な都市・地域の要素（筆者作成）

Ⅳ．コンパクトシティの定義と指標

ここで、あらためて、コンパクトシティの特性を整理すると、下記のようになる。

形態	：複合機能が互いに近接した中高密度で多様な市街地を構成し、賑わいのある都市中心部を再生・形成し、日常生活圏で市街地を構成
開発	：モータリゼーションを背景に無秩序に低密・拡散してきた都市開発を、まとまりのある市街地へと転換・再構成、郊外開発から市街地内の再生・再開発優先、駅近接開発促進
交通	：自動車利用を低減し、公共交通利用を促進し徒歩・自転車利用を活かす
効果	：省エネルギー・省資源や自然環境保全・低炭素社会に有効で自動車交通依存の少ない社会生活や行財政の効率化と民間経済の活発化に寄与

では、都市のコンパクトさを測定する指標はあるのだろうか。都市はさまざまでありすべて個別の存在である。たとえば、都市のコンパクトさの基本的な指標と考えられる人口密度で考えてみよう。東京特別区DIDの平均人口密度は144人／ha（2010年国勢調査）、平地に乏しい斜面都市である長崎市のDID人口密度は1960年には150人／haであったが、2010年には72人／haと半減し、今日では東京都特別区が人口密度では明らかに高い。長崎市の人口密度を高めて、東京都特別区の密度を目標にコンパクト化することは、きわめて困難である。また、都市内のそれぞれの地区の人口密度は異なる。従って、都市のコンパクトさあるいはよりコンパクトにする目標は、それぞれの都市の歴史や地形さらには現状の都市構造や土地利用、あるいは人々の生活行動や価値観なども加えて考えるべきだということになる。

そこで、「コンパクトシティは、その定性的な特性は説明できるが定量的な定義はできない」という考えは、ある面では正しいといえよう。一方で、現状の都市をよりコンパクトにするという政策目標を掲げ、都市計画、都市政策を進めることは望ましい。コンパクト化の評価や具体化を進めるためには、定量的な指標が必要となる。都市のコンパクトさを計る指標の定式化に向けて、様々な提案や研究が行われている[1)2)]。世界各国のコンパクトシティ政策を分析評価した『コンパクトシティ政策報告』OECD（経済協力開発機構）[4)]では、コンパクトシティ指標を提案している（表1）。その特徴は、都市のコンパクトさを基本的には土地利用と交通を軸にとらえ、人々の生活行動に関わる特性として指標化していることと、政策の影響緩和の指標も掲げていることである。

表1　コンパクトシティ指標（OECD報告書による）

分野		指標
コンパクトさ	密度と接近性の高い開発パターン	1. 人口と市街地の拡大（毎年の成長率比較） 2. 市街地人口密度 3. 既存市街地の再開発、改良（対新規開発比率） 4. 建築物の高度利用（空き家率、空室率） 5. 住宅形態（集合住宅比率） 6. 平均移動距離（通勤、全移動） 7. 市街地面積割合（対都市圏面積）
	公共交通システムの整備	8. 公共交通分担率 9. 公共交通への近さ
	生活サービスと職場への近さ	10. 職住の近接性 11. サービス施設の利便性 12. サービス施設への近さ 13. 徒歩と自転車利用
コンパクトシティ政策の影響緩和	環境	14. 公共空間と緑地 15. 交通エネルギーの使用 16. 住居エネルギーの利用
	社会	17. 安価な住宅（価格、家賃）
	経済	18. 公共サービス（一人あたり維持管理費）

出典：OECD（2012），p87，表3.2 Core compact City Indicatorsを一部整理

Ⅴ．我が国におけるコンパクトシティ政策の登場と展開

　都市政策としてのコンパクトシティは、ヨーロッパでは英国・ロンドンの「グリーンベルト」の設定に見られるように、都市封じ込め政策として1930年代から始まった。その後、郊外のニュータウン開発政策から転換して、1960年代からインナーシティの都市再生に重点が移り、最近では都市環境政策、地球環境問題への対応といったかたちでヨーロッパでは発展してきた。アメリカではスプロールに対抗した都市開発、都市施策として、1990年代からの「スマートグロース政策（成長限界線を設定して市街地拡大をコントロールなど）」や「ニューアーバニズム（伝統的な近隣の良さを活かす都市開発、TOD－公共交通指向開発など）」が展開されている。

　我が国でも、コンパクトシティ政策は1990年代後半以降に注目されるようになってきた。我が国で最も早くコンパクトシティを目指す取り組みを進めたのが青森市である。豪雪地帯の同市は毎年除雪費用の負担に悩まされていた。市街地が海と山に囲まれていることもあり、市街地の拡散をできるだけ防いで、

都市施設の整備・管理運営コストを低減し、自然や農地を開発から守り、活気のある中心市街地を維持再生しようと考えた。また、神戸市は、阪神淡路大震災（1995 年）の復興まちづくりとして、市街地をまとまりのあるコンパクトタウンで構成する将来構想を提案した。専門家の間でも、次第にコンパクトシティへの関心が高まっていった。

都市計画中央審議会報告（2000 年）は、「都市化社会から都市型社会へ」というキャッチフレーズで、従来の拡大成長型の都市政策からの転換の必要を訴えた。コンパクトシティが我が国の望ましい都市像として政府によって推奨、定められたのは、中心市街地活性化政策の推進を目的とした「まちづくり三法」（都市計画法、中心市街地活性化法、大店立地法）改正（2006 年）である。大規模ショッピングセンターの郊外立地の規制など、拡散した都市構造自体を変えていかないと、百貨店の閉鎖・シャッター通りの商店街に象徴されるような中心市街地の活性化ができないと考えた。政府による中心市街地活性化計画の認定には、コンパクトシティあるいは集約型都市構造を都市全体として実現すると謳うことが求められるようになった。

コンパクトシティは、その後、各自治体で都市計画マスタープランや総合計画に位置づけられるようになってきた。さらに、地球環境問題に対応しエコロジーを重視した都市を実現するためにはコンパクトな都市が望ましいということで、「低炭素都市推進法」（2012 年）では、公共交通の推進、低炭素型建築物などとともに、集約型都市構造の実現は最も基本的な政策の柱として位置づけられた。東日本大震災（2011 年 3 月）の復興に関わって、「政府・復興構想会議提言」（同年 6 月）でもコンパクトなまちづくりに触れられ、市街地を高地に開発するなどの復興計画を推進している各地の復興計画でも、目標像としてコンパクトなまちを位置づけるようになっている（図5）。

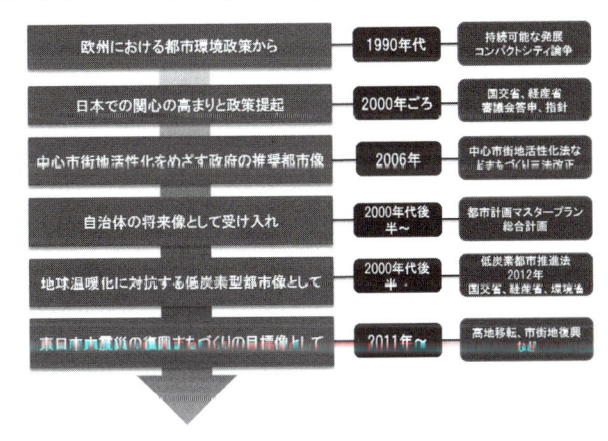

図5　我が国におけるコンパクトシティ政策の導入と展開
（筆者作成）

VI. コンパクトシティ政策と歩けるまちづくり

日本の都市をよりコンパクトにするために実施すべき、計画、政策は次のように考えられる。

a. 郊外再構成：無秩序な郊外拡散開発の抑制、郊外の土地利用整序
b. 拠点形成：拠点地区への機能集約・機能強化
c. 既成市街空間再生：都心空間や地区再生、空き地空き施設への計画的対応・再利用
d. 日常生活圏形成：既成市街地の生活圏を考慮した生活施設の再配置や機能改善
e. 移動・交通改善：自動車利用の抑制、公共交通維持・利便性増大、自転車や徒歩空間の改善
f. 推進体制：都市全体の戦略・計画立案、推進のためのガバナンス

コンパクトな都市空間を生活行動から見ると「歩けるまちづくり」が重要となる。具体的な都市空間の状況としては、次の4つのタイプがイメージできる。

①徒歩や自転車交通：快適に利用できる空間と仕組みが整備されている。
②賑わい空間：都心部などに快適な徒歩空間（モール、広場、歩行者天国、水辺など）が整備されている。
③駅を中心とした市街地形成：TOD（公共交通指向開発）のように、駅を中心として多様な拠点機能が集約され、駅への徒歩・自転車圏の人口密度が高い。
④日常生活圏：自動車交通に依存しなくても、身近な生活サービスが徒歩圏で利用できるようにサービスされる。

VII. コンパクトシティ政策の事例

富山市は、コンパクトシティの実現を正面から掲げて成果をあげているとの評価が高い。その計画の特徴は、公共交通（JR、既存路面電車、新型路面電車＝LRT、バス）の軸と駅周辺、都市中心部に人口と商業機能などを集約させるもので、「串と団子」のコンパクトシティといわれている（図6）。串は公共共通の路線、団子は駅周辺などの拠点を指す。都心部の再開発事業で誕生した全天候型の「グランドプラザ」はイベントで賑わい、歩行者通行量も中心部では大幅に増加した。路面電車の乗降客数（2011年度）は5年前よりも17%増加し、中心部を訪問する市民の滞在時間や消費金額は自動車利用者よりも多いという。

まちなか居住推進事業や公共交通沿線居住推進事業等も取り組まれている。都心部でワイン会などが活発になるなど「大人のアーバンライフを満喫できるようになった」という変化もみられるという[7]。なによりも、都市的な魅力が隣県の金沢などに比べて乏しかった富山のまちなかを、モダンなLRTが走る風景は絵になる。高齢者もまちなかにやってくるようになり、幅広い市民や議会の支持を得て推進されている点は、評価すべきだと思われる。

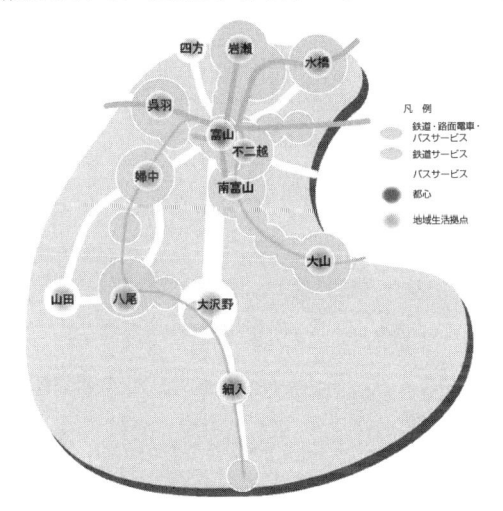

図6　富山市の公共交通を軸としたコンパクトなまちづくり構想
出典：富山市都市計画マスタープラン、2008（平成20）年3月。

【参考文献】
1) 海道清信（2001）『コンパクトシティ―持続可能な社会の都市像を求めて―』学芸出版社。
2) 海道清信（2007）『コンパクトシティの計画とデザイン』学芸出版社。
3) 川上・浦山・飯田他編著（2010）『人口減少時代における土地利用計画―都市周辺部の持続可能性を探る』学芸出版社。
4) OECD（2012）："OECD Green Growth Studies, Compact City Policies: A Comparative Assessment".
5) DETR（1999）："Towards Urban Renaissance, Urban Task Force".
6) 海道清信（2013）「名古屋・駅そば生活圏構想と実現への道」、『都市計画』303、日本都市計画学会、pp.16-21。
7) 森雅志（2012）「公共交通の充実と拠点づくり」『季刊まちづくり』36号、2012年10月。

第4章

都市構造と公共交通政策

實　清隆

はじめに

　都市構造を「産業・人口」の観点からとらえると「スターティック」に、「交通」の観点からとらえると「ダイナミック」にとらえることになる。したがって、「交通」を変革することは、「都市構造」を変革することにも通じる。とりわけ、「公共交通」はその市民生活の「足」として重要な位置をしめる。ここに住みよい都市づくりのために「公共交通」がいかにあるべきであるか（政策）を論じたい。内外の公共交通の潮流をとらえ、公共交通政策のあるべき姿を追求する。例として、富山市の日本初の LRV「ポートラム導入」によるまちづくりの例を紹介した。

Ⅰ．世界の公共交通の潮流

　第二次大戦後の世界の公共交通は、爆発的に進行したモータリゼーションの前に、都市の交通機関からトラムが著しく衰退し、バスも衰退の道をたどった。1970年代の後半から環境（脱 SOx、NOx）・低炭素志向の動きが出て再びトラムが復権の兆しが見え、1980年代からは更にバリアフリーの空気が広がり、低床車両（LRV）のトラムが復権し、まちづくりの主役になった。

1. ヨーロッパにおける公共交通の潮流

　ヨーロッパのトラムの運行状況は第二次大戦後、モータリゼーションの前に1960年代までに、（ドイツでは70％の都市でトラムは残ったものの）イギリスではブラックプールを除いて全廃、フランスでもマルセイユなど3都市を除いて122の都市で廃止されるなど著しく減退した。

　しかし、ヨーロッパ市民からは、「都市の道路、とりわけ、都市の顔ともいうべき都心部の道路から市民が排除され、「車」がわが物顔で占拠してよいも

のか」、「環境的にも自動車の廃棄ガスが撒き散らされるのを許してよいのか」という声があがった。このような風潮のなか、1960年代からは都心部の道路から車を廃除した「歩行者天国」を創る動きが出てきた。ドイツでは、1962年のシュツッツガルトを皮切りに、都心部ではトラムを地下に潜らせ、都心の街路を「歩行者天国」へと変える都市が続々と出現した。

ハノーバー市では、1965年市議会の決議に基づき1967年から地下路を開削し1976年に路面電車と接続した。この地下歩行者天国設置の効果は、歩行者通行量が大きく伸び街の活性化に貢献した。「車」が優先され疲弊しているアメリカの都市とは対照的である（図1・2）。

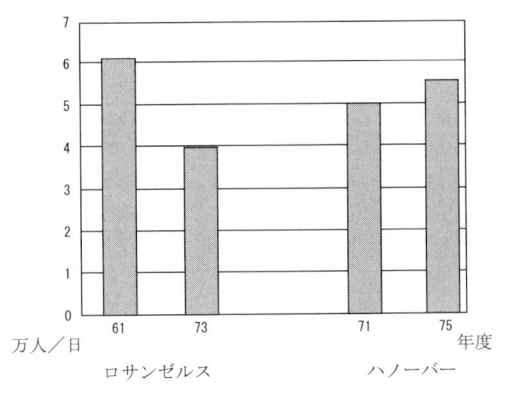

図1　都心における歩行者通行量（筆者作成）

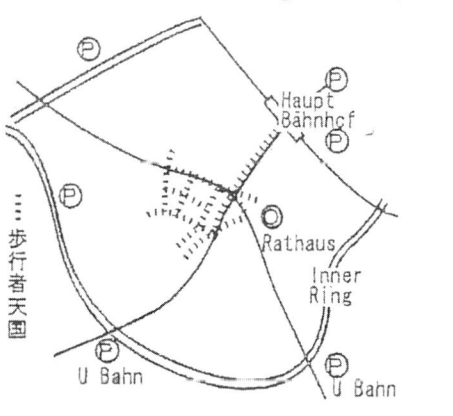

図2　ハノーバー市の歩行者（筆者作成）

ドイツでは、1971年に地域交通助成法ができ、都市域での公共交通の新設に対して連邦から10%、州から60～80%の補助金が出るなど手厚い補助制度が創られた。

1980年代に入るとヨーロッパでは「交通権」（何人も自由に移動できる権利）なる意識が法的にも整備され、財政的な保障のあるシステムが作られた。1982年、フランスで「国内交通基本法（LOTI）」が制定され、国と地方自治体が国民の「交通権」を保障することが責務となった。この制度は公共交通の運行増強への効果はきわめて大きい。フランスの都市交通の財源は、2010年現在、運賃収入31%、交通負担金（域内の企業に課税する交通負担金）42%、地方一般財源24%、その他3%となっている（図3）。フランスの公共交通機関の進展状況をみると、地下鉄は1972年から、VAL（ゴムタイヤのミニ地下

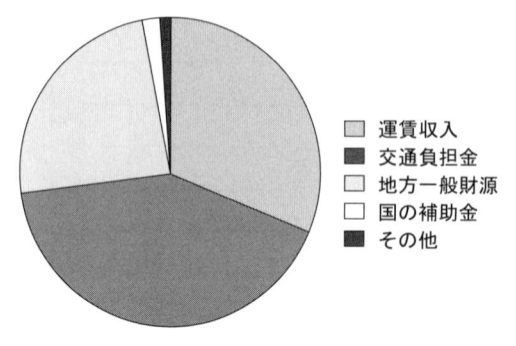

図3 フランスの交通財政 (2013年)
出典：GART (2010) L'anne des Transport Urbaines

鉄）は1982年から年約3kmと順調に延伸しており、トラム（LRV）はそれを大幅に上回るスピードで延伸し2001年には地下鉄線延長の2倍を上回った。この事が、フランスの都市を、「車の街」から「歩く街」へ変える原動力となった。

この「交通権」を保障する法の制定は、フランスに続き1990年ドイツ、1992年オランダ、2000年イギリスにと、EU全域へと拡がりだした。この背景には「サスティナビリティに向けた欧州における都市・空間政策」の進展がある。とりわけ、1993年マーストリヒト条約発効後のEUの「第五次環境行動計画」の策定、1998年「人は誰でも自由に移動できる権利を有する」という歩行者の権利に関する欧州憲章がEUの議会での議決されたこと、2000年「ハノーバーアーバン21」などにより交通・運輸部門での「低炭素志向」が加速度的に拡がっていったことなどが大きい。

2. アメリカにおける公共交通の潮流

アメリカにおける公共交通の利用状況は、1950年をピークに、モータリゼーションの急速な進行により、加速度的に下落し、1950年から1974年にその利用者数は10分の1まで下落した。しかし、このモータリゼーションは、交通渋滞・大気汚染のほか、交通弱者（アメリカの場合は高齢者・障害者、車を購買することが出来ない貧困者）などの問題を深刻化した。アメリカ主要都市の都心周辺部のインナーシティでは、住民の20%～30%が車を買えない階層となっている。さらに車の都心部への流入増は、市民にとって一番市民同士がふれあう場でもある都心部が「車」に占拠（ロサンゼルスでは都心部の面積の60%が駐車場と道路）され、都市から「アメニティ」を奪い去り、デパートなどの大型店や専門店など集客力のある商業施設がダウンタウンから郊外へと移転し、「街」の活性化が失われて行くというゆゆしい傾向もでてきた。

このような状況を改善すべく、1975年から連邦政府により公共交通機関への運営費補助制度が創設され、バス・地下鉄・路面電車など公共交通の利用者

が徐々に増加の傾向に向かいはじめた。1990年頃には公共交通の利用者はピーク時の5分の1程度まで回復した。1980年代からLRTや新交通システムが導入されていった。1975年頃、補助金の額は、連邦政府からは毎年25億ドル程度で、州・地方自治体からは1975年当時12億ドルであったが、年々年6億ドル増額がなされ、1990年頃には100億ドルを越える補助金が注ぎ込まれるなど公共交通への支援策が手厚くなってきている。

ボストン大都市圏の公共交通局MBTA（Massachusetts Bay area Transit Authorities）の1981年の経営状況をみると、収入については、31.2%が運賃収入で、州政府補助32.6%、関係自治体31.2%、その他5.0%となっている。

アメリカの交通は圧倒的に「車」が卓越している。交通エネルギー消費の交通機関別比率は1990年では、車が85.6%を占めている。しかし、アメリカの自動車交通の比率は徐々に低下しつつあり、1980年比では、2.9%減少している。さらに、1990年に「障害を持つアメリカ人法（Americans with Disables Act）」が発効し、バス、路面電車のバリアフリー化やLRVの導入が一層進んだ。

シアトルでは、戦後のモータリゼーションに伴い、ダウンタウンへの公共交通による利用率が低下（1961年には5.1%まで落ち込んだ）し、ダウンタウンの人口の空洞化、ダウンタウン周辺の治安の悪化、地域の疲弊が目立ちだした。

この状況を変えるために裕福な階層が多くすむ郊外から顧客を呼び込んだり、観光客にも「足」の便をサービスしてダウンタウンのアメニティを高め活性化する手段として、1972年から都心部にバスフリーライド（運賃無料）ゾーンが設けられた（図4）。

ポートランドでは、1986年にLRTが開通したが、都心部のバス、LRTの料金は無料にしてい

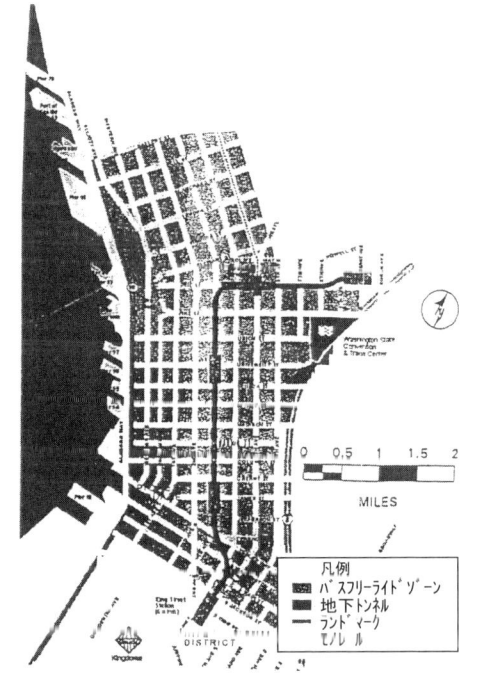

図4　シアトルバスのフリーライドゾーン
（シアトル市）

る。これもシアトルと同様に、ポートランドの街の活性化を狙ったものであった。ポートランド都市圏の交通機関 Tri-Met の経営状況をみると、収入構成のうち、運賃収入は僅かにしか過ぎず、64％は当該区域の勤労者の給与（市税）が充てられている。Tri-Met の運営には市民のコンセンサスがある（図5）。

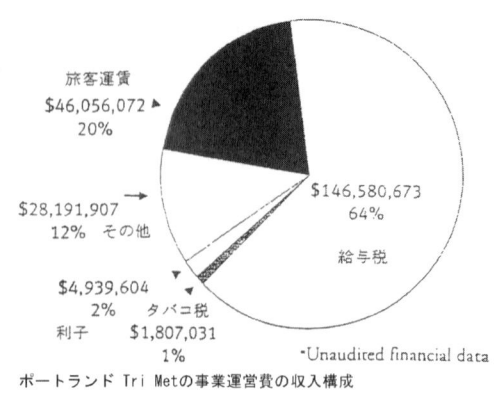

図5　ポートランド Tri-Met の交通財政 Tri-Mets 調べ

II．日本の公共交通の潮流

日本でも、モータリゼーションの進行が急速に進みだした1960年代からバスや路面電車の廃線が目立った。路面電車は1960年には55都市で1450営業km営業していたが、1980年には24都市400kmとなった。民鉄も、1960年98社3000営業kmが1983年には54社1550営業km、バスについても旅客の分担率（人・kmベース）でみると、1960年～1990年で17.5％～7.5％へと落ち込んだ。特に大都市では、地下鉄の開通と引き替えに路面電車が壊滅的な廃線となった。1969年大阪市・川崎市、1971年神戸市、1972年東京都（荒川線除く）、1974年名古屋市、1976年仙台市、1978年京都市で路面電車が全

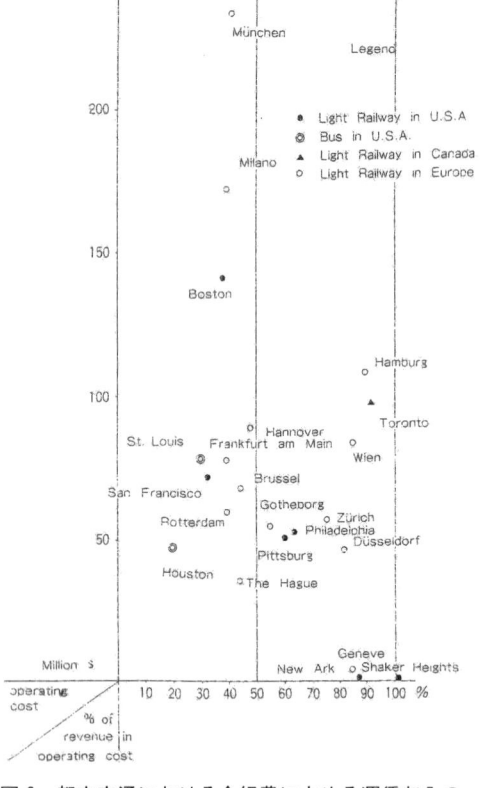

図6　都市交通における全経費に占める運賃収入の割合（各市の公共交通データより筆者作成）

廃になった。この傾向に拍車をかけていたのが「日本では公共交通の経営は独立採算」という考えである。1986年の国鉄の分割民営化もその一環であった。欧米では、公共交通の経営は、基本的には「赤字」は「公」が面倒を見るのが一般的補助金である。公共交通機関の運賃収入は50%あたりがモードとなり、バスにいたっては20～30%のケースも稀でない（図6）。

　しかし、1990年代に入ると、世界の潮流である「バリアフリー」の波が日本の公共交通にも押し寄せてきた。高齢化の伴う老人層の足の確保の手段として低床型の「コミュニティバス」が登場し、1995年に武蔵野市に初めて導入された。その導入の結果は、高齢者の外出率が65～79才で53%、80才以上で70%も上昇したほか、経営的にも操業4年目から黒字に転じている。この成功を見て、コミュニティバスが爆発的に全国的に普及し、2008年現在、4314系統、9万6927kmまで拡がった。

　国土交通省は、2007年から、地域・自治体・事業者が一体となった「交通」を軸としたまちづくり事業（鉄道の増便、コミュニティバスの運行、レンタサイクル、ICカードの導入などの支援）「地域公共交通確保維持事業」を行い、地方における公共交通によるまちづくり運動の支援を強めだした。こういった流れの中で、地域鉄道の振興の一環として、厳しい民鉄の経営を続行させる策として、経営が「上（運営は民間・第三セクター）・下（運営は自治体）分離」の鉄道が続々と登場した。2001年えちぜん鉄道、2002年万葉線、2003年北勢線、2005年上毛電気鉄道、2006年貴志川線、富山ライトレール、2007年養老鉄道、2009年若桜鉄道などであり、地域の公共交通の振興の促進剤となっている。

III．公共交通政策と都市構造の変容－富山市ポートラム導入の例－
1．ポートラム導入の経緯

　その実験的な事例として富山のライトレール導入に伴う富山の都市構造変革について述べたい。富山市は富山県の県都であり、大正13年から富山駅から岩瀬浜まで延長7.4kmのJR（旧国鉄）の富山港線が敷設されていた。終点の岩瀬浜には北前船が立ち寄り、江戸時代には城下町富山の外港として栄え、第一次大戦前から戦後にかけて富山化学、興人など数多くの工場が進出し活況を呈していた。1970年代からのモータリゼーションに伴って富山港線の乗降客が激減し、2000年過ぎには廃線が決定的になった。富山市が中心となって廃

線後の検討をした結果、2007 年に日本で初の LRV（ポートラム）導入が実現した。経営は、「上（運転・交通サービス）」は第三セクターの富山ライトレール（株）が行い、「下（路面部の維持・管理・改良等）」は富山市が行うという上下分離方式で行われた。

　公共交通の経営で最大のボトルネックとなっているのは、線路の維持管理、車両購入である。高齢者・障害者に優しい「低床車両（LRV：Light Rail Vehicle）」の導入には 1 車両 2.3 億円（補助金を入れても 1.4 億円）も要する。この課題も、2016 年の JR の新幹線富山駅乗り入れに伴う駅及びその周辺整備費 58 億円を巧みに LRV 導入建設費として運用することで解決できた。連続立体交差（これにより、富山ライトレールが北陸本線以南の富山市都心部への延伸を可能にする）33 億円、LRV システム整備費 7 億円、路面電車走行空間改築事業費 8 億円、さらにこの中に車両 LRV 7 セット 購入費 14.1 億円を組み込めた点が大きい。全国の路面電車でも、2000 年頃から路面電車車両への LRV 導入が始められたがそのコストが高く、その導入は遅々たるもので 2012 年現在、20%程度にとどまっている。

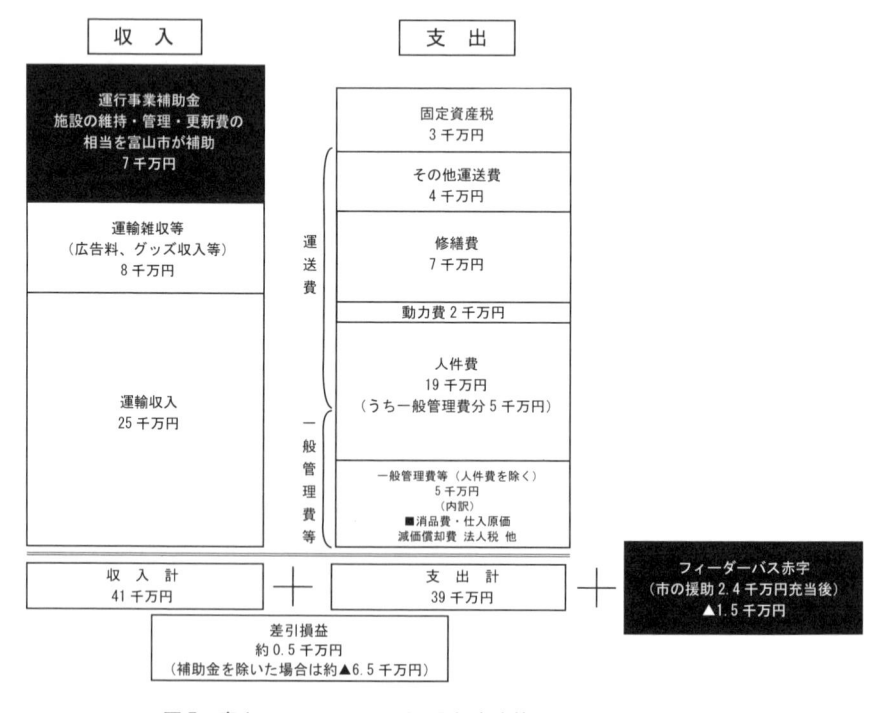

図 7　富山ライトレールの 2007 年度決算（富山ライトレール）

2. 導入の効果

　富山ライトレールの経営は、2007 年の決算によると、運行事業補助金（施設の維持管理）として 7000 万円が富山市からつぎ込まれた結果、収支のバランスがとれた（図7）。また、ライトレール導入前後の効果を比較すると、①JR 富山港線時代の 2005 年と 2007 年を比較すると、乗客数については平日で 2 倍、休日で 3.6 倍に、ダイアの本数も 1 時間当たり 2 本から 4 本に増加した。②従前従後の利用交通機関の変換は、富山ライトレールへ自動車から 11.7％、徒歩・二輪・タクシーから 7.9％と約 20％近く変換した。休日には沿線の観光名所（岩瀬浜の旧廻船問屋森家、富山港展望台等）に大幅な観光客の増加が見られた。

　富山ライトレールの都心部への導入を見越して、将来のり入れることになっている富山市電（路面電車）は、従来のルートに加え、富山城の南側を通る新線を通すことにより、都心部にループ状のルートを 2010 年から新たに加えた。

　さらに富山市は、富山ライトレール・市電の利用率を高めるべく、「公共交通沿線居住促進事業」を実施している。その施策は以下のようなものであった。

① 2005 年から施行の「まちなか居住推進事業」：都心地区に建設業者の共同住宅建設・商業ビルから共同住宅へ転換（1 戸 100 万円）、個人の戸建て住宅・共同住宅購入（戸 50 万円）・家賃（1 月 1 万円）の支援を行う（実績は 2005 ～ 2011 年 774 戸）。

② 2007 年から公共交通沿線居住推進地区（都心以外の鉄道駅 500 m、バス停 300 m）を指定し、その区域内での建造物（個人の戸建て住宅・共同住宅に 1 戸 30 万円、事業者の共同住宅に 1 戸 70 万円）に財政的支援を行う。（実績は 2007 ～ 2011 年 491 戸）。

　この結果、①まちなかの人口の減少のトレンドに歯止めがかかった。②中心商店街の歩行者通行量が、2006 ～ 2011 年の間では、平日 2.6 万人～ 2.1 万人、休日 2.5 万人～ 3.3 万人で、平日はやや減少気味であるが、休日は増加した。富山ライトレールの開通前の富山の中心商店街は、1970 年以降、市街地周辺への大型スーパーの相次ぐ出店などが響き、さびれ続け、1995 年～ 2006 年の間だけでも、中心商店街の歩行者通行量が平日 6.0 万人～ 2.6 万人、休日が 7.8 万人～ 2.5 万人とさんさんたる状況になったが、ライトレール開業以降、都心部の居住人口の激減が止まると共に都心部への来街者数の減少がとまった（図 8）。

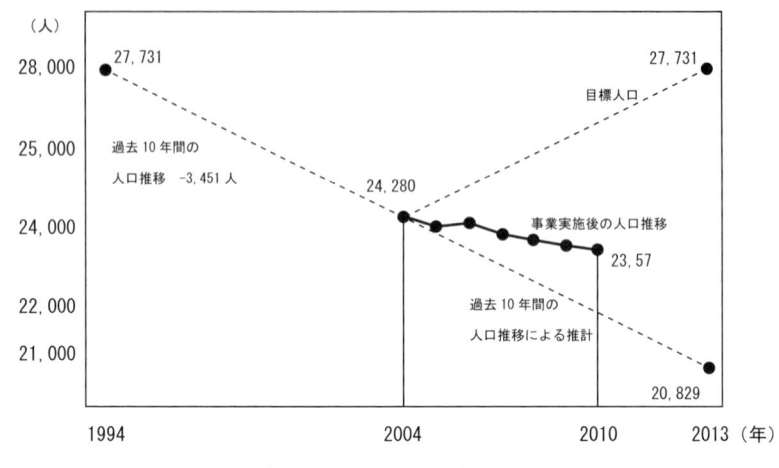

(人)
28,000 27,731   27,731
                                         目標人口
25,000
       過去10年間の
       人口推移 -3,451人   24,280
24,000   事業実施後の人口推移
                                    23,57
22,000   過去10年間の
                人口推移による推計
21,000
                                              20,829
    1994   2004   2010   2013 (年)

図8　富山市まちなかの人口推移（富山市）

　さらに、富山市における利用交通機関別の都心部における買物・飲食の際の滞在時間の調査を見ると、平日では、自動車利用者が 96 分に対し環状線（トラム）利用者は 101 分、休日では、前者 113 分、後者 145 分となっており、いずれもトラム利用者の滞在時間が長い。また、消費金額についてみると自動車利用者が 1.15 万円、トラム利用者が 1.25 万円、休日では前者が 0.9 万円に対して後者が 1.5 万円とこれまたトラム利用者の方が多く、とりわけ休日に多くなっている。
　この事実から街の活性化に「トラム」の効果がいかに大きいものであるのかが証明された。

【参考文献】
實清隆（1984）「欧米都市の比較公共交通論」『富山大教育学部紀要』32。
Susan Hanson(1995)『The geography of Urban Transportation』,Guilford Press
西村幸格・服部重敬（2001）『都市と路面公共交通』。
實清隆（2008）「公共交通を基にした日米比較」『奈良大総合研究所報』11。
實清隆（2009）『都市計画へのアプローチ』古今書院。
松原光也（2010）『地理情報システムによる公共交通の分析』多賀出版。
南総一郎（2012）「フランス交通負担金の制度史と政策的合意」『財政と公共政策』、34 − 2。
谷口博文（2013）「地域変容と交通政策における自治体の役割と財政制度に関する研究」『都市政策研究』14。

第 5 章

人口変動と都市圏構造

酒井　高正

はじめに

　日本の総人口推移をめぐっては、2005 年に、第二次大戦終戦前後をのぞき初めて「人口動態統計」による年間の死亡が出生を上回る自然減少を示したことや、2005 年 10 月 1 日現在の「国勢調査」による速報人口が 2004 年同日の「推計人口」[1] を下回ったことから、この 2005 年をもって「人口減少社会」到来が社会で広くいわれるようになった。しかし、各年 10 月 1 日現在の推計人口は 2006 年以降もわずかながら増加を示す年もあり、正確な最大は 2008 年の 1 億 2808 万人であった。

　そして、2010 年国勢調査では 2005 年国勢調査より約 29 万人の増加をみた。5 年間隔の国勢調査ごとの増加としては、第 2 次ベビーブーム期を含む 1970 〜 1975 年以降一貫して増加率は低下を続け、2005 〜 2010 年の 5 年間の増加率約 0.22％は、1920 年に始まった国勢調査でも最低の数値である。したがって、2010 年は前回の 5 年前の国勢調査からは総数人口が若干増えたとはいえ、2009 年以降は推計人口がほぼ毎年減少を示す中で、人口減少社会に入った最初の国勢調査といえる。

　筆者もこれまで、近年の国勢調査データを用いて、おもに近畿地方を取り上げ、人口増減や高齢化の状況を、都心からの距離との関係も含めて分析を加え、実証を行ってきた（酒井 2006、2009、2010、2014）。本稿では、それらの分析結果を踏まえて、近年における全国の人口変動について近畿地方に少し焦点を当てながら、人口からみた都市圏構造の視点を中心に GIS も用いて分析を行うことにより、人口減少社会への転換期における都市圏のあり方の一面について考えてみたい。

Ⅰ. 人口増減の概況

1. 最近の全国状況

まずここでは、2005～2010年の市区町村別人口増減[2]を全国規模で概観しておくため、図1に増減率を示す。減少地域が圧倒的に広い面積を占めている。増減率の階級ごとに市区町村面積を集計したものが表1である。5％以上の増加を示す市区町村の面積はわずか1.5％、少しでも増加があるものが12.7％なのに対し、減少は5％より大幅な市区町村だけでも全国面積の過半に達している。増加を示す地域は、関東大都市圏[3]にある程度の広がりをもって分布するのをはじめ、その他の大都市圏や県庁所在都市クラスの都市あるいはその付近に偏在している。秋田県、鳥取県は全市町村が減少となっている。

ここでは紙数の都合で詳細の掲載を省略するが、増減率ではなく増減人数を地図上で円の面積に比例させる方法での表現した地図を参照すると、関東大都市圏では大きな人数の増加市区町村が圧倒的に顕著だが、京阪神大都市圏は増加だけでなく減少でも大きな円が目立っており、中京大都市圏はその中間的な分布状況がうかがわれる。これらのことから、全国の広い地域にわたって減少が著しい一方で、関東大都市圏を筆頭に大都市圏での人口増加が著しく、人口分布の地域格差が一層拡大している状況を把握することができる。

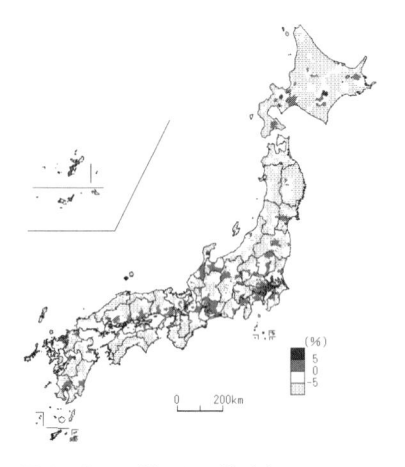

図1 市区町村別人口増減率（2005～2010年）（国勢調査より筆者作成）

表1 市区町村別人口増減率階級ごとの対全国面積比率

2005～2010年 人口増加率（％）	面積比（％）
5 ≦ x	1.5
0 ≦ x < 5	11.2
-5 ≦ x < 0	37.2
x < -5	50.1
計	100.0

（国勢調査より筆者作成）

2. 近畿地方の推移状況

1980～2010年の近畿地方[4]全体の人口推移を表2に示した。5年ごとの増加率で見ると、増加率が次第に縮小してきている傾向は全国人口と類似しているが、1995～2000年のみ全国を若干上回る増加率となっている以外は、近畿地方の増加率は全国よりも低めである。このため、近畿地方の対全国人口

構成比は低下傾向を示している。

図2に示した府県別の推移からは、増加傾向の奈良・滋賀、微増傾向の兵庫・京都・大阪、減少傾向の和歌山の3グループになるが、奈良は2005年で減少に転じ2010年では減少の幅が大きくなっている。また、兵庫は1995年は減少しているが、2000年では大幅な増加となった。これは、震災直後の転出と復興過程での転入の影響とみられるが、兵庫の人口規模の大きさから近畿地方全体の1995～2000年の増加率を押し上げる結果となった。2010年の段階では、大阪は微増が続くが、京都・兵庫はわずかながら減少に転じ、増加府県は滋賀と大阪だけとなった。

表2 近畿地方人口の推移

年	近畿地方人口（万人）	前5年増加率（%）	(参考) 全国増加率（%）	対全国人口比率（%）
1980年	1952	—	—	16.68
1985年	2008	2.86	3.41	16.59
1990年	2041	1.66	2.12	16.51
1995年	2063	1.04	1.58	16.43
2000年	2086	1.11	1.08	16.43
2005年	2089	0.18	0.65	16.35
2010年	2090	0.05	0.24	16.32

（国勢調査より筆者作成）

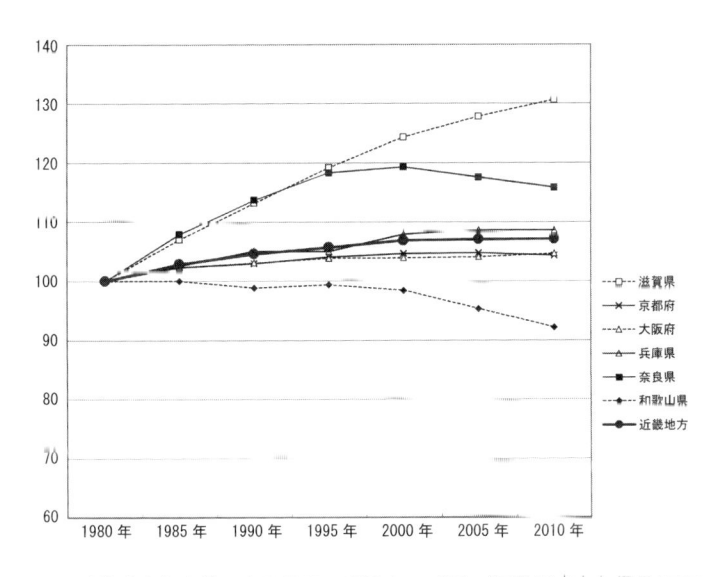

図2 近畿地方各府県の人口推移（1980年＝100）（国勢調査より筆者作成）

II．京阪神大都市圏における人口増減の空間構造の変化

　2005～2010年の人口変動について、京阪神大都市圏でも、中心都市に近い地域の増加傾向は図1から読み取ることができるが、ここでは人口増減と、中心都市との距離とのあいだの関係を計量的に把握し、2005年以前との変動動向の連続性の如何について検討してみる。

　まず、2005年以前との連続性の検討のうえで、2005年以前の分析結果（酒井 2010）と比較可能なものとするため、近畿2府4県下の全市区町村を対象とし、各市区町村と京都市、大阪市、神戸市との直線距離[5]をGISで求め、その3つの距離のうち最小値を「京阪神からの距離」とした。

　図3に、京阪神からの距離と人口増減率の散布図を示した。酒井（2010）において指摘した、1995年以降にみられる右下がりの傾向がさらに強くなったように思われる。そして、計量的な指標として相関係数を、各市区町村の増減率と、期首の人口数、同じく人口密度とのあいだでそれぞれ算出したのが表3である。時系列比較のため、2005年以前の数値も酒井（2010）より転載している。市町村合併により若干市町村数が減少しているが、「率」なので分析に対する合併の影響は小さいと思われる。1995年以降はじまった京阪神からの距離との負の相関（中心市に近いほど人口増加の傾向が強い）や、人口の規模や密度との正の相関（人の集まっているところほど人口増加の傾向が強い）が、いずれもさらに強まる傾向にあることがわかった。

　なお、この分析では、関西大都市圏の京都・大阪・神戸のような三極構造[6]において、中心市との距離の指標として3市のうちで最近接市への距離を採用したが、統計局では関西大都市圏の中心市として大阪市のみを採用している。参考までに、各市区町村から大阪市[7]への距離を使って人口増減率との距離の相関係数を求めたところ－0.428となり、京阪神3市の最近接市との距離の場合の－0.522より負の相関が弱くなった。各中心市の都心回帰の傾向を明瞭に検出するには、やはり最近接都市を用いる方が適切であるとわかった。

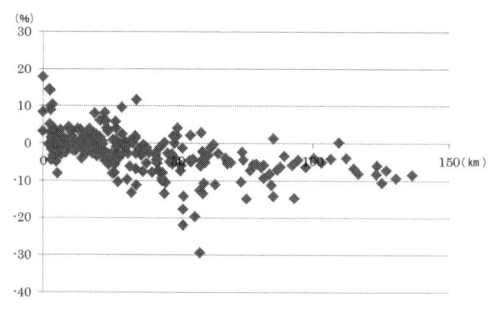

図3　近畿地方市区町村別人口増減率と京阪神からの距離（2005～2010年）
縦軸：5年間の増減率（％）
横軸：京阪神からの距離(km)（国勢調査より筆者作成）

表3 近畿地方市区町村別人口増減率と、京阪神からの距離・人口・人口密度との相関係数（N=287、2005～2010年分のみ N=245）

期間増減率	京阪神からの距離	期首の人口	期首の人口密度
1985～1990年	-0.270	0.280	-0.080
1990～1995年	-0.159	-0.001	-0.149
1995～2000年	-0.301	0.139	0.088
2000～2005年	-0.452	0.247	0.319
2005～2010年	-0.522	0.358	0.438

（国勢調査より筆者作成）

III. 三大都市圏の人口都心回帰

前章では、京阪神を中心市とする関西大都市圏を含む近畿地方を取り上げ、人口都心回帰の強い傾向を確認したが、ここでは、関東大都市圏、中京大都市圏との比較対照を行う。

まず、前章と同じ考え方で各大都市圏の中心市から各市区町村までの距離を算出した。関東大都市圏では、中心市を京浜すなわち東京と横浜として[8]、各市区町村から東京または横浜への距離の内で短い方を京浜からの距離とした。中京大都市圏では、名古屋のみを中心市とした[9]。中心市からの距離と2005～2010年人口増加率の散布図を図4、図5に示した。いずれも、左端の増加から右下がりの分布を示し、人口都心回帰と郊外人口減少の傾向が顕著である。

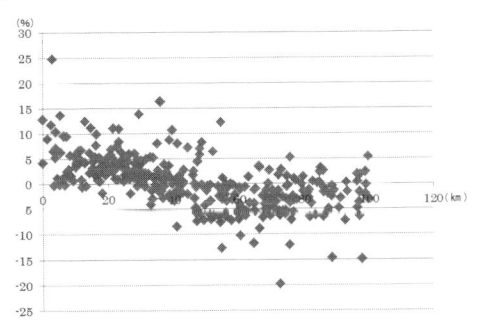

図4 関東大都市圏市区町村別人口増減率と京浜からの距離（2005～2010年）
縦軸：5年間の増減率（％）
横軸：京浜からの距離(km)（国勢調査より筆者作成）

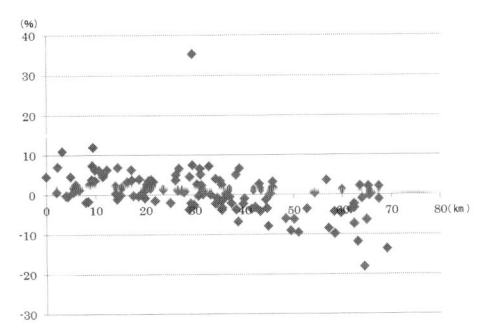

図5 中京大都市圏市区町村別人口増加率と名古屋からの距離（2005～2010年）
縦軸：5年間の増減率（％）
横軸：名古屋からの距離（km）
（国勢調査より筆者作成）

次に、前章と同様に中心市からの距離と人口増減率の関係の定量的指標として相関係数を算出した。ここでは、関東大都市圏については京浜のいずれかから100km以内および70km以内の2種類の圏域で、中京大都市圏については名古屋から70km以内、関西大都市圏については京阪神のいずれかから70km以内の圏域で、それぞれ該当する市区町村を抽出して計算した。結果を表4に示す。

表4 三大都市圏別、市区町村別中心市への距離と人口増減率の相関係数

大都市圏	距離圏	市区町村数	相関係数
関東	京浜まで100 km以内	343	−0.578
関東	京浜まで70 km以内	265	−0.614
中京	名古屋まで70 km以内	131	−0.481
関西	京阪神まで70 km以内	220	−0.487

人口増減率は2005〜2010年（国勢調査より筆者作成）

いずれの圏域においても顕著な負の相関を示すが、中京大都市圏と関西大都市圏は同程度の、関東大都市圏はさらに強い傾向を示している。いずれの大都市圏でも人口都心回帰と郊外人口減少を反映した結果となっている。

おわりに

日本では、21世紀に入り、人口減少社会という新しい局面を迎えているが、関東大都市圏を筆頭に大都市圏、さらには地方都市圏も含め、都市は逆に人口増加の傾向を強めてきている。そして増加の中心的役割を果たしているのは都心部である。結果的には、人口の偏在傾向にますます拍車をかけていることになる。

一方で、今回の分析には年齢などの属性の検討を含めていないが、人口回帰の舞台となっている都心部でも人口高齢化の波を受けることになるし、都心周辺部では空洞化やフードデザートなど都市機能衰退にかかわる問題も指摘されている。各地域ごとの特色やかかえる問題は、平準化よりも格差拡大の方向に動いており、都市を考える際には常にこうした背景を念頭に置いておくことが必要である。

【注】
1) 総務省統計局が、5年に一度の国勢調査の値をもとに、その後の人口の増減を他の資料から得て、毎月算出している値。
2) 2005年の市区町村界については、2010年の境界に組み替えて、増減を算出している。
3) 総務省統計局による大都市圏の呼称を用いている。
4) ここでは、滋賀、京都、大阪、兵庫、奈良、和歌山の2府4県を近畿地方とする。
5) 京都市は中京区役所、大阪市は中央区役所、神戸市は中央区役所をそれぞれ中心と定めて、各市区町村役場からの距離をGISソフトMANDARAを用いて計測した。
6) 堺市が政令指定都市に加わり、統計局では堺市も関西大都市圏の中心市に加えているが、現段階では3都市との人口規模の差は大きいので、ここでは分析の連続性を重視して3都市を中心市とした。
7) ここでは大阪市中央区役所の位置への距離を測定した。
8) 距離計算の起点は、東京都千代田区（区役所）、横浜市中区（区役所）においた。
9) 距離計算の起点は、名古屋市中区（区役所）においた。

【参考文献】
酒井高正（2006）「近畿地方の人口の変動」『統計』57-1。
酒井高正（2009）「近畿地方の人口減少の地理的分布を考える」(公開セミナー要旨)『人文地理』61-6。
酒井高正（2010）「近畿地方の市区町村別人口増減の分析をめぐって」『奈良大地理』16。
酒井高正（2014）「2010年国勢調査にみる大都市圏の人口変動」『奈良大学紀要』42。

第6章

高齢化と都市交通

髙橋 愛典・毛海 千佳子

はじめに－交通の視点から都市の高齢化を考える－

　高齢化が、都市のみならず日本全国、さらには先進諸国における社会・経済のキーワードとなって久しい。筆者らに与えられたテーマは「高齢化と都市」という壮大なものであるが、本章では筆者らのこれまでの研究成果に照らして、「高齢化と都市交通」の関連に論点を絞ることとしたい。都市交通といっても、具体的な交通手段には、徒歩、自転車、自家用乗用車（マイカー）などいくつもあるが、ここでは公共交通（public transport）、端的にいえば鉄道（地下鉄や路面電車を含む）・バスを中心に論じることとする。

　高齢化と都市交通の関連といえば、これまでもよく論じられてきたのは、高齢者の日常生活における必要最小限の移動手段を維持する、いわゆる「足の確保」のための施策であった。特に近畿圏では、公営交通（市営地下鉄・バス等）の敬老乗車制度が持つ、福祉政策としての側面に注目が集まってきた。この制度は、敬老乗車証（「敬老パス」などと呼ばれる）を持つ高齢者は、都市公共交通を無料ないしは低額で利用できるというものであるが、高齢化に伴い敬老乗車証の配布対象者が増えると費用（補助額）も増加し、自治体財政を圧迫しかねない。そのため近年では、公営交通をめぐる民営化などの改革の一環として、大幅な見直しがなされるようになった。

　一方で、高齢化の進展に伴って、上記の敬老乗車制度が暗黙裡に念頭に置いていた高齢者像とは異なる、「高齢者」と呼ぶことも憚られるような元気で活発な「アクティブシニア」の活躍が、かえって目立つようになった。その定義についてはのちに詳述するが、鉄道・バスを独力で利用できるアクティブシニアは、公共交通利用促進の重要なターゲットであり、高齢化と都市交通の関連をめぐるポジティブな側面を象徴している。

そこで本章では、まず第Ⅰ節で、従来見られた敬老乗車制度の現状を説明し、政策的課題を論じる。次いで第Ⅱ節で、アクティブシニアの交通行動の特徴を把握し、公共交通利用促進への示唆を整理する。第Ⅲ節ではこれら2つの議論の流れをまとめ、「高齢化と都市交通」の関連をめぐる今後の展望を示すこととする。

Ⅰ．敬老乗車制度のゆくえ [1]

1．敬老乗車制度の概要

　敬老乗車制度とは、厳密には、地方自治体の一般会計の負担によって、高齢者の公共交通の運賃を無料にする、または大幅に割り引く制度を指す（新納2009、p.69）。日本バス協会（『日本のバス事業』各年版）によれば、敬老乗車制度のしくみは、「パス式」と「回数券式」に二分される。前者は、「敬老パス」「敬老（優待）乗車証」などと呼ばれる乗り放題のパスを配布するものである。後者は、一般に割引回数や金額に制限がある回数券を配布するものである。後述の神戸市のように、行政区域内に複数の対象事業者がある場合に、両者が併用される場合もあった。

　敬老乗車制度は、導入されている自治体の分布が、西日本（近畿圏以西）に大きく偏っている感がある。もともと、公営交通を持つ自治体が西日本に多かった（公営交通が都市のステータスであると認識されていた）ところに、1970年代にこれら自治体の間で敬老乗車制度の導入がブームとなったのである。ブームの要因を簡単に整理すると以下のようになろう（寺田2007、pp.110-111、寺田2008、pp.17-19）。第一に、この時期に全国的にモータリゼーションが進み、さらに第一次石油危機で乗務員の人件費が高騰した影響もあって、経営難に陥り財政再建を求められる公営交通事業者が目立ったことである。第二に、大都市を中心とした革新自治体ブームが起こり、福祉政策の充実が謳われたことである。要するに、公営交通事業が経営難に陥り、これに対し福祉政策として（いいかえれば一般会計の福祉予算を使って）補助をすることが容認されやすかったという時代背景である。

　敬老乗車制度それ自体は、高齢者の社会参加を促すという大義名分を、論理上は果たしうる。しかし、高齢化の進展に伴い、敬老乗車制度の対象者が増加傾向にあるため、自治体の負担も増加の一途を辿りかねない。さらに、自治体の財政難が、特別会計（公営企業）としての公営交通事業のみならず、一般会

計（福祉政策を含めた市長部局）にも及んでくると、敬老乗車制度による補助額（一般会計から特別会計への繰入額）の見直しが求められるようになった。その例として、補助額を一定の額に固定することや、対象者の所得額や介護保険料の段階に合わせた有料化を進めることが挙げられ、実際にこうした見直しはここ10年ほどで急増している（新納2009、p.73）。以下では、近畿圏を代表する大都市の一つである神戸市における、敬老乗車証有料化の事例を検討する。

2. 神戸市における敬老乗車証有料化の事例

　神戸市で敬老乗車制度が開始されたのは1973年である。市営バスにはパス式、郊外（民営バス事業者の営業区域）には回数券式が導入され、いずれも対象者は運賃無料でバスに乗車できた。その後、対象事業者の増加と、市営地下鉄や新交通システム（市が出資する第三セクターが運営するポートライナー・六甲ライナー）の開通に伴い、対象路線は拡大していった（篠原2012、p.158）。もっとも、市内のJRや私鉄（第三セクターの神戸高速鉄道を含む）は一貫して対象外である。

　敬老乗車証が有料化されたのは2008年である。具体的には、2008年10月から2010年9月までは激変緩和措置として通常運賃の4分の1（バス50円、地下鉄・新交通は小児運賃の半額）、2010年10月以降は通常運賃の2分の1（バス100円、地下鉄・新交通は小児運賃と同額）の負担となった[2]。

　神戸市では、敬老乗車制度の対象者の利用に対して、正規運賃の7割を市（一般会計）が補助し、残り3割を交通事業者が負担するものとして補助額を計算してきた。一方で、阪神・淡路大震災やその復興事業といった財政状況の変化に伴い（新納2009、p.73）、1990年代前半から補助額を年間35億円程度（決算額）に固定してきた。高齢化に伴って敬老乗車制度の対象者が増加傾向にあるのに、補助額が固定化されたため、民営を含めた市内の交通事業者に一層の負担がかかるようになった。このことが、市議会で有料化が可決された背景になっていると考えられる。なお、一般会計からの補助は、引き続き約35億円に固定されるものの維持されることが原則とされている。つまり、有料化の目的は補助額を減らすことではなく、対象者・利用回数に応じて計算すると増える一方である補助額を、なるべく一定に保つことであるといえる。

3. 神戸市の事例に見る敬老乗車制度の展望

　神戸市における敬老乗車証の有料化は、そのICカード化と合わせて実施されたことに大きな特徴がある。ICカードはプリペイド式であり、有料化およびICカード配布と並行して、運賃の事前チャージなど使用方法の周知徹底が行われた。これは一見、純粋に技術的な変更であると思われがちであるが、敬老乗車制度のあり方に大きな変化をもたらしたのである。

　そもそも、いずれの自治体・公営交通においても、自動改札（地下鉄など駅・改札のある軌道系交通機関）やICカードが導入されるまで、敬老乗車証の利用者数をバスの乗務員や地下鉄の駅員が数えること自体が困難であった。一般会計からの補助額の算定にあたっても、数年に一回程度の交通量調査に基づく平均利用回数などを用いていたため、「どんぶり勘定」に陥りがちであった。つまり、敬老乗車制度の実際の利用者数に基づいた補助額の計算や支払いが、行われていなかったのである（髙橋 2005、p.15、寺田 2007、p.113）。これに対し、ICカードを導入すれば、まずは利用者数が正確に把握できるようになり、さらには高齢者による公共交通の利用実績（社会参加の状況の証拠となりうる）に基づいた補助も可能になる。

　敬老乗車制度の改革は、一般会計に関わることだけに議会の承認が必要であり、それゆえいずれの自治体でも政争の具となりやすい。神戸市の事例では、敬老乗車制度自体の維持を前提としつつ、正確なデータに基づいた冷静な分析と議論が可能になったといえ、その意義は大きいのである。

II．アクティブシニアを対象とした公共交通利用促進の可能性 [3]

1. アクティブシニアへの着目

　高齢化は全国的な現象であり、前節で見たような、敬老乗車制度の対象者の増加と財政負担の増額をもたらしている。しかし、周囲を見渡せば、実年齢に比して元気で活発であり、従来の「高齢者」のイメージとは大きく異なる「アクティブシニア」の活躍が目立つこともまた確かである。交通行動の観点からは、アクティブシニアは「健康上の不安が少なく、公共交通を独力で利用できる、60代以上の人々」（髙橋・毛海 2013、p.163）と定義できよう [4]。

　アクティブシニアは、公共交通利用促進の今後のターゲットとして重要である。少子化や人口減少で、通勤・通学といった従来の都市交通需要は、首都圏以外では翳りを見せている。人口の多い「団塊の世代」（狭義には1947〜

49年生まれ）が定年退職を迎え、「通勤電車を降りてしまった」ことがその要因の一つであるが、この世代には現在、多くのアクティブシニアが含まれる。そもそも高齢者は、活動時間のピークが、混雑時間帯を避けた10～12時か、16時前後に分布することが指摘されている[5]。つまり、アクティブシニアはオフピーク時間帯に旺盛に行動するのであるから、その際に都市公共交通の利用が促進できれば、高度経済成長期以降にこの世代の通勤交通需要に対応して整備されたインフラが、有効活用されるのである。

2. 大阪府高槻市におけるアクティブシニアの交通行動

こうした問題意識から、2011年に実施した大阪府高槻市在住のアクティブシニア10名（男性4名、女性6名）に対するインタビュー調査の結果を紹介したい。高槻市は、大阪市と京都市のちょうど中間に位置する[6]、人口約35万を擁する中核市である。高度経済成長期から大規模な住宅地開発が行われた郊外都市であり、それら住宅地は、市営バスによって鉄道駅と結ばれている[7]。その住民の多くがほぼ同時期に入居しているため、現在では相対的に均質なアクティブシニア世代が存在すると考えられる。

表は、インタビュー調査において、調査対象者が繰り返していた表現や、複数の対象者の間で似通った表現・問題意識をまとめたものである。表中、Aは、アクティブシニアの行動パターンを規定する前提条件として存在するものと推測できる。Bは、交通行動を引き起こす本源的需要（intrinsic demand）となりうる、具体的な活動・目的（地）のニーズにつながるものである。Cは、アクティブシニアの移動パターンに変化をもたらす要因と考えられる。アクティブシニアを対象に都市公共交通の利用を促進する場合、Aの行動パターンを前提としながら、Bのような本源的活動ニーズを満たし、かつCの行動特性に配慮するような施策が有用と考えられる。

表　高槻市在住のアクティブシニアに見る問題意識と交通行動

A 習慣的な行動特性	・午前中に買い物や掃除など日常的な用事を済ませてから外出し、夕方から夕飯前には帰宅する。 ・日常的な買い物は市内（中心市街地のデパート・商店街、近所のスーパー等）で済ませている。 ・以前から慣れ親しんでいる交通手段で移動する。
B 趣味や関心から 生じる行動特性	・健康を意識して体を動かそうと心がけている、または、健康を意識した食事にしている。 ・身近に関わっている地域や、身近に存在する自然などに、改めて関心を持つようになる。 ・未経験の場所へ出来る限り出かけたいと考えている一方で、慣れ親しんだ所を好む傾向にある。 ・同窓生や共通の趣味の友人などと一緒に行動する機会を設けている。
C 行動につながる 意思や心理的傾向	・「しんどい」「疲れる」と表現することが増えている。 ・マイカーを利用するなら、運転は70代前半までと考えている。 ・自立していたいという強い思いがある。 ・男性は退職後に「これから何をしようか」と一旦真剣に考えて、とにかく家から出る機会を作っている。

出所：毛海（2012a）pp.191-194、髙橋・毛海（2013）pp.166-168

3. アクティブシニアの交通行動の特徴

　本調査で確認できた交通行動の特徴は、先行研究から得られたものと大きく異なることはなかった。60代以上であっても、特に市北部の丘陵地帯（山の手）の住民が、これまでと同様に習慣的に自家用車を利用している点などは、先進諸国で確認されている交通行動と同じ傾向にあると思われる。

　一方で、先行研究では具体的に言及されていないものの、本調査で明らかになったアクティブシニアの興味深い特性は、多くの活動において互いに交流や共感を求め、数人から数十人規模の集団で行動していること、社会の第一線から退いてもなお、社会の中で確かな帰属場所を求めていることである。特に、定年退職後の男性アクティブシニアは、日々の時間がぽっかりと余ってしまうことに焦りを感じ、とにかく外出先を見つけることで時間を埋めようともがいている姿が象徴的であった。

Ⅲ．足の確保から移動目的の創出へ

　当然のことながら、交通行動は何らかの目的（地）があってこそ起こる、つまり交通に対する需要は派生需要（derived demand）である。これは高齢者に関しても同じである。しかし、第Ⅰ節で見た公営交通の敬老乗車制度は、「足の確保」それ自体が政策の目的と化していた感が強く、移動目的に対応した制度設計が試みられていたかといえば、疑問が残る。一方で、第Ⅱ節で見たインタビュー調査結果からは、アクティブシニアの交通行動では、交流や共感を求めた活動が移動目的＝本源的需要となっていることが明らかになった。

　このような移動目的を考慮し創出することは、交通事業者の経営にとっても、自治体等の交通政策にとっても、重要な課題である。「移動目的の創出」それ自体は、阪急の実質的創業者であった小林一三が主に考案した、交通事業者による多角化戦略やまちづくりの原点である（津金澤1991、斎藤1993、正司2001）。高齢化に対応して、アクティブシニアの移動目的を創出することは、こうした「小林一三モデル」の新たな鍵である。例えば、生涯学習や地域貢献（生涯学習で習得したスキルの活用）の機会をアクティブシニアに提供する試みに、交通がより積極的に関与してもよいのではないか（髙橋（forthcoming））。これは、鉄道・バス沿線の観光地・市街地の活性化はもとより、沿線住民間の社会関係資本（social capital）の醸成をもたらす可能性が高い。その結果、認知症の予防をはじめとする健康の増進、さらには都市・社会全体における医療費の抑制にまでつながるという展望も、決して夢物語ではないのである。

【注】
1) 本節の記述は、髙橋（2010）pp.35-38に加筆・修正を行ったものである。
2) このほか、対象者の中で、低所得者には回数制限のある無料乗車券が別途配布されている。また、高頻度利用者には、通勤定期券を半額割引で購入できる（割引分は福祉部局で負担する）制度を用意している。
3) 本節の記述は、髙橋・毛海（2013）の内容に加筆・修正を行ったものである。インタビュー調査の詳細については、毛海（2012a）と合わせて参照されたい。
4) この定義に照らせば、アクティブシニアは結果として60代が多くなるが、高齢者は健康状態等の個人差が大きくなると考えられるため、70代以上やいわゆる後期高齢者にも多くのアクティブシニアが含まれる。また、公共交通を独力で利用できる健康状態であれば、一般的にはマイカーの運転にも支障をきたさないと考えられ、若い頃に引き続きマイカーを運転する可能性が高い。公共交通の利用促進という観点からは、「マイカーは運転できないが公共交通は独力で利用できる」高齢者が一つのターゲットとなるが、実際はそうした高齢者は数少ないという青木（2012）の指摘は重要であり、高齢者の運転免許・マイカー保有率が上昇すればなおさらである。マイカーを使い続けるアクティブシニアに対して公共交通の利用を促進するには、他の施策を組み合わせる必要があるが、このテーマに関しては別稿を期したい。

5) 毛海（2012b）による高齢者の交通行動に関する文献サーベイを参照されたい。
6) 市内を、JR 東海道本線と阪急京都線の 2 路線が並走し横断している。中心市街地に位置する JR 高槻駅および阪急高槻市駅から電車に乗れば、大阪市・京都市の中心部までいずれも 20 分前後で到達できる。
7) なお、市営バスには、前節で見た敬老乗車制度があり、70 歳以上の市民は全路線が無料で乗車可能となっている（所得制限はない）。

【参考文献】

青木　亮（2012）「福祉分野における交通サービスの提供」日本交通政策研究会『過疎地域における公共交通と自家用交通の共存に向けた取り組み』（日交研シリーズ A-537）第 8 章。
関西鉄道協会都市交通研究所（2012）『シニア世代の交通行動』（研究シリーズ第 41 号）。
毛海千佳子（2012a）「アクティブシニアの交通行動（2）」関西鉄道協会都市交通研究所、第 16 章。
毛海千佳子（2012b）「高齢者の交通行動の特徴とその変容に関する一考察」関西鉄道協会都市交通研究所、第 3 章。
斎藤峻彦（1993）『私鉄産業』晃洋書房。
篠原誠剛（2012）「敬老優待乗車制度（敬老パス）について」関西鉄道協会都市交通研究所、第 12 章。
正司健一（2001）『都市公共交通政策』千倉書房。
髙橋愛典（2005）「自治体交通政策の変容」『公営企業』9 月号。
髙橋愛典（2010）「近畿圏の公営バス事業における改革の動向」『運輸と経済』10 月号。
髙橋愛典（forthcoming）「生涯学習と都市交通事業」関西鉄道協会都市交通研究所『都市交通事業の新たなビジネスモデル構築に向けて』第 4 章。
髙橋愛典・毛海千佳子（2013）「大都市圏におけるアクティブシニアの交通行動」『交通学研究』第 56 号。
津金澤聰廣（1991）『宝塚戦略』講談社。
寺田英子（2007）「地方自治体の福祉割引制度とシビルミニマムの確保に関する考察」『交通学研究／2006 年研究年報』。
寺田英子（2008）「中国地方の公営バスの福祉割引制度」日本交通政策研究会『交通関係政府財源の流用問題と地方公共交通への補助政策に関する研究』（日交研シリーズ A-443）第 3 章。
新納克広（2009）「敬老乗車制度の改変とその影響」『公益事業研究』第 61 巻第 1 号。

第7章

郊外論1－居住と通勤

稲垣　稜

はじめに

　戦後、日本の郊外においては大量の「ベッドタウン」が形成されていった。3大都市圏郊外に相次いで建設されたニュータウンは、ハワードが掲げた職住近接の構想とは裏腹に、住機能のみに特化した大規模住宅団地であった。郊外の鉄道駅では、都心へ向かうサラリーマンたちの通勤ラッシュが毎日のありふれた光景となった。こうしたサラリーマンの多くは、10代後半に地方から職を求めて大都市にやってきて、その後結婚して郊外に居住した人々であった（谷1997）。

　このように、我々の脳裏に焼き付いている郊外の光景とは、当時の「大都市＝職場、郊外＝住居」という大都市圏の図式を象徴するものである。しかし、こうした図式は徐々に崩れていくようになった（富田1995）。郊外居住者の増加にともない、郊外住民の消費需要に応える商業機能が郊外に立地するようになった。また、モータリゼーションの発達や都心周辺の地価上昇によって、それまで都心周辺に立地していた工場が、自動車での移動に便利で地価の安い郊外に移転するようになった。郊外が、居住の場としてのみならず、働く場としての機能も有するようになってきたのである。

　これは、日常生活行動の指標である通勤流動からみれば、郊外から大都市への通勤率の低下となって表れた（藤井1985）。「大都市＝職場、郊外＝住居」という大都市圏の図式を崩すこの現象をめぐり、さまざまな観点から検討がなされてきた。一つは、アメリカ合衆国で生じたような大都市圏多核化、郊外の自立化の観点からのアプローチである（藤井1990）。アメリカ合衆国に比べてモータリゼーションの進展度合いの小さい日本においては、CBDに匹敵する機能をもつような「自立的多核化」ではなく、CBDに対してより低次の機能を補完する「補完的多核化」が進んできたとされる（石川2008）。こうした大都市圏構造の変化が、大都市への通勤流動の変化と連動している。

もう一つのアプローチは、郊外居住者の人口構成から郊外の変化を検討するというものである（川口1992、谷1998）。谷（1998）が明らかにしたように、人口規模の大きい多産少死世代の女性がたどるライフコースの変遷が、1970年代後半から1980年代までの郊外内部での通勤の増加に大いに貢献した。

　本章の以下の部分では、後者のアプローチに従い、通勤流動と人口移動に着目して「ベッドタウン」のその後を探る。特に1990年代以降の状況に着目し、成熟化時代の郊外の実態を提示する。

I．奈良市の人口と通勤流動の変化

　以下では、奈良市における人口と通勤流動の変化を検討する。奈良市を取り上げる理由は、大都市圏郊外としての性格が明確である点にある。奈良市のほぼ中央部を近鉄奈良線が通っており、これによって大阪市の都心と結ばれている。大阪難波までの所要時間は、近鉄奈良駅から40分である。こうした大阪市への近接性から、高度経済成長期以降、丘陵地を中心に住宅地開発が活発化していった（北畠1981、小方・稲垣2009）。

表1　奈良市の人口推移

	奈良市	
	人口	増加率
1965年	16万8046	
1970年	21万5642	28.3
1975年	26万5040	22.9
1980年	30万5614	15.3
1985年	33万5468	9.8
1990年	35万7178	6.5
1995年	36万8039	3.0
2000年	37万4944	1.9
2005年	37万0102	-1.3
2010年	36万6591	-0.9

出所：国勢調査

　奈良市の人口の推移を概観しておく（表1）。1960年代から1970年代に人口の伸びが顕著で、2000年代に入ってからは減少を示すようになってきた。こうした傾向は、郊外地域における一般的な傾向と合致する。

　続いて通勤流動をみる（図1）。大都市圏郊外としての性格を考える上で欠かせないのは大都市への通勤流動である。大阪市への通勤率をみると、1975年をピークにして低下していることがわかる。一方で、大阪市への通勤者数（実数）をみると、通勤率のピークが過ぎた後も1995年までは増加傾向が続いている。他地域への通勤者増加の影響も受けて、大阪市への通勤率は低下してきたものの、大阪市のベッドタウンとしての成長は1990年代半ばまではかろうじて続けていたとみなしてもよいのかもしれない。しかし、1995年以降は、大阪市への通勤者数が絶対減少を示すという新たな段階に入る。また、この時期には、就業者数自体も絶対減少を示すようになり、本格的な衰退局面に入ったと考えられる。

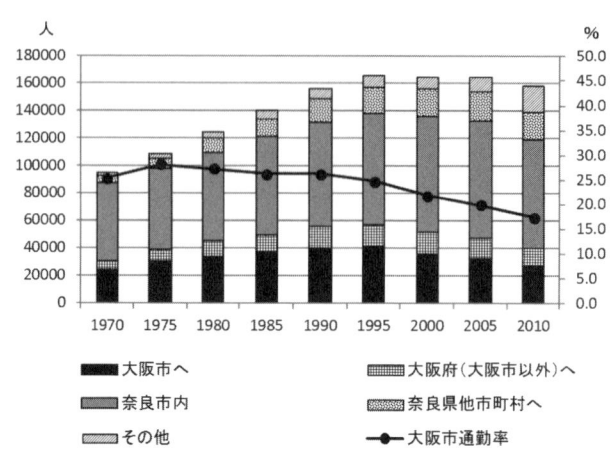

[図省略]

図1　奈良市の就業地構成の推移　出所：国勢調査

　大阪市以外の通勤先をみると（図1）、1980年代以降、奈良市内や奈良県内他市町村への通勤者増加が顕著であり、郊外の雇用成長が見てとれる。こうした近隣地域への通勤者増加は、中高年女性のパートタイム（川口1992、谷1998）、若年者のアルバイト（稲垣2011、谷2002）などの非正規雇用も関係していると考えられる。

II．奈良市の人口移動

　通勤流動とともに、郊外地域の変化を明確に示す指標が人口移動である。一般にベッドタウンは、大都市に居住する人々が住宅スペースを求めて周辺部に居住地移動することによって成立する。そのため、ベッドタウン化が顕著な地域では、大都市から郊外への大幅な転入超過がみられることになる。こうした状況の実態を明らかにするのが以下の目的である。

　ここで利用するデータは、国勢調査の人口移動データである。国勢調査では、10年に一度の大規模調査の際に人口移動に関する調査がなされる。ここで注意すべきなのは、人口移動の定義の変化についてである。1970年、1980年は「前住地」を問う調査であったのに対し、1990年以降は「5年前の常住地」を問う形式に変更された。このため、1980年以前と1990年以降を単純に比較することができない。そこで、以下では、1990年、2000年、2010年の人口移動のみを取り上げる。

　図2は、奈良市の地域別人口移動を示したものである。プラス方向は転入、

マイナス方向は転出を意味している。1990年には、大阪府下、大阪市といった大都市圏の中心部からの転入者数が多く、転入超過数も多かったことがわかる。ベッドタウン化する地域の典型的なパターンといえる。京都市や京都府下との移動が、大阪市、大阪府下との移動ほど大きくないことから、奈良市は大阪の郊外としての性格が明瞭であった。

しかし、2000年には、大阪市、大阪府下からの転入者数が大幅に減少し、結果としてこれらの地域との間の転入超過数は大幅に縮小した。ベッドタウン化時代とは異なるこうした人口移動は、2010年にはさらに顕著なものとなっている。大阪市からの転入者数はさらに減少し、奈良市はついに大阪市への転出超過を示すようになった。一方で、県内他市町村からの転入は、減少したものの大阪市、大阪府下からの転入ほどの減少はみられなかったため、結果的に県内他市町村からの転入者数が大阪市、大阪府下からの転入者数を上回る形となった。このように、2000年以降の奈良市の人口移動は、ベッドタウンとしての役割の低下とローカルな移動によって特徴付けられる。

次に、人口移動を年齢階級に着目して考える。図3は、奈良市の年齢階級別の転入と転出を示したものである。人口移動は、主として10歳代後半～20歳代前半の若年層と、20歳代後半～40歳代前半の住宅取得層（随伴移動の14歳以下もこれに含まれる）によって引き起こされていることがわかる。退職後に大都市や農山村へ移住するというスタイルが社会的に注目されているが、60歳以降の移動者数の少なさから判断すると、地域人口に影響を与えるほどの量ではないことがわかる。

若年層をみると、15～19歳、20～24歳ともに転入超過の状況である。これは、郊外地域とはいえ、県庁所在都市としての性格も併せ持つ奈良市の特徴といえる。最近になるほど転入者数も減少するようになってきてはいるが、転出者数も同様に減少傾向にあるため、転入超過傾向は続いている。

住宅取得層をみると、1990年においては25～29歳、30～34歳の転入者数が多く、転入超過数も多い。2000年になると、転入超過数のピークが25～29歳から30～34歳にシフトしている。さらに、これらの年齢階級の転出者数が増加したことにより、25～29歳では転入超過から転出超過へと転じた。2010年にはほとんどの年齢階級において転入が減少するようになり、ついに30～34歳においても転入超過から転出超過へと転じることとなった。30歳代後半以降においても転入超過はごくわずかなものとなっている。これまで全

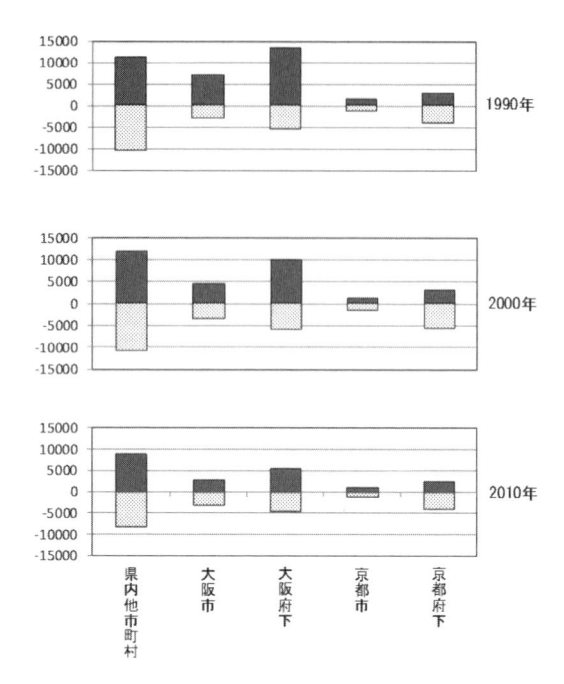

図2 奈良市の地域別人口移動　出所：国勢調査

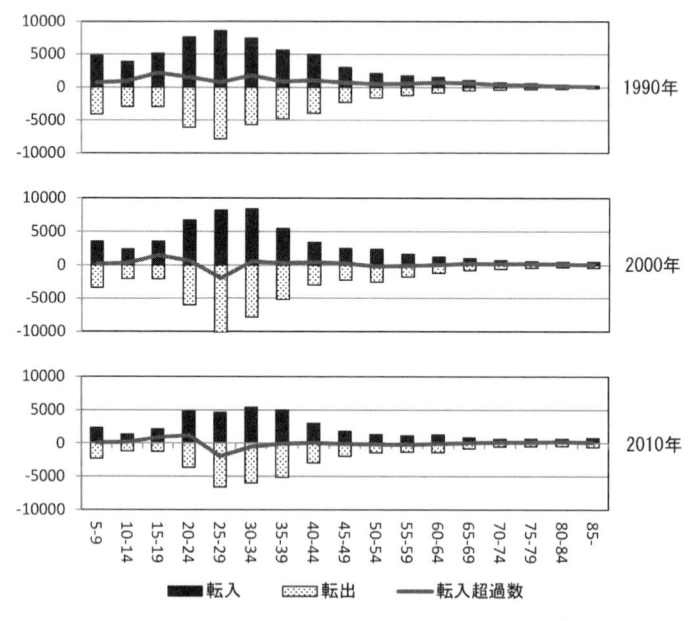

図3 奈良市の年齢階級別人口移動　出所：国勢調査

良市は、大阪大都市圏の郊外地域として人口成長を続けてきたが、その牽引役であった住宅取得層の転入が見込めない状況になっている。

おわりに

これまで、大都市圏構造を考える上で重要な指標とされてきたのは大都市への通勤率であり、この数値の低下現象が大都市圏構造の変容に関する議論の中で注目されてきた（藤井1985、1990）。しかし、ここで明らかになったように、1990年代後半以降の郊外では、大都市への通勤率の低下にとどまらず、大都市通勤者自体の大幅な減少を経験している。本稿では、こうした現象の内実を明瞭に説明するにはいたっておらず、今後検討すべき課題といえる。

また、郊外人口が頭打ちを迎える中、大都市から郊外への転入超過数が大幅に縮小するなど、大都市からの住宅取得層による転入も見込めない状況にあることが明らかになった。こうした傾向から、都心回帰に関する議論も近年では活発化しつつある。しかし、都心回帰については、慎重な整理が必要である。都心回帰の用語は、「郊外から都心へ」の人口移動が活発化している印象を与えるが、2000年代に入ってからの大都市から郊外への転入超過数の縮小（あるいは大都市への転出超過へのシフト）は、大都市から郊外への転入者の減少によって引き起こされている部分が大きく、郊外から大都市への転出者の増加によるものとは必ずしもいえない（図2）。この点は、単なる人口増減データからは明らかにできず、本章のような人口移動データを用いることによって明らかになった点である。

本章では、国勢調査をもとにした議論を進めてきたために、いくつかの指摘は推論にとどまっている。例えば、国勢調査では5年間の就業地、居住地の変化を追うことはできるが、個人レベルでの居住や就業の経歴を把握することはできない。横断データである国勢調査では十分な考察が困難であり、自ずと縦断データの収集の必要性が生まれてくる。

この点を補うのが、アンケート調査やインタビュー調査である。個人情報保護の観点から、データの収集には困難を極めるようになってきてはいるが、こうした独自のデータの収集は不可欠である。一方で、近年、各種の公的統計においてオーダーメード集計や個票データの利用が可能になるなど、統計の利用可能性も広がりをみせている。こうしたデータを有効活用することによって、郊外研究がより深まっていくものと考えられる。

【参考文献】

石川雄一（2008）『郊外からみた都市圏空間－郊外化・多核化のゆくえ』、海青社。
稲垣稜（2011）『郊外世代と大都市圏』、ナカニシヤ出版。
小方登・稲垣稜（2009）「衛星画像でみる京阪奈丘陵の開発」『都市地理学』第 4 巻。
川口太郎（1992）「郊外地域における生活行動圏に関する考察」『地域学研究』第 5 巻。
谷謙二（1997）「大都市圏郊外住民の居住経歴に関する分析－高蔵寺ニュータウン戸建住宅居住者の事例」『地理学評論』第 70 巻。
谷謙二（1998）「コーホート規模と女性就業から見た日本の大都市圏における通勤流動の変化」『人文地理』第 50 巻。
谷謙二（2002）「1990 年代の東京大都市圏における通勤流動の変化に関するコーホート分析」『埼玉大学教育学部地理学研究報告』第 22 巻。
富田和暁（1995）『大都市圏の構造的変容』、古今書院。
藤井正（1985）「大都市圏における中心都市通勤率の低下現象の検討－日常生活圏の変化との関連において」『人文』第 31 巻。
藤井正（1990）「大都市圏における地域構造研究の展望」『人文地理』第 42 巻。
北畠潤一（1981）「奈良盆地の北西部丘陵における住宅地化－1965～1976 年」『地理学評論』第 54 巻。

第8章

郊外論2－郊外の空洞化

山田　正人

はじめに
1. 大都市圏でも始まった人口減少

　人口減少はそもそも前世紀から地方の農山村では一般化しており、「過疎」問題といわれてきた。いまや日本は少子高齢化社会であり、すでに人口減少が進んでいる過疎地では、その先に限界集落化や廃村の可能性がある。

　21世紀に入り、現在、日本全国のトータルな人口減少と、これまでそれほど深刻ではなかった「都市」における空洞化、少なくとも人口減少が多くの"都市"で見られることが重要となった（小長谷2005ほか）。コーホート分析とは、ある出生期間を同じくする人口集団（世代）に生残率を適用し、過去に似たパターンで人口が推移すると今後どうなるかを見るものであるが、社会保障・人口問題研究所（2007）のコーホート分析による人口予想では、東京圏を含め全国で人口が減少するとされている。このまま進めば、約1億2600万人いる現在の人口が、50年後には約8000万人と予想されている（社会保障・人口問題研究所2007）。

　同時に、これまで過疎の対極にあった日本の多くの都市も、東京都市圏などのわずかな例を除き人口減少のフェイズに入ることが指摘されている。その際、小長谷（2005）は、「外郊外問題」とよぶ空洞化プロセスが最外周部の郊外から進むとし、それが21世紀の代表的都市問題になるとしている。すなわち、小長谷（2005）の都市ライフサイクル論によると、都市発展のトレンドは「外向的新都市建設から内向的都市再生へ」向かっており、21世紀初頭の時点で、内郊外で生起する問題と外郊外で生起する問題は質的に異なるという。内郊外は住宅の老朽化はじめ、インナーシティ問題の延長といえる。それに対し外郊外問題は人口の空洞化である。（図1）。ここで小長谷（2005）の定義によれば、概ね高度成長期までに形成された市街地を「内郊外」、高度成長期以降に形成された市街地を「外郊外」としている。

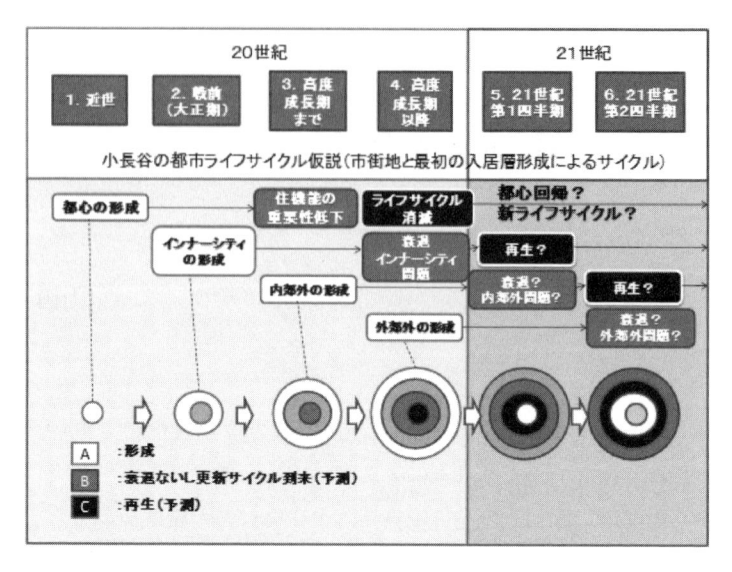

図1　都市のライフサイクル論（小長谷2005より作図）

　シュリンキング・シティ現象は日本だけの現象ではない。ドイツやアメリカにおいても報告がなされ、欧米のかなりの地域で進んでいる。大野秀俊（2008）は、その著書『シュリンキング・ニッポン－縮小する都市の未来戦略－』において、物質的成長がなくても活力を失わない社会においては、少なくとも、都市計画家や建築家が、（1000年前の都市や建築と比べて現代的な開発の様式が圧倒的に優れているとは考えないことも指摘して）、環境の質を改善するような思想や方策を開発する可能性もあるとしている。また、同書の中で、フィリップ・オズヴァルド氏の提唱しているシュリンキング・シティについて紹介し、世界的に、縮小が起こっている都市の例として、郊外化したデトロイト、産業の空洞化したマンチェスターやリバプール、ポスト社会主義時代のイヴァノヴォ、周辺化したハレやライプツィヒをあげている。

2. 郊外空洞化への対応方策

　また、吉田友彦（2010）の『郊外の衰退と再生』では「放棄住宅地」「未成住宅地」「エンプティネスト」などがキーワードとなっている。吉田は、ビルトアップ率と余剰建築物、空き住戸を丹念に拾うことにより、今まで脚光を浴びていた計画的都市形態であるニュータウン等をふくむ郊外地域で人口が減少すると、代替わりして転入してくるのは誰か、という問題を追求した。その結

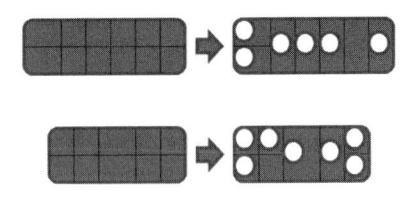

図2 なかなか売れない宅地を、南北2区画を1区画として売った対策例（吉田 2010 による）

果、郊外住宅の地元化が進んでいるものの、相続を希望しているのはせいぜい3割であり、6割が転売希望、という結果であった。遠郊外になるほど、小規模になるほど、定住する意思のない非定住層が多く、このようにして都市はシュリンク（縮小）していく、シュリンキング・シティが広がっていると指摘している。さらに、住宅地の総区画数に対する住宅建築区画数の割合（ビルトアップ率）ごとの対策も示唆している。「高ビルトアップ率（70%〜100%）地区には、中古の借家市場をしっかり作る。中ビルトアップ率（40%〜70%）地区には、虫食い状かあるいは片側面だけ売れ残るケースがあるのでその対策をすべきである。また、空き地を借地にすべきで、裏の土地所有者に駐車場として、また自宅の拡張用地として貸す方法もある。低ビルトアップ率（10%〜40%）地区や、ビルトアップ率ゼロ（0%〜10%）では、売れ残った土地は放置されると、雑草生い茂る林地にもなる。」（吉田 2010、山田 2012 ほか）。

Ⅰ．コンパクトシティの様々なあり方

つぎに、人口減少化時代における持続可能な都市という同じ問題意識をもつ代表的都市モデルとしての「コンパクトシティ」を説明する。

1．コンパクトシティの定義

コンパクトシティは、人口減少社会に対抗する都市モデルの一つであるとされる。もともと、コンパクトシティは、海道（2001）や谷口（2006）らのいうモデルとしては、徒歩圏を第一に考え、その中で生活に足る施設をそろえ、環境との共生し、産業と住宅住居を集中してうまく配置すれば無駄がなくなり、効率が上がるサスティナブル（持続可能）な都市となろうという仮定のもとに構想されている。しかし、いろいろな意味で議論が多い。コンパクトシティははたして本当に望ましい都市形態であるか、それとも中心市街地問題との関連において、既存地域の切り捨てにはならないか、環境の悪化、規制緩和

をするための口実、実現性への疑問や、効果への疑問などの批判もある。

　海道（2001）は、コンパクトシティ政策がわが国において適用されたときに、政府の戦略としての位置づけの弱さや、自治体主導、公共事業的手法へ依存する体質の問題点を指摘している。しかし、神戸市、金沢市、掛川市、穂高市、真鶴町などでコンパクトシティ的政策が策定され、少しずつではあるがコンパクトシティ的政策が普及する方向へと動いており、最近では富山市、青森市などの実践に注目が集まっている。2006年の「まちづくり3法改正」では「都市計画法」、「中心市街地活性化法」、「大店法」の3つが改正されたが、この3法改正のめざすところは、①中心市街地の多機能化、②郊外スプロールの抑制、③特に大規模な集客施設の規制であり、この中心にはコンパクトシティの概念がある、という認識である。

2．人口減少社会における1つの理想形としての「団子型まちづくり」

　国土交通省社会資本整備審議会（2006）においては、「集約的都市構造の実現にむけて」という検討が行われてきた。1）かつての市街地は、中心部が高密、郊外は低密で分散的な市街地であったが、2）今の市街地は、全面的な市街地化の進行により、都心部では、土地を買い替えられることは少なく、高層のマンションが建つことにより一人当たりの居住スペースが広がっている。さらに、3）求めるべき市街地像としては、公共交通路線沿いに拠点市街地の形成を促進するいわゆる「団子型まちづくり」が望ましいとしている（図3、4）。

　さて、団子型まちづくりは成功するのであろうか。

　団子型まちづくりは、中心市街地ではある程度効果をあげている。その例として富山市がある。富山市では、富山港線を廃線にして、その線路をそのまま使い、LRV（高性能新型路面電車）を走らせることとした。さらに、一度は撤退した市内線を復活、新しく都市内に線路を引き、環状運転している。沿線により高密度に人口を貼り付け、いわゆる『団子』を形成し、コンパクトシティを目指そうとしている。現在進行中の富山市総合計画基本計画では、歩いて暮らせるまちづくりの推進、まちなか居住の推進、地域の生活拠点地区の整備が盛り込まれている。1戸建てから集合住宅への住み替えも促進している。これにより、独居老人を孤立させないことなど、コミュニティの維持も図られている。また、その結果、都市内の効率化がはかられ、道路、上下水道や電気電信などがコンパクトになると期待されている。

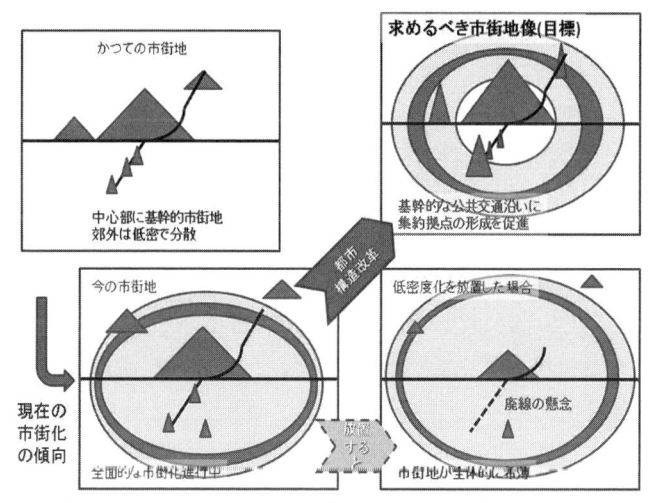

図3 これからの求めるべき市街地像・再編のイメージ（国土交通省資料を改変）

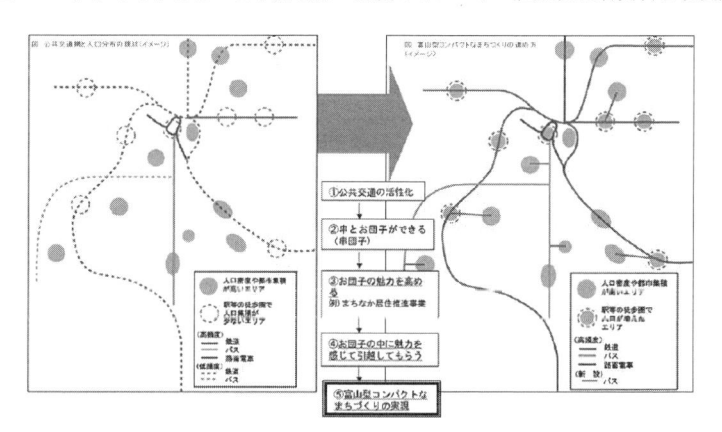

図4 実際の計画（資料：富山市中心市街地活性化基本計画より）

3. コンパクトシティ政策とは独立に解決しなければならない郊外空洞化

　しかし、コンパクトシティは中心市街地では成功するとしても、郊外では、「公共交通重視による高密度化という空洞化への対策」と「人口空洞化からくる需要減少による公共交通の維持の困難化傾向」とのせめぎあいになってくることが予想される。富山市でも、路面電車が、南富山から富山地方鉄道上滝線に乗り入れる検討、あるいはJR高山線を増発するなどの試みを実験している。しかし、過去のモータリゼーションの進展時に路面電車が廃線になった経験も

あり、今後の人口減少傾向によっては、維持が困難になることも予想される路線である。「コンパクトシティ」には、(1) 都心への回帰による高密度化、(2) 大都市の場合は公共交通駅を中心とした高密度化（いわゆる串＋団子モデル）、(3) 都市の外周境界（市街地範囲）の縮小、(4) 以上による環境保全・省エネルギー都市の実現などの含意が含まれているが、都市を縮小すれば、外郊外の空洞化はコンパクトシティモデルでも避けることはできない。また公共交通志向による郊外の維持も、都市の縮小による需要の低下により維持が難しくなり、いずれにしても人口減少社会における都市問題は、郊外では矛盾が出現すると予想される（都市中心部と異なり、コンパクトシティ政策では解決できないと予想される）。コンパクトシティには、軸となる交通手段を決め、市街地の拡散を防ぐという方策が用いられることが多いが、この考え方には公共交通の存在が前提となっている。

II．郊外空洞化のモデル

　それでは、ミクロな都市構造としては、どのような条件で空洞化がおこるのだろうか？ここでは、中京圏を事例として郊外空洞化のモデルをつくった山田 (2012) をもとに紹介したい[1]。このような空洞化予測モデルは今後の政策対応に役立つ。

　焦点は「空家」と「年度を追うごとに宅地 a →住宅（非入居）b →居住 c とは逆行するパターン（これを退行パターンとする）」である。岐阜県の諸都市は名古屋圏の外郊外であり、人口の減少が始まっている。

　小牧市の桃花台ニュータウンでの分析の結果、「退行」は確認された。2005 年から 2011 年で、4788 戸の家屋のなかで 132 件あった。1999 年から 2005 年は 21 件であったことからも増加傾向にあり、無視できない。

　上記のようにコンパクトシティ政策では公共交通が重要となるが、あまり郊外の空洞化が厳しい場合は、その要の公共交通すら破綻してしまうこともありうる。例とする小牧市の桃花台ニュータウンは、ニュータウンの新交通「ピーチライナー（桃花台線）」が 2008 年に破綻した。新交通システムの廃止にいたった経緯は、過大な予測と他交通との接続のおくれが原因で一度も黒字となることなく終焉を迎えたものである。

　「空家」と「退行」について、多変量解析（ⅰ）重回帰分析、ⅱ）マルコフ・モデル、ⅲ）クラスター分析）を適用し分析し、その傾向を調べた。定

義によれば、「年度を追うごとに宅地 a →住宅（非入居）b →居住 c とは逆行する退行パターン」は 2 時点の場合 ba、cb、ca の 3 通り考えられる。3 時点の場合この 3 つのパターンのうち、いずれかのパターンが含まれるもの、すなわち aba、aca、acb、baa、bab、bac、bba、bca、bcb、caa、cab、cac、cba、cbb、cbc、cca、と ccb ということになる。このなかで 1999 年、2005 年、2011 年の 3 時点で、データが見られる、すなわち「退行」のケースが確認されたのは、ccb120 件、cbc14 件以外では、cca6 件、cbb7 件、bcb6 件が観測された。

回帰分析では、

(空家比率) ＝ 0.02（国道 IC への距離）－ 0.56（開発された年号）－ 0.03（桃花台西駅からの距離）＋ 0.02（桃花台中央駅からの距離）－ 0.01（桃花台東駅からの距離）＋（定数項）

【$R^2 = 0.57$】……（1）

(退行比率) ＝ 0.00（国道 IC への距離）－ 0.07（開発された年号）－ 0.01（桃花台西駅からの距離）＋ 0.01（桃花台中央駅からの距離）－ 0.00（桃花台東駅からの距離）＋（定数項）

【$R^2 = 0.55$】……（2）

となり、開発年が古いほど、ピーチライナーの駅（特に西駅）からの距離が近いほど空家、退行パターンが多いということが証明された。

マルコノモデルでは、a パターンの造成地が減っているのは当然としても、今後はまた増加する可能性がある。c や b パターンから供給される可能性がある。家の寿命が約 30 年とすると 30 年後に一斉に建て替え期に入る。しかし、建て替え対象のいくつかの家は、持ち主がいないため建て替えではなく取り壊しとなる（b → a）。現在のところ、人口が最大から減り始めても世帯数は増えている。このことは世帯規模が小型化していることを示している。また、1 人当たりの面積は増える。また価格は下がる等の影響があると思われる。

空家と「退行パターン」では、住宅地の F、G が特異な位置を占めており、突出したクラスターを構成している。いずれもピーチライナーの駅のそばのゾーンであることから、公共交通の影響が空家や「退行パターン」と深くかかわっていることを、クラスター分析で確かめることができた。結論として、外郊外ニュータウンにおいて、「空家」や「退行パターン」は、(1) 公共交通の便の悪い、まだ充填されていない最新の地域か、(2) 逆説的に、公共交通の

便のよい、初期に形成され公共交通依存が強い地域から発生している傾向にあることが発見された。

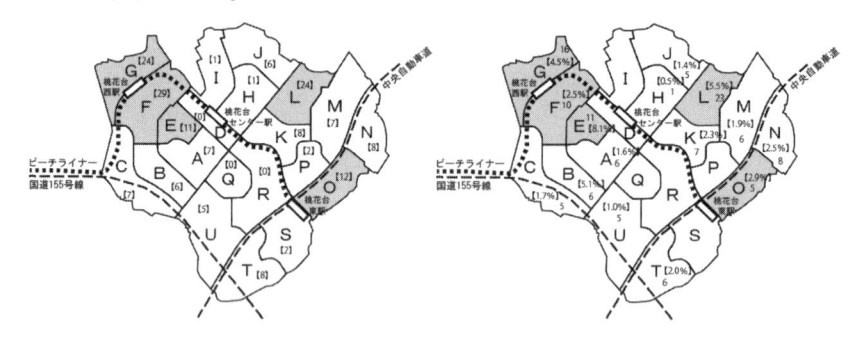

図5 （左）空家の分布、（右）退行パターン「ccb」（空家化）の分布
（いずれも桃花台ニュータウン2011年、山田2012）

まとめ

人口減少時代への移行、および都心回帰の流れにより、郊外の人口空洞化（人口が減る）の可能性が指摘され、都市問題として喫緊の課題となっている。都市の郊外、それも高度成長期以降に都市化した外郊外において市街地が空いていく現象が想定され、中心市街地の空洞化と併せて、対応策が必要とされている。

現在、人口減少時代に対応する持続可能な都市モデルとしてコンパクトシティが提唱されている。これは、（1）都心への回帰による高密度化、（2）大都市の場合は公共交通駅を中心とした高密度化（いわゆる串＝団子モデル）、（3）都市の外周境界（市街地範囲）の縮小、（4）以上による環境保全・省エネルギー都市の実現などの含意が含まれているが、都市を縮小すれば、外郊外の空洞化はコンパクトシティモデルでも避けることはできない。また公共交通志向による郊外の維持も、都市の縮小による需要の低下により公共交通自身の維持が難しくなり、いずれにしても郊外では矛盾が集積すると予想される。

そこで郊外の空洞化のために郊外の新交通が廃止となった事例を調べ、郊外の空洞化の空間構造を分析した。事例とする中京圏においては、岐阜市のような名古屋の外郊外では、すでに人口が減っている。名古屋に隣接する春日井市と、その外側の小牧市にはそれぞれニュータウンが形成されたが、小牧市の桃花台ニュータウンでは、人口の減少、建物の減少がおこっていた。同時に、新交通システムがなくなりその影響を調べた。新交通システムがなくなったのは、

交通整備のタイミングと愛知県の財政問題も関係している。

　結論として、(1) 都市の空洞化を特徴づける指標として、通常の都市成長のプロセスである「宅地 a →住宅（非入居）b →居住 c」に逆行するパターンに注目しこれを「退行」と定義する。(2) 桃花台ニュータウンでは、むしろ交通駅に近い交通の便の良いところで「退行」が多いという傾向を得た。これは初期の公共交通に依存していた時期に形成された街区であることが理由と考えられる。(3) 空き家の残存は、交通駅から遠い交通の便の悪いところで存在する傾向を得た。

【注】
1) 事例とする名古屋都市圏の高蔵寺ニュータウンは最初の入居者が 1968 年であり、桃花台ニュータウンに桃ヶ丘小学校が開校したのが 1976 年であるから、高蔵寺ニュータウンは「内郊外」、桃花台ニュータウンは「外郊外」といえる。

【参考文献】
愛知県（2005）「愛知県総合交通システムモデル圏域ビジョン」。
愛知県（2011）「愛知県広報」（H23.3.11）。
大野秀俊（2008）『シュリンキング・ニッポン－縮小する都市の未来戦略－』鹿島出版会。
海道清信（2001）『コンパクトシティ』学芸出版社。
海道清信（2007）『コンパクトシティの計画とデザイン』学芸出版社。
加藤博和（2009）「新交通システム桃花台線廃止に伴う沿線住民のアクセシビリティと交通行動の分析－鉄軌道線廃止に対応した公共交通計画への示唆－」『都市計画学会論文集』No.44-3。
近畿都市学会編（2007）『21 世紀の都市像－地域を活かすまちづくり』古今書院。
国土交通省（2006）『集約型都市構造の実現に向けて』社会資本整備審議会都市計画・歴史的風土分科会都市計画部会　都市交通・市街地整備小委員会における中間とりまとめについて。
国土交通省（2005）「計画開発住宅市街地の課題と現状（計画開発住宅市街地の今後のあり方）」ニュータウングランドデザイン検討委員会資料。
小長谷一之（2005）『都市経済再生のまちづくり』古今書院。
小長谷一之（2009）「人口減少時代のまちづくり」『建築と計画』。
小長谷一之ほか（2012）『地域活性化戦略』晃洋書房。
小長谷一之（2007）「21 世紀の都市問題とまちづくり」『21 世紀の都市像－地域を活かすまちづくり』古今書院。
小長谷一之・神尾俊徳（2012）「再生可能エネルギー政策は郊外の空洞化問題を緩和しうるか？」『創造都市研究』第 8 巻第 2 号（通巻 13 号）。
社会保障・人口問題研究所（2007）「日本の都道府県別将来推計人口」。
谷口守（2006）「コンパクトシティとモビリティマネジメント」『国際交通安全学会誌』、Vol.31 No.4
谷口守（2010）「交通行動から考える都市周辺部の土地利用」『人口減少時代における土地利用計画』学芸出版社。
中出文平（2010）「富山市－串と団子型コンパクトシティへの取り組み－」『人口減少時代における土地利用計画』学芸出版社。
西村亮・中井検裕　中西正彦（2010）「団地建替え事業における民間分譲敷地の景観継承の

評価に関する研究－桜堤団地を事例として－」『都市計画学会論文集』No.45-3。
武田重昭・西川文香・加我宏之・下村泰彦・増田 昇（2010）「利用実態から捉えたニュータウン再生に資する屋外空間の活用に関する研究」『都市計画論文集』No.10-25。
富樫幸一・合田昭二・白樫久・山崎仁朗（2007）『人口減少時代の地方都市再生－岐阜市にみるサスティナブルなまちづくり』古今書院。
山田正人（2012）「人口減少時代における郊外の空洞化モデルと公共交通－中京圏を事例として－」『都市研究』12 号。
吉田友彦（2010）『郊外の衰退と再生』晃洋書房。
吉田良生・廣嶋清志（2011）『人口減少時代の地域政策』原書房。

第9章

都市発達史的にみた日本のニュータウンの特徴と再生に向けた都市政策

香川　貴志

はじめに−ニュータウンの誕生背景、主要な日本のニュータウン
1．ニュータウンが生まれた時代背景

　現代よりも都市と農山漁村間の所得格差が大きかった戦後の高度経済成長期では、農山漁村の余剰労働力が大挙して大都市圏に転入した。大都市地域は一層の成長を遂げたが、他方で絶対的な住宅不足が惹起することとなった。まだ住宅の高層化は低調な時代であり、住宅建設用地を求めて都市は水平的に拡大した。こうして都市近郊の各所で無秩序な市街化（スプロール）が起こった。

　政府は住宅不足の解消と健全な都市発展を希求して新たな法律の制定を急いだ。結果、「新住宅市街地開発法（新住法）」が1963年に制定された。この法律は、大都市の郊外における大規模ニュータウン（以下、NTとする）建設の素地を整えた。日本最古の本格的NT（山地1982、住田1984、堤2006など）として知られる千里NTが最初の入居者を迎えた1年後のことであった。つまり、千里NTは新住法の成立を見越して建設に着手されたモデル都市といえる。

　ところで日本のNTは、英国のレッチワースやウェルウィンガーデンシティなどが就業の場を伴って設計された（ハワード（長素連訳）1968、香川2013a）のに対し、当初は中心都市へ通勤することを前提に企画された。昨今では、英国のNTが中心都市への依存度を高め（香川2013b）、日本のNT内には就業の場が増加して、両者は図らずも類似した性格を持ち始めている。両者に共通する当初からの理念は、密度が高い既存市街地からの脱却、オープンスペースに恵まれた良好な生活環境を享受できる「新しい都市」というものである。ただ日本のNTは、上述のハワードの理論よりも、むしろペリー（倉田和四生訳）（1975）の近隣住区論を基盤としている。

2. 主要な日本のニュータウンとその現況

　前項で述べた「新住法」の施行を受けて、三大都市圏を中心に各所で大規模NTが建設され始めた。しかし、現実にNTを定義して列挙するとなると、その線引きは意外と難しい。網羅的なNTの紹介は各種のWebサイトに譲り、ここでは三大都市圏にある主要NTを比較してみたい（表1）。なお、京阪神大都市圏については対象の枠を少しだけ広げている。

　人口規模からすれば、多摩NT、港北NT、泉北NTが日本の三大NTであるが、既に規模的には目立たない千里NTは、1975年当時に、現在の港北NTや泉北NTと同等の人口規模を誇った（香川2006）。こうした人口変化は、早くから金城（1985）によって予測されていたが、とくに近年では第二世代（子世代）の転出と第一世代の残留による急速な高齢化が注目されている（福原1998、香川2001、伊富貴2010）。これは、東京圏の郊外住宅地でも観察される事例（中澤・佐藤・川口2008）で、今後の大都市圏を考える際に避けて通れない現実である。

　そこで本稿では、千里NTを中心として、最近のNTの状況を紹介するとともに、持続可能な開発（再開発）のための要件を考察する[1]。

表1　三大都市圏における主要ニュータウンの計画面積と人口

ニュータウンの名称	包含する主な自治体自治体[1]（指定都市以外は「市」を省略）	面積（ha）	人口[2]（万人）
多　　摩	東京都（多摩、稲城、八王子、町田）	3020	34
千　　葉	千葉県（印西、船橋、白井）	1930	9
港　　北	神奈川県（横浜市都筑区）	2530	14
高 蔵 寺	愛知県（春日井）	700	5
千　　里	大阪府（吹田、豊中）	1160	9
泉　　北	大阪府（堺市南区、和泉）	1560	14
洛　　西	京都府（京都市西京区）	260	3
西　　神	兵庫県（神戸市西区、須磨区）	1350	9

1) ごくわずかに含まれる自治体は省いていることがある。
2) ニュータウンの人口は把握が難しいため、2000年以降の概数で示した。
出典：各ニュータウンや管理主体のWebページ等から筆者作成

I. 成長から縮小へ

　大都市圏における住宅不足を解消する役割を果たした NT は、その初期の段階で多くの住宅需要者を吸引して成長を遂げた。主な転入者はニューファミリーであり、やがて彼らには子が誕生し、NT は社会増加に次いで出生による自然増加を経験する。しかし、NT がひとたび完成すると、再開発が行われるまで、ストックとしての住宅は安定期に入る。人口移動は停滞し、やがて子の成長にともなう転出が顕著になって NT は縮小期に入る（図1）。

　人口高齢化が急激に進む素地がこのようにして決定付けられた。非高齢者である第二世代が就職・進学・結婚などで転出すると、残留した高齢者の構成比が高まるという「相対的人口高齢化」が生じ、残留した第一世代の加齢によって彼らが高齢人口に組み込まれ始めると、高齢人口が増加する「絶対的高齢化」が顕著になる（香川 2006）。

　当初から住環境を重視して造成された NT なので、中高年期を迎えた第一世代である初期入居者は地域への愛着も手伝って移動性を低下させる。無理のない価格帯のマンションを購入するにも、それは NT 内にある現住の賃貸集合住宅よりも往々にして不便であることが多い。こうして自家所有を諦めて、賃貸集合住宅での生活を満喫する初老の者も珍しくない[2]。

　しかし、このような人口停滞から人口減少に至る過程を、一言で「地域の衰退」と断じるのは早計である。持続可能な開発とは、必ずしも結論を急ぐような手段に依らない方がむしろ自然である。縮小の時代にあって、居住者の多くを占めるに至った高齢者が暮らしやすいバリアフリーの環境は、子育て世代にも優しいユニバーサルデザインの環境になり得る。そうした意味で、縮小を積極的かつ肯定的にとらえ、それを後述する NT 再生への契機としたい。

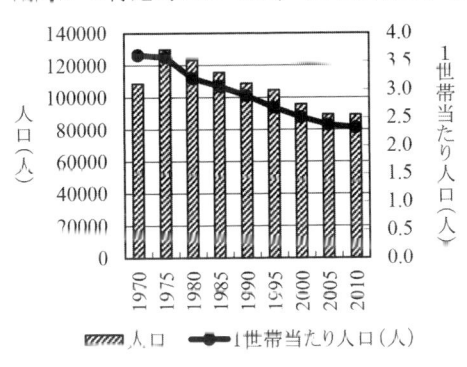

◀図1　千里ニュータウンにおける人口および1世帯当たり人口の推移
出典：吹田市および豊中市の統計より筆者作成

II．少子高齢社会のモデル地域としての千里ニュータウン

日本のNTの先駆者である千里NTを対象とした考察は、千里に続いて開発された多くのNTでも近い将来に起こり得る課題を先行して学ぶ絶好のモデルとなる。そこで以下では千里NTの一部を対象としたケーススタディから、今後のNTを考えてみたい。

第Ⅰ節で記したように、千里NTでは少子化と高齢化が、他の地域よりも急激に同時進行している。たとえば、図2は高齢人口比率の経年変化を大阪府および日本全国と比較したものである。1990年以降の千里NTにおいては、とくに数値の急激な伸びが際立っている。

ただ、こうした急激な高齢化は、NT内で一様に起こっているのではない。居住者、とくに第一世代の滞留が生じやすい戸建住宅や賃貸公営住宅において、上述した残留と転出が顕著に出現する。図3は千里NTの南端部に位置する桃山台住区における実例で、4種の凡例の各地区は図4に示している。

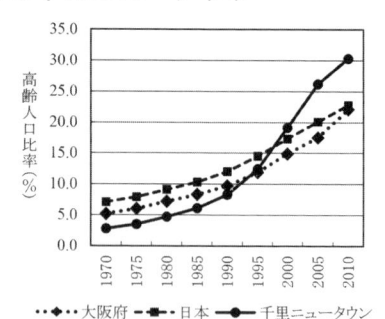

図2　大阪府、日本、千里ニュータウンにおける高齢人口比率の推移
出典：国勢調査結果、吹田市および豊中市の統計より筆者作成

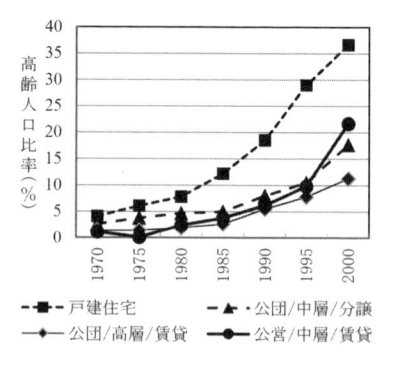

図3　桃山台住区の住宅を構造別・所有関係別にみた高齢人口比率の推移
出典：国勢調査結果により筆者作成

初期入居者の年齢層が高かった戸建住宅では、人口高齢化の進行を容易に想像できた。他方、公営住宅の場合は、恵まれた住環境が居住者の移動性を低下させ、その新陳代謝が生じ難い状態で現在に至った。図5は、1970年から10年ごとに作成した大阪府営桃山台一丁目住宅の人口ピラミッドである[3]。第一世代の加齢と残留、第二世代の離家による転出が鮮やかに読み取れる。

第9章　都市発達史的にみた日本のニュータウンの特徴と再生に向けた都市政策　　81

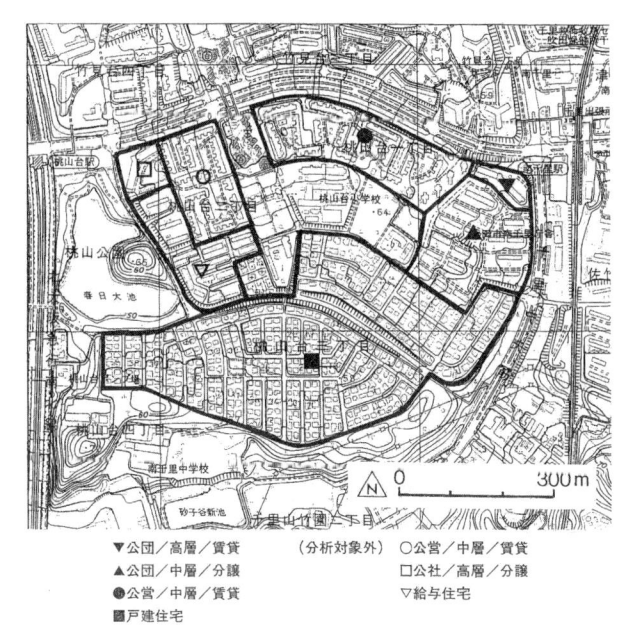

▼公団／高層／賃貸　　（分析対象外）　○公営／中層／賃貸
▲公団／中層／分譲　　　　　　　　　　□公社／高層／分譲
●公営／中層／賃貸　　　　　　　　　　▽給与住宅
■戸建住宅

図4　桃山台住区における各種住宅の分布　出典：香川（2001）p.144 より引用（原図を縮小）

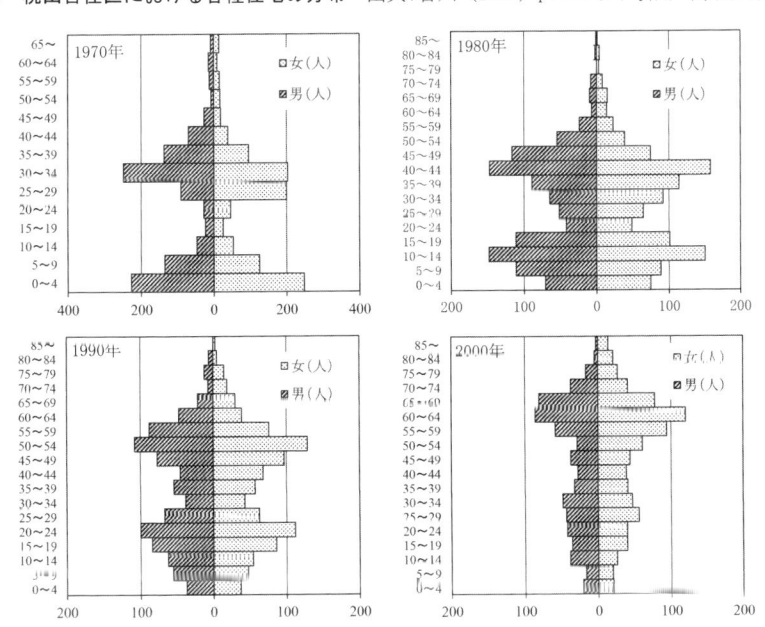

図5　桃山台住区の公営住宅における人口ピラミッド（1970〜2000年）
出典：国勢調査結果により筆者作成

Ⅲ．ニュータウン再生に向けた都市政策－むすびに代えて－

　高齢化社会を既に通過して高齢社会に突入した千里NTや多摩NTでは、通所型デイサービスセンターの建設[4]や高齢者クラブの組織化など、新たな地域社会を創出していくための試みが随所で行われている（福原2001、宮澤2006、高山2008、山本2009、上野・松本2012など）。ただ、その一方で、建設から半世紀前後も経つと、エレベーターが無い、住戸内に段差が多いなど、住宅ストックの陳腐化が顕在化してくる[5]。こうした住宅は高齢者に対して日常生活で多くのバリアを強いることになる。

　しかしながら、住宅管理者であるUR（都市再生機構）や自治体には、陳腐化した住宅を建替えるための潤沢な資金が無い。そこで民間資本を積極的に導入して事業を効率的に進めるため、1999年に成立した「PFI（Private Financial Initiative）法」を活用して、駅から近い便利な場所に分譲マンションが多く建設されるようになった（香川2014）。

　この法律が施行されるまで、千里NTにおける分譲マンション供給は、給与住宅（社宅や公務員住宅）からの建替え事業にともなうものがほとんどであった。つまり、離家する第二世代は、たとえ勤務地が従前と同じであろうとも、NTからの転出を余儀なくされる傾向にあった。しかし、昨今では住宅の選択範囲が拡大し、近居（親子近接別居）も実現できるようになった（香川2011）。

　住宅ストックの陳腐化を解消しなければ、若い世代が転入する持続可能モデルは築けない。住宅やNT内の諸施設には、高齢者向けのバリアフリーだけでなく、乳幼児や保護者にも優しいユニバーサルデザインを意識することが肝要である。PFIは出資者たる企業の業況に左右されるなどの負の側面も持つが、当面はNT再生の有効な手段の一つとして注目できる。

【注】
1）本研究の骨子は、IGU 2013 Kyoto Regional Conference（国立京都国際会館）において発表した（Kagawa 2013）。また、本研究の一部には、科学研究費基金（基盤研究（C））「成熟住宅地の持続的発展に向けた環境整備に関する地理学的研究」（研究代表者：香川貴志、課題番号：24520887）、および科学研究費補助金（基盤研究（A））「持続可能な都市空間の形成に向けた都市地理学の再構築」（研究代表者：日野正輝、課題番号：24242034）を使用した。
2）筆者自身が実施した千里NT大阪府営桃山台一丁目住宅におけるインタビュー調査による（2012年8～9月に実施）。
3）2005（平成17）年国勢調査以降は、5歳階級別男女別集計結果が主に丁目単位で公表されるようになったため、この地域では同様のグラフを作成できない。
4）新築される場合もあるが、スーパー等の商店からのコンバージョン（用途転換）もある。
5）前掲2）。

【参考文献】

伊富貴順一（2010）「オールドタウン化する千里ニュータウンとその再生」（富田和暁・藤井正編『新版 図説大都市圏』）古今書院、pp.64-65。

上野淳・松本真澄（2012）『多摩ニュータウン物語－オールドタウンと呼ばせない－』鹿島出版会。

香川貴志（2001）「ニュータウンの高齢化－シルバータウン化する千里ニュータウン－」（吉越昭久編『人間活動と環境変化』）古今書院、pp.139-155。

香川貴志（2006）「人口減少と大都市社会－千里ニュータウンの公営住宅にみる人口減少と高齢化－」『統計』57 巻 1 号、pp.2-9。

香川貴志（2011）「少子高齢社会における親子近接別居への展望－千里ニュータウン南千里駅周辺を事例として－」『人文地理』63 巻 3 号、pp.209-228。

香川貴志（2013a）「エベネザ・ハワード Evenezer Haward 著『黎明に向けて－本当の変革に至る平和の道－ "To-Morrow: A Peaceful Path to Real Reform（Digitally printed version）"』（書評）」『地理科学』68 巻 3 号、pp.100-103。

香川貴志（2013b）「世界最初の田園都市『レッチワース・ガーデンシティ』」『地理』58 巻 5 号、pp.4-9 および 表紙＋カラーグラビア pp. ii - iii。

香川貴志（2014）「ニュータウンの再生－千里で何が起こっているか－」（藤井正・神谷浩夫編『よくわかる都市地理学』）ミネルヴァ書房、印刷中。

金城基満（1985）「ニュータウン地域の年齢構成の変化とその要因－千里と泉北の事例から－」『人文地理』35 巻 2 号、pp.171-181。

住田昌二編（1984）『日本のニュータウン開発－千里ニュータウンの地域計画学的研究－』都市文化社。

高山正樹（2008）「戦後日本のニュータウンの現状と展望－千里ニュータウンを中心として－」（近畿都市学会編『21 世紀の都市像－地域を活かすまちづくり－』）古今書院、pp.118-130。

堤研二（2006）「千里ニュータウン」（金田章裕・石川義孝編『日本の地誌 8 近畿圏』）朝倉書店、pp.169-175。

中澤高志・佐藤英人・川口太郎（2008）「世代交代に伴う東京圏郊外住宅地の変容－第一世代の高齢化と第二世代の動向－」『人文地理』60 巻 2 号、pp.144-162。

ハワード E.（長素連訳）（1968）『明日の田園都市』鹿島出版会。

福原正弘（1998）『ニュータウンは今－40 年目の夢と現実－』東京新聞出版局。

福原正弘（2001）『甦れニュータウン－交流による再生を求めて－』古今書院。

ペリー C.A.（倉田和四生訳）（1975）『近隣住区論－新しいコミュニティ計画のために－』鹿島出版会。

宮澤仁（2006）「過渡期にある大都市圏の郊外ニュータウン－多摩ニュータウンを事例に－」『経済地理学年報』52 巻 4 号、pp.236-250。

山地英雄（1982）『新しきふるさと 千里ニュータウンの 20 年－』学芸出版社。

山本茂（2009）『ニュータウン再生－住環境マネジメントの課題と展望－』学芸出版社。

Kagawa, T. (2013) 'The Aged Society in a Suburban New Town: What Should We Do?', IGU Kyoto Regional Conference 2013 Proceeding, p.68（表題のみ）。

第10章

中心市街地の衰退と再生

宗田　好史

はじめに

　一般に都市には、都心と呼ばれる商業・業務施設が集積する中心市街地がある。近年、多くの地方都市でこの中心市街地が衰退した。これはデパートや小売店舗の閉店で都心商店街に空店舗が増えるなど目に見える形で表れた。事業所統計でも卸・小売商業店舗数（事業所数）に加え、その売上高、従業員数の減少がみられる。原因は、郊外に整備された幹線道路沿いに大型小売店舗が進出し消費者を奪われたためであり、役所、病院、大学など大規模な公共施設が郊外へ移転したため、都心への来客数が減ったからだといわれる。

　実際、卸・小売商業の事業所数は1982年以降、販売額は1991年以降、従業員数は1999年以降減少している。これは、まず流通業界再編で零細店舗に代わり大型店が増えたためで、この間も売場面積は増えた。一方、高齢化で国民の消費が減少し、デフレが進んだ影響もある。

　消費の内容にも大きな変化があった。この40年間に、衣食住など生活必需品の消費は伸びず、交通通信費や教養娯楽費は増加、食費では外食や、中食と呼ばれる持帰り加工食品が増えた半面、生鮮食料品費は減った。デフレで消費財、耐久消費財を通じて物販全体も伸びず、逆にサービス消費が増えた。国民のライフスタイルが変化し、女性の社会進出とともに女性消費割合も格段に増加した。この結果、衣食住用品販売店が減り、携帯電話や外食産業、美容などのサービス業が増えるなど、街中の店舗構成には大きな変化が起こった。

　このように、中心市街地の衰退は郊外化を進めた都市開発にも起因するが、国民の消費構造の変化と流通革命など社会経済状況の変化の結果でもある。この他、例えば企業城下町では産業構造転換の影響もあり、都市ごとに固有の衰退原因がある。社会と市場の変化に対応した事業者の多い大都市では、中心市街地が栄えるが、様々な理由で変化に対応できなかった事業者の多い地方都市

では衰退した。対応できない理由は、市場規模の大きな大都市と違い、地方小都市では市場の変化が見えにくいため、社会経済状況への認識が不足し、成長期の経験からの脱却が遅れ、都市開発を転換できなかったからである。その結果、都市経済が衰退し、自治体の財政状況を悪化させた。

　バブル経済が崩壊してすでに四半世紀近くたつ。多くの地方都市で中心市街地が衰退した一方、再生を果たした都市もある。本格的な人口減少が始まり、市街地のコンパクト化が進む現在、中心市街地の再生は都市政策の重要な課題であり、成長期の都市開発に代わる新手法も生まれている。また、地方経済と自治体の財政を改善する重要な政策としても注目される。

I．中心市街地衰退の経緯

　中心市街地再生対策の前に、商店街振興施策が長年続けられた。大都市にデパートが誕生した百年も前から、その影響に対抗して中小零細事業者保護を目的に商店街単位で取組みが始まった。戦後の経済成長で各地にスーパーマーケットが増えればその対応策、郊外により大きな小売店舗が進出すれば、その立地規制を「大規模小売店舗法（大店法）」で進めた。しかし、零細商業者を保護することは消費者保護に逆行する場合がある。また、これらの施策が非関税障壁として自由貿易を阻害すると諸外国から批判された1990年代には規制緩和が進んだ。

　小売商業の大型化は都市と国土の構造変化に起因する。鉄道網が発達し、都市化で都心に人が集まったからデパートが誕生した。都市人口がさらに増え、経済成長の所得上昇で消費が拡大したため、スーパーなどより大きな商業施設が登場した。続いて自動車が普及し都市が郊外化すれば、都心人口は減少、まず都心に業務機能集積のない小都市で都心商業が衰退した。一方、高速道路網が全国に整備され、貨物輸送が鉄道からトラックに転換したため流通革命が起き、中央市場と周辺の伝統的卸業者が衰退し、全国規模の流通資本が郊外に大規模店を展開し、自家用車での買物を促進した。郊外の道路整備とともに食品以外の様々な業種も郊外に大規模店を増やした。この結果、道路網が整備された都市ほど、都心空洞化が進み、商店街だけでなくデパートをも脅かした。

　流通革命はさらに進み、価格競争力と多様な品揃えで有利な大資本のスーパーとコンビニが一般市民の生活必需品消費の大部分を担い、半耐久消費財、耐久消費財もホームセンター、ドラッグストアや家電量販店などが担う。物販

では伝統的小売店は大資本に敵わない。結果として零細小売店が減り、いまだに大規模化できないサービス業種だけが残った。この結果、中心市街地が衰退した地方都市ではデパートも商店街もなく、駐車場とパチンコ店、居酒屋、消費者金融、携帯電話取次店とコンビニだけが並ぶ殺風景な駅前が見られる。

このように、都市構造と交通網の変化は商業の変遷と密接に関係している。かつては、急激に拡大した郊外で不足した小売商業を補う公設市場を置き、ニュータウンにも商業施設を配置した。都心に密集する零細店舗群を市街地再開発で不燃化・高度化するなど、商業の変遷を促進してきた。しかし、流通革命後の現在、零細小売業者保護としての商店街振興策は限界にある。その保護のために都市構造・交通網を変えるわけにもいかない。

都市構造の変化はさらに進み、現在では大都市同様、地方都市の多くでもすでに都心回帰が始まった。地方の都心でも高層マンションが増え、一時衰退した都心に大資本のスーパーなどが出店している。しかし、古い店舗の売上が回復したわけではない。今では郊外の衰退が始まった。大型店同士の競争で閉店に追い込まれる店もある。そのため買物難民と呼ばれる、車を持たないため日常の買物に支障を来す高齢者が増えている。その主な対策は、インターネットなどを通じた宅配サービスが中心で、郊外に小売店舗を増やす流れにはない。

II. 中心市街地活性化の施策

国の補助による商店街活性化事業は、かつてはデパートやスーパーに対抗して店舗構成を維持し、買物を便利にすることだった。大売出しやポイントカードにも多少の効果はあった。その後、アーケードや街路灯、カラー舗装など環境整備のための商店街協同化事業に補助し、衰退が始まった後も空店舗対策を続けた。長年多額の補助金が投入されたが、効果は今ではほぼ期待できない。

地方都市中心市街地の衰退と、1974年施行の「大店法」が規制緩和で廃止されたことに対して、1998年「まちづくり三法（中心市街地活性化法、改正都市計画法、大規模小売店舗立地法）」が制定された。2006年の「同三法改正」で、延床面積1万㎡以上の大規模集客施設の出店は、商業、近隣商業、準工業の3つの用途地域にのみ可能で、第二種住居、準住居、工業の3用途地域で原則不可とされた。

また、「中心市街地活性化法」とその改正法によって「中心市街地活性化基本計画」が全国117市で策定され、142計画が内閣府に認定されている（2013

年12月現在)。計画では概ね5年を目標に数値目標を定め、中心市街地活性化に関する施策を総合的かつ一体的に推進する施策を定める。施策には、経済産業省・国土交通省などによる、①区画整理・市街地再開発を含む市街地整備、②病院や福祉施設、保育所などで賑わいを呼ぼうという都市福利施設整備、③都心居住促進のための住宅供給施策、④個店や街づくり組織を資金的に支援する施策の他、⑤公共交通の利用促進を含む特定事業の補助金が用意されている。1998年法ではTMOと呼ぶ、商工会議所など民間団体が集まったまちづくり組織にマネジメントさせようとしたが効果がなかった。利害関係者の合意形成が難しく、財源もなく、行政の下請け機関に終わったためだという。TMOでは郊外の大型店に対抗することも、社会経済の変化を理解し対応することもできなかった。しかし、構成員が減少し商店街振興組合が衰退したため、イベントなどの運営を引き受ける零細事業者の新組織として役立っている例もある。

　一方、商業施設を規制する土地利用調整を図る仕組みもある。商業集積をガイドプランで示し、まちづくり条例で大型店の立地を計画的に誘導する仕組みである。2000年に最初に施行した京都市に続き、金沢市・浜松市・静岡市・盛岡市などで大規模小売店舗の売場面積、あるいは延床面積の上限を用途地域ごとに定め、都心商業集積を守る効果を上げた。この他、府県単位で商業立地を規制する例もある。これは1995年の「地方分権推進法」で国の権限が地方自治体に委譲され、自治体が商業立地を市民が参加できる形で定めようという機運が高まったためである。この手法は、前述の2006年の「まちづくり三法の改正」で集客施設の延床面積制限として全国に広がった。

　しかし、この制限はその自治体の行政区域に限られるため、隣接市町の立地は規制できない。また、上限面積未満に抑えた中規模の店舗を複数立地する抜け道もある。とはいえ、商業集積に都市行政が責任をもち、計画的に中心市街地を守る手法は、人口減少期に市街地のコンパクト化を図る効果が期待できる。同時に、都心の地価を維持し、民間投資を集める効果もある。都心の地価下落は、郊外の地価が多少上がっても補えないほど、地方財源の固定資産税収に影響し、都心への民間投資を阻害し、地方の資産を流出させる。

III．中心市街地の再生手法

　これまで述べたように、中心市街地の衰退は様々な要因が複合して生じた現象である。流通コストを革命的に削減できた企業に対抗して、零細小売店が価

格で対抗することはできない。消費者は郊外大規模店での買物に慣れ、都心には情報交流や飲食、文化活動を求めている。また、1986年「男女雇用機会均等法」は四半世紀以上を経た。都心で働く女性は増え、その消費割合も増えた。

　流通革命で来客数・売上高が減少、利益率が下がった小売業種が多い反面、影響の少ない業種もある。規制緩和で米穀や酒販など免許制度が変わり衰退した業種、呉服など市場自体が縮小した業種などが多い反面、老舗のブランド力や経営努力で繁盛を続ける地域で一番の個店もある。一方、洋菓子など近年成長する製造小売の業種やトリマーやペットショップは業界全体が伸びている。

　さらに、物販以外のサービス業には流通革命の影響は少ない。国民の外食機会が増え飲食産業が伸び、美容・エステ業界も都心部で店舗数を伸ばした。同じ飲食業界でも、ファストフードとファミリー・レストランが全国展開する中、対抗するように個性を競う小規模店が増える町がある。すっかりチェーン店化した喫茶（カフェ）に対抗する個人経営のカフェも店舗数を近年急速に伸ばした。これらの成長業種が増えることで中心市街地は活性化する。

　つまり、繁盛する業種が変わっただけで、現在でも小規模店の新規出店は減っていない。だから中心市街地再生には、衰退した古い業種に代わる伸びる業種の店舗を集めればいい。店舗の新陳代謝を促進するのである。しかし、地方都市多くではこれが阻害されている。古い事業者が地権者として居座り、閉店後もテナント料を高く取る。すでに衰退した中心市街地でも、自己資産を守るため駐車場やマンションに転用して、新しい店には貸さない。その結果、テナント料負担能力の高い大資本のチェーン店だけが立地でき、地元出身の若者が開業しにくい状況がある。もちろん、衰退業種でありながら商店街振興組合を牙城に生き残りを模索する時代遅れの経営者も残っている。活性化支援策が裏目に出ている。しかし、新規出店がなければ、商店街活性化はありえない。

　一方、今人気の業種には昔と違う立地傾向がみられる。人通りが多く、店舗が集まっていればどんなものでもよく売れた昔とは違う。商業ビルがいいわけでもない。多い人通りで売上が上がるのは自販機とコンビニ、ファストフード向きで、個性を競う成長業者はむしろ歴史的町並み、快適な水辺や緑地に面する場所など、美しい空間を選んで立地する。街の魅力でサービスと商品の付加価値性を高め、顧客を魅了する経営者が増えている。中心市街地の業種構成が変わったため、賑わいを生むには優れた都市景観が必要になった。

　一般に、公共交通が発達した都心では車を使わない顧客が多い。そのため、

自動車での買物便利さよりも快適な歩行空間を求める人は多い。モータリゼーション初期には車での来街者の消費金額は比較的高かったが、今では車を使わない女性の来街者も多く、特に女性は消費金額がより高い。駐車場よりも美しい歩行者専用空間でゆっくりと買物と交流を楽しむ環境を求めている。

　小さくとも個性的で人気ある店の若い経営者は、経営方針に沿った立地を選び自らの店の意匠に凝るから周辺の町並みへの意識も高く、環境整備に協力的である。デフレの中で利益率を上げるためには、付加価値性を高めることで顧客を確保しなければならない。そのため高級ブランド店同様に、抑制的な店舗デザインで個性と高級感を訴えようとする。都市デザインは、小さくとも創意に富んだ地元の優秀な事業者を支援、協調することで向上する。

　また、今では買物より交流を志向する消費者が増えたため、より美しく魅力的な中心市街地でイベントなど、文化・情報を発信する機会を求め、祝祭空間に引き付けられる。ハレの空間で華やかな人を見て、新たな出会いを楽しむために都心を訪れる。だから、町並み整備、歩行者優先の交通計画、そして各種イベントの開催が、効果的な中心市街地再生手法となった。

　実際、地方でも歴史的町並み整備が進んだ町に観光客は集っている。重要伝統的建造物群保存地区として町並み保存された地区だけでなく、自由に古い建物を活用した町、歴史はないが伝統的木造建築物を新たに建てた町、非木造でも町並みを和風意匠にまとめた町の賑わいが際立っている。町並みに合わせ、歩道を整え、車を規制している。そんな町では地産地消の飲食店が女性客で賑わい、お洒落な雑貨、小物を扱う店が増えている。こうした小さな町並みには、昔栄えた温泉町以上に観光客が訪れる。大都市でも近代建築、町家、長屋、古倉庫を転用した店が人気で、水辺に面したカフェに人がよく集まる。

　出店の傾向を見ると、魅力的な場所には最初に個性的な飲食店が出る。カフェやスィーツ、イタリアン、フレンチが続き、エスニック、自然食など多様化する。町並みが華やぐと、次に女性客を求めて美容やエステ、続いてお洒落な雑貨小物・家具店が出る。最後にファッションが増えて人気のスポットになる。

　街中でのイベントも多様化した。近年、各地でハロウィンが活発なのは、仮装した子供たちが参加するイベントだからで、一般市民が参加し体験できるイベントに効果がある。ラ・フォル・ジュルネ、プロジェクション・マッピングなど新種のイベントも新鮮で感動的な体験を提供する。常に発見があり新しい体験を仲間と共有できる町を演出することで、高度情報化社会における現在の

中心市街地の役割が果たされる。

Ⅳ．エリアマネジメントの勧め

　これら再生手法を担う主体として、失敗したTMOに代わり、エリアマネジメント組織が推進されている。エリアマネジメントとは、中心市街地に直接関わる地権者と経済力ある事業者を中心した組織が、速やかな合意形成能力で高い実行力を発揮するまちづくり手法である。地域の商業者全員参加が基本の商店街振興組合と違い、構成員を少数精鋭に絞る。行政による市街地の開発整備に連動してテナント・オーナーと元気な事業者は町並み景観を整え、街路美化活動やイベントを開催、プロモーションを担い、街の情報発信を進める。市街地再開発ほど大規模でなくとも、既存の建物や街路を活用して町の魅力を高める。集客性が上がった成果が、地権者と事業者の利益になるため必要経費も負担する。補助金に頼らず自己資金で街を積極的に経営する仕組みである。

　代表的なエリアマネジメント組織は、東京の大手町・丸の内・有楽町地区のまちづくり協議会（大丸有）で、2002年に最大の地権者でもある㈱三菱地所がリードしてNPOとして設立された。ここに本社を置く68企業を集めたもので、現在は一般社団法人である。町並みと街路の美化・緑化など都市環境整備、イベントやタウンガイド、セミナーを開催し集客促進、まちづくりの目的意識を共有し企業の参加を促進する活性化事業の運営を3つの柱に活動を続けている。

　丸の内は、1990年のバブル経済崩壊と1996年に始まった金融制度改革で銀行証券会社の統合・再編が進み、オフィス街としての地盤沈下が懸念された。しかし、この活動で2000年以降進んだ再開発は、その企画通りに多くの来街者を集め、都内有数の観光スポットにもなった。オフィス街に増えた女性、特に所得の高い女性幹部社員向けの店が増え、サービス化、女性化の流れに対応した新しい商業集積が進んだ。この他、東京都内では秋葉原、大崎地区で、地方では福岡天神地区、高松丸亀町商店街が参考例としてよく紹介される。

　人口減少社会では新規都市開発が減少し、限られた資金でストックを上手に活用し資産価値が維持できる、そのためには地権者や行政が従来の枠組みを乗り越えて融通しあうマネジメントが要る。中心市街地再生の成功例では、官民が協働して優れた計画を立て、双方の投資の相乗効果を生んでいる。地権者や事業者が個々の利益を追求すると無駄な投資が増え、魅力ある街はできない。

人口減少がさらに進む地方都市では、市民の限られた消費力を狭い都心の空間に集約し、官民の投資を都心再生に充てなければならない。そのために適正な商業立地を計画的に制御する必要がある。資本力がある大企業が、その自治体の計画を無視して出店すれば、都市の商業経済活動全体は衰退する危険がある。だから、経済規模を考え、商業施設の売場総面積の上限を考える必要がある。ただし、時代遅れの商業者の既得権を守るために、消費者のニーズに応える新規事業者の出店を抑制すると中心市街地を再生する力を失うことになる。

　こうして、市街地をコンパクトに集約しつつ、快適で競争力のある都市商業を維持するために、今こそ優れた商業政策が求められている。そのために、日々変わりゆく都市構造の中で、適正な商業立地を計画し、魅力ある事業者が立地しやすい都市空間を官民協働で整備し、事業者がその集客力を最大限に発揮する中心市街地をつくる仕組みがエリアマネジメントである。しかし、商店街組織は古く、その振興施策も長く続いてきた。高齢でもなお元気な商業者や地権者の古い意識は容易には変わらない。都市景観を整えるための広告物規制すら、その意味を理解し協力ができない事業者が多いため、雑然としたまま衰退し続ける町が実に多い。そして、効果のない古い商店街活性化策を今も続ける地方都市は、無責任に中心市街地を疲弊させている。

　中心市街地再生は、インフラ整備と違い、多数の利害関係者の出資と権利調整で進むものである。区画整理や市街地再開発同様に直接関わる権利者に加え、新たに出店し、創意工夫を発揮した事業を興す人も重要な役割を担っている。また、彼らに協力する様々なクリエーターの力も必要である。高度成長期の都市政策、施策とは違う新しい領域である。

第 11 章

人口の都心回帰

綿貫 伸一郎

はじめに

　わが国の大都市圏では、中心部の人口が減少し、郊外での人口が増加するといういわゆる郊外化が長く続いてきたが、1990年代の後半からまず東京圏で、ついで大阪圏でも大都市圏中心部の人口が増加に転じる現象が見られた。この現象は人口の都心回帰と呼ばれるが、この人口の都心回帰を、人口データを基に実証的に明らかにするためには、まず「都心」の範囲を明確にしておく必要がある。本章では、大都市圏を中心都市と郊外からなるものとして捉え、その中心都市を「都心」と考えた場合の人口の都心回帰と、中心都市の中心区を「都心」と考えた場合の人口の都心回帰について、特に大阪圏を中心にその実態について考察する。また、人口の都心回帰の理論モデルとして言及されることがあるクラッセンの都市サイクルモデルについても説明する。

I. 中心都市への人口回帰

　わが国の3大都市圏の中心都市の人口は、国勢調査人口で見ると、一貫して増加し続ける名古屋市は別にして、1965年の東京23区の889.3万人、大阪市の315.6万人をピークに減少続けてきた。人口の増減は、出生数と死亡数の差である自然増減と転入数と転出数の差である社会増減により生ずるが、この時期の東京23区と大阪市の人口減少は居住地を郊外に移すいわゆる郊外化による転出超過が主たる原因であった。この30年以上続いた大都市圏の中心都市の転出超過が、東京では1997年に、大阪市では2001年に転入超過に転じ、それが現在でも続いている。名古屋市も2002年に転入超過に転じ、その後ほぼ転入超過を維持している（図1参照）。

　東京都の人口（大阪府人口）に占める都心3区人口（都心6区人口）の比率を都心居住率と呼ぶことにし、1920年の第1回国勢調査以来の都心居住率

第 11 章　人口の都心回帰　　93

をグラフ化すれば図 2 のようになる[1]。東京でも大阪でも郊外に向けての鉄道の建設は 1910 年代後半に始まり、1920 年といえば居住人口の郊外化が始まる時期であるが、この年の大阪府の都心居住率は 37.8%、東京都は 22.1% である。その後、都心居住率は低下し続け、1995 年には大阪府は 4.1%、東京都は 2.1% となった。その後、都心居住率は、都心の人口増加により上昇するが、1970 年以降の動きを拡大して示すと図 3 のようになる。2010 年には大阪府では 1975 年の水準を超え、東京都でも 1980 年の水準に近づいている。郊外化から都心居住へと大都市圏での居住地選択に変化が生じたとも考えられる。

　表 1 は 2001 年以降の 3 大都市圏の中心都市の転入・転出・転入超過数を表にしたものである。91 年から 94 年の年平均転出数に対して 3 都市とも転出数の大幅な減少が見られる[2]。東京都区部で年間、約 8 万人から 11 万人、率にして 2 割から年によっては 3 割近くの減少である。大阪市では年間、1 万 4000 人から 2 万 7000 人の減少であるが、その減少幅は年々拡大している。名古屋市でも転出数の減少幅が年々拡大している。それに対して転入数は 91 年から 94 年の年平均転入数に対して 2001 年以降は増加傾向にあるとはいえない。大阪市や名古屋市では 91 年から 94 年の平均転入数より減少している年があるし、増加していてもその増加幅は年数千人以下と小さく、東京都区部でも転入数の増加は転出数の減少に比べると格段に小さい。2000 年前後から見られる東京都区部と大阪市の人口の社会増加は、転入の増加ではなく、主として転出の減少によってもたらされたものであり、川相（2005）が指摘するように、「都心回帰」というよりは「都心定着」という表現の方が適切であろう。

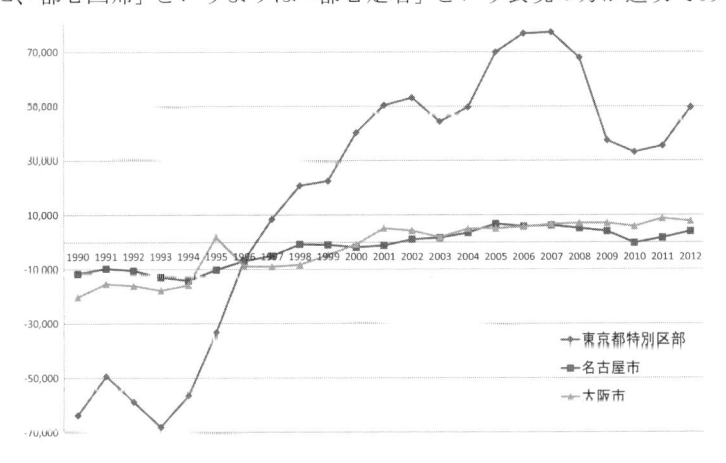

図 1　転入超過数の推移

図2　都心居住率の推移（1920 - 2010）

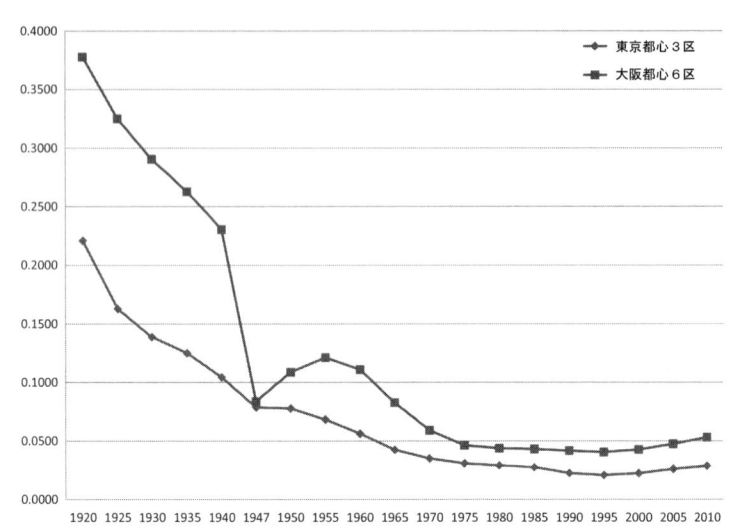

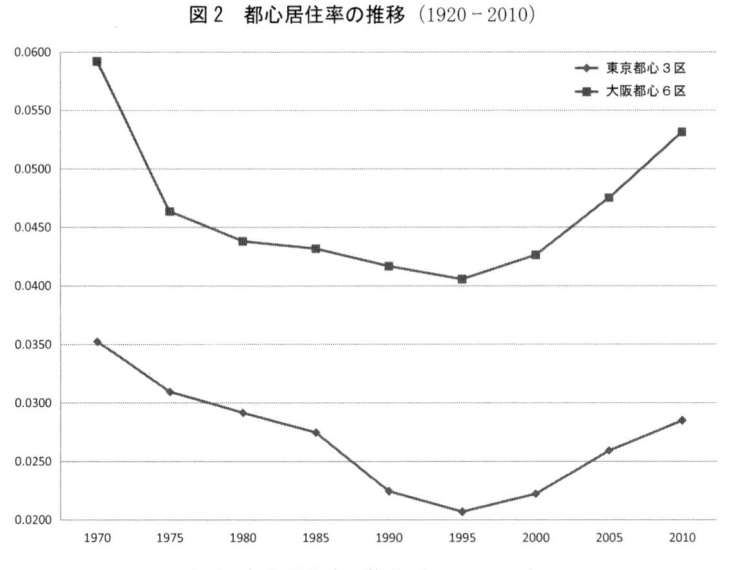

図3　都心居住率の推移（1970 - 2010）

第11章 人口の都心回帰

表1 3大都市圏中心都市の転入・転出・転入超過数

		91-94平均	2001	2002	2003	2004	2005	2006	2007	2008	2009	2010	2011	2012
大阪市	転入	96,991	103,870	101,688	99,852	97,634	96,032	97,160	97,768	96,903	96,982	93,127	94,572	93,777
			6,879	4,697	2,861	643	-959	169	777	-88	-9	-3,864	-2,419	-3,214
	転出	113,304	98,752	97,471	97,999	92,656	90,941	91,492	91,141	89,839	89,909	87,307	85,795	86,035
			-14,552	-15,833	-15,305	-20,648	-22,363	-21,812	-22,163	-23,465	-23,395	-25,997	-27,509	-27,269
	転入超過	-16,313	5,118	4,217	1,353	4,978	5,091	5,668	6,627	7,064	7,073	5,820	8,777	7,742
			21,431	20,530	18,166	21,291	21,404	21,981	22,940	23,377	23,386	22,133	25,090	24,055
東京都区部	転入	341,895	366,656	360,267	358,324	353,608	364,152	366,280	369,429	355,994	345,888	334,899	336,138	344,262
			24,751	18,372	17,029	11,713	22,257	24,385	27,534	14,099	3,993	-6,996	-5,757	2,367
	転出	400,096	316,270	307,084	314,605	303,895	294,194	289,494	292,162	288,152	308,497	301,801	300,703	294,607
			-83,826	-93,012	-85,491	-96,201	-105,902	-110,602	-107,934	-111,944	-91,599	-98,295	-99,393	-105,489
	転入超過	-58,201	50,386	53,183	44,319	49,713	69,958	76,786	77,267	67,842	37,391	33,098	35,435	49,655
			108,587	111,384	102,520	107,914	128,159	134,987	135,468	126,043	95,592	91,299	93,636	107,856
名古屋市	転入	82,721	83,031	83,183	82,068	82,793	83,696	84,752	84,801	84,099	83,179	76,083	75,526	77,413
			310	462	-653	72	975	2,031	2,080	1,378	458	-6,638	-7,195	-5,308
	転出	94,902	84,271	82,183	80,460	79,328	76,930	78,855	78,623	78,959	79,110	76,339	73,847	73,415
			-10,331	-12,719	-14,442	-15,574	-17,972	-16,047	-16,279	-15,943	-15,792	-18,563	-21,055	-21,487
	転入超過	-11,871	-1,240	1,045	1,608	3,465	6,766	5,897	6,178	5,140	4,069	-256	1,679	3,998
			10,631	12,916	13,479	15,336	18,637	17,768	18,042	17,011	15,940	11,615	13,550	15,869

注：下段の数値は91-94年平均との差
資料：総務省統計局「住民基本台帳人口移動報告」

II．都心部への人口回帰

　大都市圏の中心都市の人口増加を都心回帰と呼ぶこともあれば、中心都市の中心部にある都心区の人口増加も都心回帰と呼ばれる。表2は2001年以降の大阪市の都心6区への転入・転出・転入超過数をまとめたものである。91年から94年の年平均値に比べると、各区とも転入数・転出数ともに増加しているが、転入数の増加の方が大きくなっている。大阪市の都心6区では、転入・転出とも活発な動きを見せており、全域で見た大阪市の人口の動きとは異なる動きを見せている。また、都心6区への転入超過数が大阪市全域の転入超過数の7割以上を占めている。

　都心回帰に関して、人口属性については、女性の比率の高さやシニア世代の動向が注目される[3]。都心部での女性人口の増加に関して、川相（2005）は2000年の国勢調査のデータに基づき、東京都心3区（千代田・港・中央区）への転入超過は女子の純流入によるものであり、大阪都心3区（北・西・中央区）においても転入超過の大部分（約70％）は女子の純流入によるものであることを明らかにしている。大阪市の都心部への女子の純流入と東京都心部との違いは、「東京都心区が持つ高次都市機能の高い集積性や多様性等に基づく人口吸引力の広域性、住居関連費をはじめとする生活コスト、女性の就業・雇用機会の集積とそれに呼応した女性の社会進出状況等における大阪都心区との格差が大きく影響している」と考察している[4]。

　表3は2010年の国勢調査で大阪都心6区への男女別の転入・転出数を見たものである。総数で見ると、全体の約6割が、20代前半では女子が65％を占めているが、2000年の国勢調査に比べれば、女性の比率は下がっている。表4は「住民基本台帳人口移動報告」による最近3年間の大阪都心区への男女別転入超過数とその女性比率であるが、都心6区とも特に女性の転入率が高い区は見られない。大阪都心区への女性の流入は東京ほど際だったものではなかったが、最新のデータではさらに都心への流入の男女差は目立ったものとなっていない。

　人口の都心回帰では、子育てを終えたシニア層（エンプティネスター）の都心回帰がしばしば言及される。老齢化とともに、車がなければ不便な郊外から車無しで生活できる都心部へ転居を希望するシニア世帯が増えていると言われる。大阪市では最近になって公園の整備が進んでいる中之島やしゃれたレストランの集積がある靭公園周辺には小家族向けのマンションが建設されている[5]。

第11章 人口の都心回帰　97

表2　大阪市都心区への転入・転出・転入超過

		91-94 平均	2001年	2002年	2003年	2004年	2005年	2006年	2007年	2008年	2009年	2010年	2011年
北区	転入	7,387	9,898	10,011	10,852	10,386	11,460	10,971	10,865	11,232	11,889	12,293	12,321
	転出	8,101	8,468	8,867	8,708	8,852	8,751	9,161	9,903	9,498	10,350	10,282	10,156
	転入超過	-714	1,430	1,117	2,144	1,534	2,709	1,810	962	1,734	1,539	2,011	2,165
福島区	転入	3,398	4,339	7,145	5,108	4,994	5,301	4,396	5,215	5,742	5,453	5,552	5,987
	転出	3,956	4,043	6,928	4,077	3,998	3,930	4,323	4,206	4,355	4,570	4,550	4,522
	転入超過	-558	296	217	1,031	996	1,371	73	1,009	1,387	883	1,002	1,465
中央区	転入	5,968	10,331	9,609	10,342	11,164	11,690	8,359	11,489	11,713	13,069	12,677	12,860
	転出	6,936	7,299	7,695	8,065	8,705	8,974	6,783	9,509	9,885	10,367	10,633	10,564
	転入超過	-969	3,032	1,914	2,277	2,459	2,716	1,576	1,980	1,828	2,702	2,044	2,296
西区	転入	5,390	7,338	7,696	7,789	8,188	8,064	8,359	8,598	8,941	9,160	9,176	9,212
	転出	5,879	5,791	6,014	6,354	6,459	6,643	6,783	6,928	7,322	8,129	7,920	7,901
	転入超過	-489	1,547	1,682	1,435	1,729	1,421	1,576	1,670	1,619	1,031	1,256	1,311
天王寺区	転入	4,515	5,861	6,017	6,082	6,707	6,561	5,625	6,528	6,742	7,065	6,115	6,409
	転出	4,833	5,070	5,058	5,206	5,109	5,091	5,476	5,498	5,475	5,518	5,525	5,398
	転入超過	-348	791	959	876	1,598	1,470	149	1,030	1,267	1,547	590	1,011
浪速区	転入	5,419	7,433	7,138	7,409	5,937	8,274	9,084	8,851	8,834	9,629	9,621	9,632
	転出	5,602	6,294	6,442	6,579	5,270	6,764	7,394	7,602	7,687	8,404	8,296	8,169
	転入超過	-183	1,139	630	830	667	1,510	1,690	1,249	1,147	1,225	1,325	1,463
都心6区	転入超過	-3,241	8,235	6,489	8,593	8,983	11,197	6,874	7,900	8,982	8,927	8,228	9,711
大阪市	転入超過	-17,097	9,260	6,879	5,911	7,172	8,939	7,738	10,839	10,264	11,353	7,550	10,590
		0.889	0.943	1.454	1.253	1.253	0.888	0.729	0.875	0.786	1.090	0.917

注：大阪市の転入超過の下段の数値は，都心6区の転入超過数の大阪市の転入超過数に対する値
出所：『大阪市統計書』各年版

表3 大阪都心6区の転入・転出数（2005－2010年）

		総数	5～9歳	10～14歳	15～19歳	20～24歳	25～29歳	30～34歳	35～39歳	40～44歳	45～49歳	50～54歳	55～59歳	60～64歳	65～69歳	70歳以上
総数	転入	90,466	2,213	1,383	3,440	10,074	16,354	15,231	11,161	6,955	5,179	4,018	3,509	3,222	1,956	4,506
	転出	78,983	3,064	1,293	1,397	4,208	12,463	15,980	11,281	6,162	3,823	3,002	2,908	3,404	2,247	5,377
	転入超過	11,483	▲851	90	2,043	5,866	3,891	▲749	▲120	793	1,356	1,016	601	▲182	▲291	▲871
男	転入	43,106	1,126	710	1,497	4,052	7,202	6,777	5,341	3,631	3,020	2,442	2,122	1,905	1,041	1,611
	転出	38,658	1,521	630	704	2,011	5,421	7,493	5,660	3,327	2,169	1,709	1,670	2,019	1,221	1,849
	転入超過	4,448	▲395	80	793	2,041	1,781	▲716	▲319	304	851	733	452	▲114	▲180	▲238
女	転入	47,360	1,087	673	1,943	6,022	9,152	8,454	5,820	3,324	2,159	1,576	1,387	1,317	915	2,895
	転出	40,325	1,543	663	693	2,197	7,042	8,487	5,621	2,835	1,654	1,293	1,238	1,385	1,026	3,528
	転入超過	7,035	▲456	10	1,250	3,825	2,110	▲33	199	489	505	283	149	▲68	▲111	▲633
	女性比率	0.613	—	0.111	0.612	0.652	0.542	—	—	0.617	0.372	0.279	0.248	—	—	—

資料：平成22年国勢調査

表4 大阪都心区への男女別転入超過数

	2010年			2011年			2012年		
	総数	男	女	女性比率	総数	男	女	女性比率	総数	男	女	女性比率

	2010年				2011年				2012年			
	総数	男	女	女性比率	総数	男	女	女性比率	総数	男	女	女性比率
大阪市	5,820	3,567	2,253	0.387	8,777	4,682	4,095	0.467	7,742	4,178	3,564	0.460
都心6区計	7,703	3,840	3,863	0.501	8,624	4,065	4,559	0.529	7,598	3,530	4,068	0.535
福島区	954	393	561	0.588	1,477	649	828	0.561	1,002	364	638	0.637
西区	1,243	610	633	0.509	1,338	643	695	0.519	1,199	517	682	0.569
天王寺区	493	301	192	0.389	909	431	478	0.526	1,215	577	638	0.525
浪速区	1,337	730	607	0.454	1,076	555	521	0.484	966	499	467	0.483
北区	1,790	934	856	0.478	1,996	992	1,004	0.503	1,751	871	880	0.503
中央区	1,886	872	1,014	0.538	1,828	795	1,033	0.565	1,465	702	763	0.521

資料：総務省統計局「住民基本台帳人口移動報告」

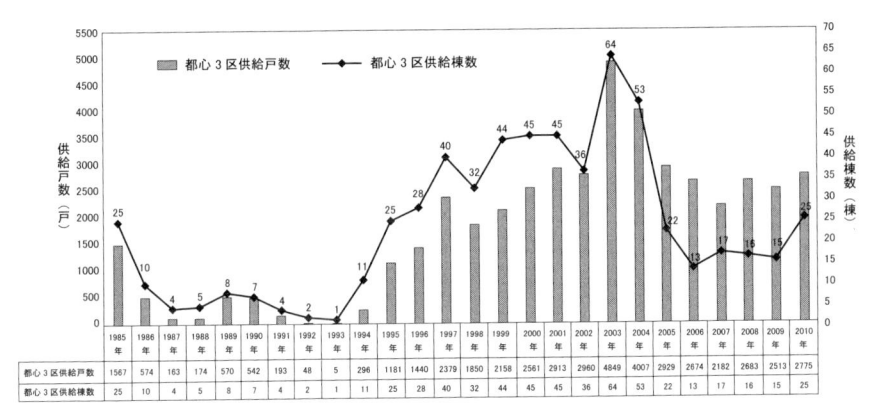

図4 大阪都心3区における分譲マンションの供給戸数と棟数
出典；新出（2003）P.18

年	1985	1986	1987	1988	1989	1990	1991	1992	1993	1994	1995	1996	1997	1998	1999	2000	2001	2002	2003	2004	2005	2006	2007	2008	2009	2010
都心3区供給戸数	1567	574	163	174	570	542	193	48	5	296	1181	1440	2379	1850	2158	2561	2913	2960	4849	4007	2929	2674	2182	2683	2513	2775
都心3区供給棟数	25	10	4	5	8	7	4	2	1	11	25	28	40	32	44	45	45	36	64	53	22	13	17	16	15	25

しかし、国勢調査や住民基本台帳人口移動報告などの統計データでは、60歳以上の高齢者は、5歳階級別にみて、どの年齢層も転出超過となっており、現在のところ、高齢者の大阪都心区への人口移動が数量的に大きな動きにはなっていないようである。徳田・妻木・鮫坂（2009）が指摘するように、定年退職期の人口移動が大阪市の都心回帰にどのようにかかわっているかについては、大阪の郊外都市（大阪府内・奈良県・兵庫県南東部）との間の人口移動パターンの検証が必要である。

人口の都心回帰の要因としては、バブル景気崩壊後の地価の下落による不動産価格の低下が挙げられる。特に90年代半ば以降は都心部においても従来よりも安い価格でマンションを供給できるようになった。東京では都心部の分譲マンションの大量供給が人口の都心回帰の原動力と見られている[6]。図4は大阪都心3区（北・中央・西区）の分譲マンション供給戸数と棟数を示しているが、大阪都心3区での分譲マンションの本格的な供給は1995年に起こり、その後供給数が増え、2006年以降も2000戸を超える供給が続いていることがわかる[7]。

III．都心回帰と都市サイクル仮説

　人口の都心回帰の理論モデルとしてクラッセンの都市サイクルモデルに言及されることがある[8]。クラッセンは中心都市（コア）と郊外（リング）からなる都市圏の人口の増減を都市化⇒郊外化⇒逆都市化⇒再都市化という4つの段階で表す都市サイクル仮説を提示した。図5のように、横軸に中心都市の人口の増減、縦軸に郊外の人口の増減を取り、さらに中心都市と郊外の人口の増減が等しくなる2本の45度線を引いて8つの領域を区分する。中心都市での人口増加が郊外での人口減少より大きく、都市圏全体としては人口が増加するタイプ1（絶対的集中）から中心都市と郊外ともに人口が増加するが中心都市の人口増加の方が郊外の人口増加よりも大きいタイプ2（相対的集中）へと都市圏は移行する。次いで、郊外への人口増加の方が中心都市の人口増加より大きくなるタイプ3（相対的分散）を経て、中心都市では人口が減少し始めるが、郊外での人口増加が中心都市の人口減少より大きく、都市圏全体としては人口が増えるタイプ4（絶対的分散）に移行する。

　図5において、タイプ1から逆時計回りに各段階を経るというのがクラッセンの仮説である。都市化と郊外化の段階では都市圏全体の人口は増加し、逆都市化と再都市化の段階では都市圏人口は減少する。このクラッセンの仮説に照らし合わせて考えるには、都市圏の設定が必要であるが、山田・徳岡（1983）の標準大都市雇用圏で考えると、東京・大阪大都市圏は1965年からの10年ごとの変化で見ると、1995年までは、タイプ4の郊外化後期の段階である[9]。

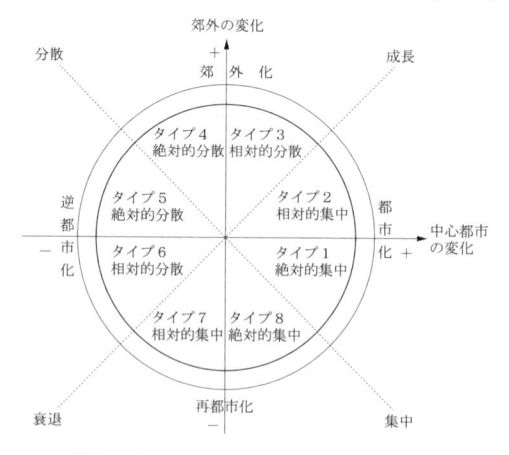

図5　クラッセンの都市サイクルモデル
出典：山田（2002）P.145

東京大都市圏と大阪大都市圏とも2005年、2010年と中心都市では人口が増加しており、郊外でも人口は減少していないであろう。したがって、2010年までの動きで見ると、中心都市と郊外の人口増加の大小により、郊外化（タイプ3）または都市化（タイプ2）の段階と考えられる。2005年、2010年に郊外の人口が減少していたとしても都市圏全体では人口が増加していると考えられるので、タイプ1の都市化の段階となる。東京と大阪の大都市圏では、クラッセンの都市サイクル仮説のように郊外化の段階から逆都市化そして再都市化の段階に進んではいない。将来、大都市圏の郊外の人口減少が中心都市の人口増加よりも大きくなることがあれば、タイプ8の再都市化と判定されることになるが、1965年から2010年までの東京・大阪大都市圏は郊外化または都市化の段階であり、逆都市化や再都市化の段階は経験していない。人口の都心回帰に関連して、「再都市化」という表現が使われることがあるが、それはクラッセンの都市サイクル仮説でいう「再都市化」ではない。

おわりに

人口の都心回帰について、主として大阪圏のデータを基に見てきた。大阪市の都心部への人口の流入が今後とも続くのかどうかは、住宅の新規供給が今後も続くがどうかによると考えられる。

人口減少時代を迎えて、分散型の居住ではなく、中心部に集中して居住するコンパクトシティ化は社会的に見て望ましい居住形態である。大都市圏だけではなく、地方都市でも人口の都心回帰が見られるのかどうか、今後の動きが注目される。

【注】
1) 日本投資政策銀行（2005）が同様のグラフを示している。
2) 95年は阪神淡路大震災の影響があるため、5年間とせず、91年〜94年の4年間とした。
3) 例えば、中川（2005）および實（2006）を参照。
4) 川相（2005）48ページ参照。
5) 例えば、矢作（2013）を参照。
6) 東京都（2004）参照。
7) 新出（2013）参照。なお、マンション供給数は発売期ベースの数字であるので、入居は1、2年後になる。
8) Klaassen et al. (1981) を参照。クラッセンモデルの解説としては、山田（2002）のpp.144-147、および牛島（2005）などを参照。
9) 山田（2002）pp.150-151の表9.3「SMEAの人口変化のタイプ別分類」を参照。

【参考文献】

實清隆（2006）「バブル崩壊後の地価下落と大都市での都心回帰現象に関する研究－大阪都市圏の例－」『総合研究所所報』（奈良大学総合研究所）第15号、pp.21-34.

川相典雄（2005）「大都市圏中心都市の人口移動と都心回帰」『経営情報研究』（摂南大学経営情報学部）第13巻第1号、pp.37-57.

Klaassen,L.H.,Bourdrez,J.A.,& Volmuller,J., (1981) "Transport and Reurbanization", Gower.

中川聡史（2005）「東京圏をめぐる近年の人口移動：高学歴者と女性の選択的集中」『国民経済雑誌』191巻5号、pp.65-78.

日本政策投資銀行（2005）「都心回帰の光と影」日本政策投資銀行関西支店・企画調査課.

新出嘉一郎（2013）「大阪都心への人口回帰　－都心に進行する分譲マンション発生からの視点－」『地域開発』582号、pp.16-22.

徳田剛・妻木進吾・鯵坂学（2009）「大阪市における都心回帰－1980年以降の統計データの分析から－」『評論・社会科学』第88号、pp.1-41.

東京都（2004）「平成15年東京都住宅白書　－都心居住の第二章」.

牛島千尋（2005）「東京60km圏の都市サイクルと都心回帰」『駒澤大学文学部研究紀要』第63号、pp.1-22.

山田浩之編（2002）『地域経済学入門』有斐閣.

山田浩之・徳岡一幸（1983）「我が国における標準大都市雇用圏：定義と適用」『経済論叢』（京都大学経済学会）第132巻第3・4号、pp.145-173.

矢作弘（2013）「都心回帰－東京、大阪、地方都市、そして集約型都市圏構造の構築」『地域開発』582号、pp1-4.

第II部
セクター別の構造と政策

第 12 章

住宅市場の構造と特性

竹内　正人

はじめに

　住宅は生活の豊かさを示す大きな指標である。住宅建設は裾野の広い産業構造を形成しており、住宅投資の動向は、雇用はもちろん木材、鋼材などの原材料部門、住宅資材、設備機器部門など、住宅産業界に及ぼす影響は大きい。また住宅部門の生産誘発係数[1]は1.94[2]であり、生産誘発額も大きい。2010年度の新築・増改築合わせて住宅投資額は約13.5兆円[3]の規模であるが、住宅投資が誘発する生産誘発額は約26.2兆円[4]にも達している。

　住宅投資は、住宅の設備機器の交換などの維持・修繕費、家電や家具・インテリア、室内装飾品や寝具などの購入、さらには地代・家賃、水道・光熱費など居住関連支出にも影響を及ぼし、その額は約42.7兆円にも昇る（図1）。しかも住宅投資は、民間設備投資に比べて内需振興に寄与し、景気動向にも大いに関連することから、政府の景気刺激策として用いることもしばしばである。

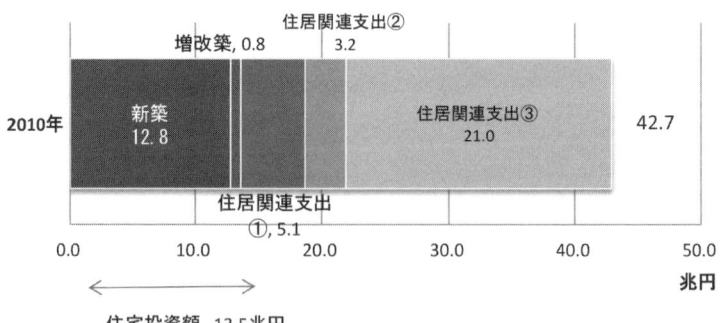

図1　住居関連支出　住宅投資額は「国民経済計算年俸」（内閣府）による。住宅投資額の内訳は「建築着工統計」（国土交通省）から求めた新築・増改築別工事費で住宅投資額を按分したものである。居住関連拠出①②③は、「家計調査年報」（総務省）の下記該当項目に「住民基本台帳に基づく世帯数」（総務省）による世帯数を乗じて算出した。居住関連支出①：「設備修繕・維持」（設備器具、畳替えなど）。居住関連支出②：「家庭用耐久財（電気冷蔵庫、タンスなど）「室内装備・装飾品」「寝具」。居住関連支出③：「家賃・地代」「光熱・水道」

I．住宅市場の構成
1．住宅の大量供給政策
　日本の住宅は、第二次世界大戦によって都市部を中心に壊滅的な打撃を受けた。戦後の住宅政策は、約420万戸の住宅不足を解消することから始まり、「公営住宅」、「住宅金融公庫」、「日本住宅公団（現都市再生機構）」の公的支援を3本柱に進められた。1960年代には経済の高度成長に伴い都会への人口流入に対応するために「住宅建設計画法」（1966年）が制定され、以後住宅建設5カ年計画により住宅の大量供給が行われた。

　住宅の大量供給は旺盛な住宅需要と高度経済成長に支えられ、新築住宅着工戸数は戦後一貫して増加し、1972年度には185.6万戸を記録した。数字の上では量的住宅難を解消した1970年代以降も住宅の大量供給は景気の浮揚策として位置づけられていた。1980年代には日米貿易摩擦との関係で内需拡大構造への転換を迫られ、住宅投資促進政策[5]はその重要な施策となり住宅供給を続けた。

2．新築住宅供給戸数の推移
　新築住宅の供給戸数は、バブル経済崩壊後の1991（平成3）年度には130万戸台に減少した（図2）。その後回復したものの1998年度には消費税引き上げに伴う駆け込み需要の反動減、所得の伸びの低迷やリストラ不安、景気動向の不透明感などにより110万戸台にまで減少した。しかし、厳しい経済環境のなかでも住宅金融公庫の融資拡充や住宅ローン控除などの住宅取得の促進政策により120万戸台前後を回復・維持し続けた。2007年度には耐震偽装問題に対応した「改正建築基準法」が施行されその影響で103万戸に減少、さらに2009年度は前年のリーマン・ショックに端を発した金融危機により急速に景気が悪化し、77.5万戸となり1964年度以来の低水準となった。2011年度は東日本大震災の影響があったものの84万戸であり、若干持ち直しの傾向をみせているものの、かつてのような大量供給の時代ではないことは明らかである。

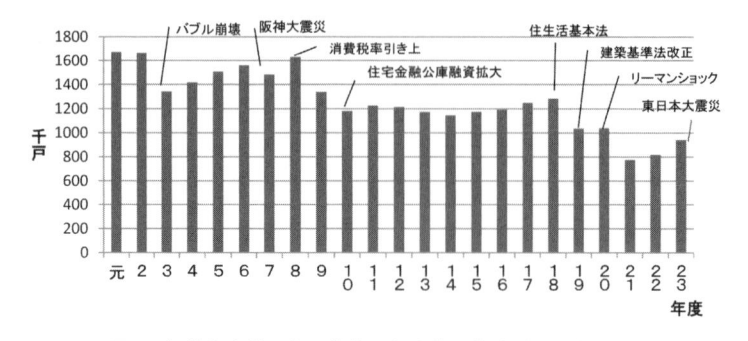

図2 新築住宅着工数の推移　住宅着工統計（国土交通省）

3. 新築住宅市場の構成特性

　戦前の住宅の所有形態は民間の賃貸住宅が中心であった。1941年の調査では借家の割合は東京市が73.3%、大阪市で89.2%、名古屋市で80.3%となっており、都市居住においては圧倒的に借家であった[6]。

　現在の住宅の所有形態による分類では持家が約60%以上を占めている。大都市部でも、東京都が45%、大阪府が53%、愛知県では57.5%であり[7]、持家が住宅供給の中心である。

　2011年度の新築住宅着工数84.1万戸の利用内訳でみてみると、持家系（戸建注文住宅）が30.5万戸で36.2%を占めている。賃家（アパート・マンション）は29万戸（34.5%）、給与住宅は0.8万戸（9.5%）、分譲住宅（戸建・マンション）は23.9万戸（戸建11.9万戸（14.1%）・分譲マンション12.4万戸（14.7%）で、持家（戸建注文住宅・分譲（戸建・マンション））が65%に達しており、供給段階から持家が中心である。

　興味深いことは、戸建住宅（戸建注文住宅・戸建分譲住宅）だけに限ってみると、実に72%が戸建注文住宅である（図3）。戸建注文住宅は所有している土地に新しく建てる家のことで、購入の機会ごとに一邸一邸設計し、住宅ごとの間取りや仕様、品質が異なり、カスタマイズされる。購入者は実際には決して実物を見ることはないまま契約に至る。一方米国では住宅供給の大半が分譲住宅で占められており、日本の戸建注文住宅市場の存在は極めて特異であるといえる。

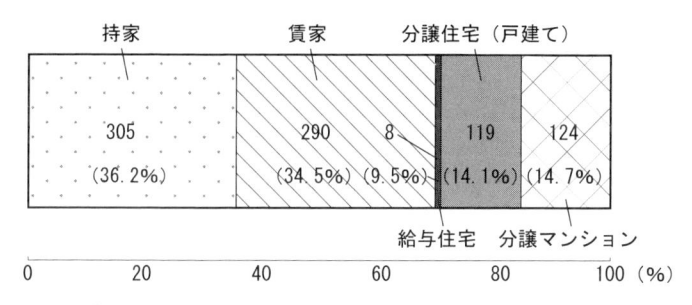

図3 利用別新築住宅着工数、2011（平成23）年度（千戸）住宅着工統計（国土交通省）

持家 305 (36.2%)　賃家 290 (34.5%)　給与住宅 8 (9.5%)　分譲住宅（戸建て）119 (14.1%)　分譲マンション 124 (14.7%)

II．既存住宅市場

1．既存住宅流通

　2008年度の既存（中古）住宅の流通量は17.1万戸、若干の増減はあるがここ数年は16～18万戸で推移している。全住宅の流通量（既存流通＋新築着工）に占める既存住宅の流通シェアはわずか13.5％にすぎない。国際比較すると、米国では既存住宅の流通量が90.3％を占め、圧倒的に既存住宅が取引の主流である。同様にフランス、イギリスもそれぞれ64％、85％であり、欧米諸国の住宅取得は新築よりも既存住宅を選択する傾向にある（図4）。日本の既存住宅市場は欧米に比べて圧倒的に小規模である。

2．短命な住宅

　また日本は典型的なスクラップアンドビルドの国である。日本の住宅市場が新築住宅中心である理由として、まず戦後の住宅不足解消を目的とした大量供給が挙げられる。しかし、数字上では1970年代に住宅ストックは充足しており、2008年段階では空家率は13.1％、約757万戸の居住者のいない住宅が存在していることからも、既存住宅市場は本来もっと活性化してもよい市場であることは容易に想像できる（図5）。

　図6は、5年間で減失した建築経過年数の平均値を国土交通省が推計したものであるが、この図によると日本の耐用年数が欧米に比べて極めて短い。特に米国は日本と同じ木造住宅が多いことからよく比較されやすい。住宅を解体する際に大量の廃棄物が発生する。また新築住宅には大量のバージン資源を消費することから解体の周期が短いほど環境負荷が高まることになる。今後の住宅供給においては住宅ストック市場、即ち既存住宅市場の活性化が重要であることは言うまでもない。

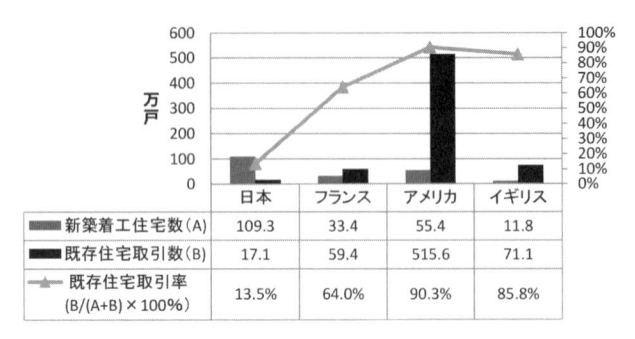

図 4 既存住宅と流通シェアに関する国際比較

	日本	フランス	アメリカ	イギリス
新築着工住宅数(A)	109.3	33.4	55.4	11.8
既存住宅取引数(B)	17.1	59.4	515.6	71.1
既存住宅取引率 (B)/(A+B)×100%	13.5%	64.0%	90.3%	85.8%

日本：「住宅土地統計調査 平成 20 年」（総務省）、「住宅着工統計 平成 20 年」（国土交通省）（データは 2008 年） フランス：Insee「enquête logement」（データは 2008 年）http://www.insee.fr/ Ministere de l'Ecologie,del' Enwrgie,du Development deurable et la Mer 「Conseil génêral de l'envirronnement et de dêbeloppement」（データは 2008 年）http://www.cged.developpement-durable.gouv.fr アメリカ：U.S.Census Bureau「New Residential Construction」、「The2011 Statistical Abstract」（データは 2009 年）http://www.census.gov/ イギリス： Department for Communities and Local Government「housing statistical」（データは 2009 年）http://www.communities.gov.uk/ フランスは年間既存住宅流通量として、毎月の既存住宅流通量の年換算値の年間平均値を採用した。イギリスの住宅取引数には新築住宅の取引戸数も含まれるため、「住宅取引戸数」－「新築完工数」を既存住宅戸数として取り扱った。また、住宅取引戸数は取引金額 4 万ポンド以上のもの。なおデータ元である調査機関の HMRC は、このしきい値により全体のうちの 12%が調査対象からもれると推計している。

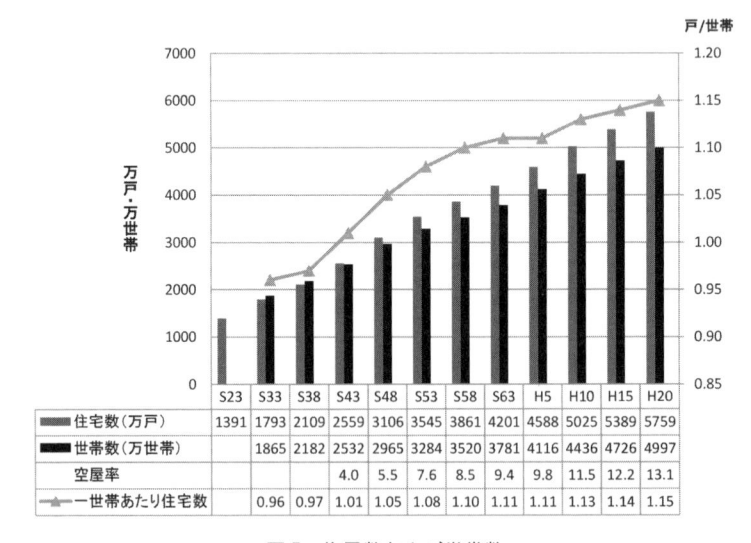

	S23	S33	S38	S43	S48	S53	S58	S63	H5	H10	H15	H20
住宅数(万戸)	1391	1793	2109	2559	3106	3545	3861	4201	4588	5025	5389	5759
世帯数(万世帯)		1865	2182	2532	2965	3284	3520	3781	4116	4436	4726	4997
空屋率				4.0	5.5	7.6	8.5	9.4	9.8	11.5	12.2	13.1
一世帯あたり住宅数		0.96	0.97	1.01	1.05	1.08	1.10	1.11	1.11	1.13	1.14	1.15

図 5 住居数および世帯数

世帯数には、親の家に同居する子世帯等（2008 年＝ 37 万世帯）も含む。住宅・土地統計調査。

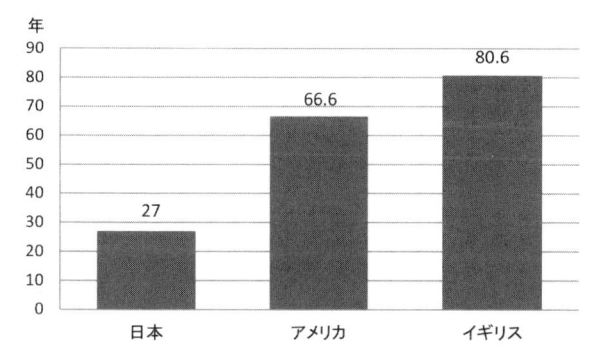

図6　5年間で減衰した建設経過年数の平均値

日本：総務省「平成15年度　平成20年度住宅・土地統計調査」(2003・2008年)　アメリカ：American Housing Survey　2003・2009)　イギリス（イングランド）：Communities and Local Government「2001/02, 2007/08 Survey of English Housing」(データ：2001年、2007年)　http://www.communities.gov.uk　より国土交通省推計。

3. 情報の非対称性

　住宅供給には情報の非対称性が存在する。例えば住宅建設において手抜き工事などの欠陥を買い手が知ることは困難である。同じように既存住宅の取引のおいても、買い手が住宅の欠陥や劣化、維持管理状況を知ることは不可能に近い。日本の既存住宅市場が欧米に比べて極端に小さいことに関しては、非対称な情報下においてレモンの原理[8]が働き、その市場がうまく機能しなくなっていることの指摘があり、既存住宅は市場において正当に評価されないままになっている。そのために、日本においては将来住宅を売却して住み替えるよりも、新築住宅をカスタマイズして住みきる方が合理的である。注文住宅市場は既存住宅市場の代替市場であるといえる。

　注文住宅市場においても情報の非対称性は存在するが、レモンの原理は働いておらず、一定の市場規模を保っている。その理由としては住宅メーカー等が大量に発信する情報等により、価格による品質の判定が行われ、市場が価格重視層とリスク回避層に分離的構造が生まれている[9]。いわゆるシグナリング効果[10]である。

　アメリカなどでは居住期間中に何らかの手を入れることでその価値を向上させ、高値で売却できるシステムが整っている。また外観、外構は街並と調和させるように設計・維持管理されることで、良質なストックとして維持されている。ところが、我国の住宅は元々街並みに調和して建設するという意識が希薄で、建設後も十分なメンテナンスが行われず価値は急速に劣化し、結果として

スクラップアンドビルドを繰り返してきた。また、住宅の評価も機械的に税制上の原価償却の概念を当てはめ、短絡的に決めつけることが多く、住宅を正当に評価する努力を怠ってきた。

4. 良質な住宅ストックに向けて

環境負荷の問題や今後の人口減少や少子高齢化の進行を鑑みると、日本でも、良質な住宅と居住環境を有し、その価値を維持し、市場で評価されることで循環するストック型への転換が必要である。

そこでストック重視政策の第一歩として、質の高いフロー供給を目的として「住宅の品質確保の促進等に関する法律（以下品確法・2000年）」「長期優良住宅の普及の促進に関する法律（長期優良住宅法・2008年）」を制定した。また2006年には「住宅建設計画法」を廃し「住生活基本法」を制定、住宅ストックの質的向上を図る政策へと本格的な転換を図った。

しかし、質の高い住宅の供給を目指した「品確法」の住宅性能表示制度[11]の事例をみても、その実施率は約19％（2009年）[12]でしかない。この制度の普及が進まない原因には、住宅の供給側にとっては負担が大きいこと、永住思考の居住者にとっては自己満足にならざるをえないこと、さらには既存住宅市場では正当に評価されていない現状があり、双方にメリットが見えないことが挙げられている。またこれらの住宅が既存住宅市場に乗るまでには一定の期間を必要とすることや情報の非対称が依然として大きな課題であることを考えると、現実にストック型への転換は容易ではないと言える。

【注】

1) ある最終需要項目の合計が1単位増加したときにどの産業の生産をどれだけ誘発するかを表わす。生産誘発係数＝ある最終需要項目の産業ごとの生産誘発額／対応する最終需要項目の合計額。
2) 総務省（2005）産業連関表。
3) 住宅投資額は「国民経済計算年俸」（内閣府）による。住宅投資額の内訳である新築は約12.7兆円。増改築は約0.5兆円。「建築着工統計」（国土交通省）から求めた新築・増改築別工事費で住宅投資額を按分したものである。
4) 内閣府「国民経済掲載年報」国土交通省「平成17年度建設部門分析用産業連関表」一般分類部門表により作成。
5) 1986年：総合経済対策、1987年：緊急経済対策、1993年：新総合経済対策、1994年：総合経済対策、1995年：緊急円高・経済対策。
6) 塩崎賢也編（2006）『住宅政策の再生』P45。
7) 総務省（2008）「住宅・土地統計調査」。
8) レモンの原理はアメリカの経済学者アカロフが1970年にアメリカの季刊経済学雑誌

「クォータリー・ジャーナル・オブ・エコノミックス」に発表し、中古車市場で購入した中古車は故障しやすいと言われる社会現象のメカニズムを分析した際に用いた概念。整備不良の中古車（レモン）は外見から品質を見分けにくいことから、売り手は商品の品質を知っていても情報をオープンにしなければ、買い手は市場で中身を確かめられないという情報の非対称性が存在する為、情報の非対称性が市場の質の低下させる場合に喩えられる。
9) 竹内正人（2007）。
10) 情報の非対称下において情報を保有している者が情報を有しない側に情報を開示するような行動をとること。例えば将来働こうとする人が、自分が高い生産性を発揮することを雇い主に理解させるために大学の卒業証明書を得ようとすることなど。
11) 建築主が申請すると国土交通省に登録された「登録住宅性能評価期間」が第三者として耐震性、耐火性など9分野28項目について評価し、建築住宅性能評価書等を交付する制度。
12) 国土交通省調べ。

【参考文献】
伊豆宏（1997）『日本の不動産市場』東洋経済。
国土交通省住宅局住宅政策課（2012）『住宅経済データ集』住宅産業新聞社。
佐々木宏夫（1991）『情報の経済学－不確実性と不完全情報』日本評論社。
塩崎賢明（2006）『住宅政策の再生』日本経済評論社。
竹内正人（2005）「中古住宅の価格形成分析とその考察」『大阪府立大学経済研究題』50巻。
竹内正人（2007）「大阪府戸建注文住宅における価格形成に関する研究」『都市研究』第7号。
原野啓（2012）「中古住宅市場における情報の非対称性がリフォーム住宅価格に及ぼす影響」『日本経済研究』No.66、pp.51-71。
山崎古都子（2012）『脱・住宅短命社会』サンライズ出版。
山崎福寿（1999）『土地と住宅市場の経済分析』東京大学出版。
山田浩之編（2002）『地域経済学入門』有斐閣コンパクト。
米山秀隆（2006）『制定・住生活基本法』B&Tブックス、日刊工業新聞社。

第13章

商業と都市構造の変化－3元モデルと中心市街地活性化の新しい戦略

牛場　智

はじめに

　現在、商業における競争は日々激しさを増している。品揃え、価格といったマーケティング戦略やそれを支えるマネジメントも大きく変化している。こうした変化には店舗の規模や立地も連動している。

　この連動の中、従来の都市構造の変化と商業の関係においては、郊外化と中心市街地の衰退が大きな問題として議論されてきた。

　また中心市街地の活性化を目的として「まちづくり3法」といった施策も実施されているが、大きな効果をもたらしているとは言えないのが現状である。

　さらに、近年は第3極として再開発されたJR中心駅付近の進展が見られる。本論では、こうした都市構造の変化と商業の関係を時系列で俯瞰するとともに、中心市街地における新しい戦略を分析する。

Ⅰ．商業と都市における構造の変化

1．2元モデルと商業政策－郊外の進展と中心市街地－

　かつて、多くの都市の中心部には、人々のハレの日の娯楽や日用品の買い物といったニーズに応えるために商業集積が形成されてきた。こうした街区を中心市街地という。その担い手は、商店街や百貨店、スーパーなどの商業者であった。

　各商業者は都市の中心部の中で互いに競争と補完の関係を構築していた。例えば競争とは、商店街の青果店とスーパーの生鮮売場の間での顧客獲得をめぐる品揃えや価格の競争である。また、補完関係とは、百貨店の文具売場ではハイエンドゾーンの万年筆を取り扱い、商店街の文具店ではボリュームゾーンの万年筆を取り扱うといった品揃えの棲み分けである。こうした競争と補完のモ

デルを商業と都市における1元モデルと呼ぶことにする。

この1元モデルが1970年代ごろから変容をはじめる。スーパーの大型店化といった規模の差の拡大から、大型店と商店街を形成しているような中小小売業者との間では、公正な競争関係を維持することが困難になってきた。そこで両者の公正な競争関係を維持するために、「大規模小売店舗法」が制定された。その結果、都市の中心部での大型店の立地は厳しく制限されるようになった。

同時期に都市の人口集中やモータリゼーションの進展により住宅や学校、病院など都市の様々な機能も郊外に流出していった。それは商業にとって、郊外が新しい市場として形成されていることを意味した。

都市の中心部での出店を規制された大型店は、自然と郊外に立地の場を求めた。大型店を核とし、様々な専門店、飲食店、映画などのアミューズメント施設が集積したショッピングセンターが誕生したのも、このころである。

それは、人々のハレの日の娯楽や日用品の買い物といったニーズに応える存在が、もう1カ所誕生したことを意味した。

1970年代以降は、中心市街地の商業集積と郊外のショッピングセンターとの間は、人々のニーズの獲得をめぐる激しい競争状態下にある。そこで商業と都市構造の関係という枠組みの中において、こうした中心市街地と郊外との関係を2元モデルと呼ぶことにする。

この競争下、郊外の大型店に対抗するために中心市街地の商業集積では様々な戦略がとられてきた。この手法は大きく分けてマーケティングとマネジメントの2つに区分できる。

(1) マーケティング戦略

衰退化がはじまった商業集積の活性化について牛場（2006a、b）は、大阪都心部の商店街の活性化策を、マーケティングの基本概念である「4P」から分析を行った。マーケティング論では「4P」という概念が重要な要素とされている（たとえば和田ら（1996））。これは、製品（Product）をどのように開発し、それをいくらで（Price）で、どこで（Place）売るか、そしてそのためにどのような手段でアピールするか（Promotion）というマーケティング戦略の頭文字を取ったものである。牛場（2006a、b）では「4P」の内、プレイスの変更は困難であるとしつつも、その他の3点（プロダクト、プライス、プロモーション）の整合性が商店街の活性化には必要であると指摘した。「一店逸品運

動」・「チャレンジショップ」といった手法は、「プロダクト」戦略、「ナイトバザール」・「百円商店街」・「街バル」といった手法は「プライス」＋「プロモーション」戦略ということが出来る。

(2) マネジメント

中心市街地の商業集積、とりわけ商店街は、自然発生的に集まった商業者で構成されており、何らかのコンセプトの元に集まったわけではない。それゆえ各商業者の店舗運営の意識にはばらつきがあり、商業集積としての一体感が乏しい。そこで、商業集積としての一体感のある組織作りや運営が必要となる。例えば香川県の丸亀町商店街では「まちづくり会社」という形態で商業者の組織化と商業集積の運営を行っている。

中小都市では、中心市街地の衰退とは、そこに立地する商店街の衰退と近い意味をもつ。地方都市においては地方百貨店を軸として商店街が存在し、地域社会における社会的コミュニケーションの場としてあるいは地域文化の担い手として評価されてきた。

郊外型ショッピングセンターとの激しい競争の中、1998年に制定された「まちづくり3法」の主眼も、こうしたマーケティングとマネジメントを促進することであった。

2. 商業と都市における3元モデル－JR中心駅周辺部再開発と中心市街地－

近年では、郊外のショッピングセンターの進展に加え「JR中心駅前周辺部」に巨大な再開発が行われている。このJR中心駅周辺部の再開発が、周辺の地方都市に大きな影響をもたらす契機となったのはJR名古屋駅における「ジェイアール名古屋高島屋」の開業である。大店立地法が施行された2000（平成12）年に「ジェイアール名古屋高島屋」（店舗面積7.5万㎡）が開店し、中京圏における商業の競争は激化した。

岐阜、豊橋など名古屋周辺の地方都市では、三河地区（豊田・豊橋・岡崎市）の百貨店の売上高は1999年538億円であったものが、2004年には32%（201億円）減少して366億円となった。四日市・津・松阪市では1999年592億円から2004年には21%（122億円）減少し470億円となった。同様に岐阜・一宮市では1999年415億円から2004年には16%（66億円）減少して349億円であり、総減少額は389億円に達する。2000年以降、名古屋周辺都市で

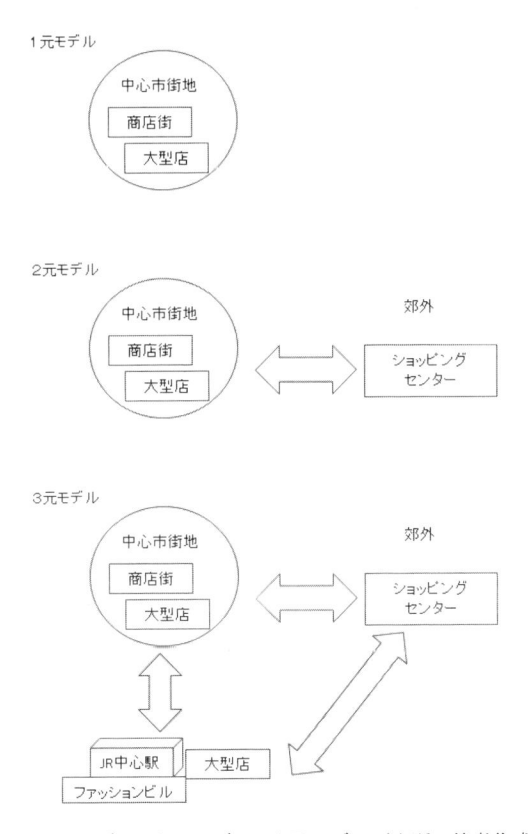

第13章　商業と都市構造の変化－3元モデルと中心市街地活性化の新しい戦略　　115

図1　1元モデル・2元モデル・3元モデル（出所：筆者作成）

は百貨店が5店舗閉店していることからも、JR名古屋駅周辺部の再開発は名古屋周辺の地方都市の商業に大きな影響を与えていることが分かる。

「松坂屋名古屋店」や「名古屋三越栄本店」は、JR名古屋駅から約2km離れた「栄」地区に立地している。「栄」地区は名古屋における古くから中心市街地であるが、「ジェイアール名古屋高島屋」をはじめとするJR名古屋駅周辺部の再開発に押され、その地位を低下させつつある。

更に、1997年にJR京都駅に「JR京都伊勢丹」が開業し、従来の「河原町」中心の商環境を一変させている。こうした現象は、名古屋、京都に限らず博多、金沢でもおこっている。つまり、JR中心駅周辺部の再開発は周辺の地方都市だけではなく、旧の中心市街地にも大きな影響を与えている。

筆者は、かつての2元モデルに「JR中心駅周辺部の再開発」を加えた競争の激化を3元モデルと呼ぶことにする。

このような大きな潮流は、中心市街地の商業者にとって従来のマーケティングとマネジメントの実施だけでは克服出来ない大きな課題である。こうした課題を克服するためには新しい戦略が必要とされている。

II．3元モデルにおける新しい戦略－富山市と金沢市の事例－
1．富山市の事例－ＬＲＴ導入と再開発の同時戦略

富山市の中心市街地は、JR富山駅から南に1kmにある総曲輪地区である。この街区には「富山西武」と「富山大和」という2つの百貨店が存在し、それが街区全体の集客力を支えていた。また総曲輪地区の商店街では、1997年に「フリークポケット」というチャレンジショップを実施するなど商業ベンチャーを受け入れるマーケティングとマネジメントの実施に努めてきた。

しかしながら、2000年「ファボーレ」という郊外型ショッピングセンターが開業したことで環境が大きく変化する。「ファボーレ」は、平和堂による「アル・プラザ富山」を核店舗に、東宝が運営するシネマコンプレックスを併設したショッピングセンターである。旧婦中町に立地し、店舗面積は約3万7000㎡の富山県内最大級のショッピングセンターである。

「ファボーレ」の開業により、総曲輪地区は2元モデルの激しい競争下になる。その結果、通行量は2006年時点で平日約2万6000人、休日約2万5000人となり、2002年と比較して各々約1万7000人、約3万人と大きく減少した。売上とは客単価×客数であり、通行量の減少は、売上の減少に直結している。この結果、「富山西武」は2006年に閉店した。

加えて、JR金沢駅周辺が再開発され2006年にイオン株式会社が売場面積約4万5000㎡、8階層のファッションビル「金沢フォーラス」を開業した。その結果、3元モデルというさらに激しい競争下におかれるようになった。

そこで、従来のマーケティングとマネジメントの実施といった商業集積における内的環境の改善だけでなく、外的環境の改善を推し進める新しい戦略が必要とされるようになった。

（1）内的環境の改善戦略－大型再開発－

従来、進展する郊外化を克服するために内的環境の改善が進められたのは、商品の魅力で人々を中心市街地に集客するマーケティングの実施である。

富山では「富山大和店の移転増床」及び「グランドプラザの開業」が挙げら

れる。「富山大和店の移転増床」とは従来、西町において売場面積約1万5000 m²、売上高約153億円（2005年度）であった「富山大和」を、総曲輪に売場面積約3万1000 m²、売上高200億円の規模に移転増床する計画である。来店客数については休日が1万2000人であることから2万4000人と想定した（総事業費は約123.5億円）。「グランドプラザ」とは、この「富山大和」に隣接する南北65 m、東西21 m、屋根・壁をガラスで覆ったオープンスペースであり様々なイベントが催される。「富山大和」は複合商業施設である「総曲輪フェリオ」のキーテナントとして移転増床している。「総曲輪フェリオ」には、地下1階、地上7階の延べ約4万4200 m²に、メーンテナントの富山大和店のほか、紀伊國屋書店など27の専門店が入る。隣接する「グランドプラザ」の広場では、頻繁にイベントが開かれ、相乗効果も高い。

(2) 外的条件戦略－「LRT」の導入－

2元モデルの競争では、(1)で述べた大型再開発という施策で中心市街地に集客することは、ある程度の効果があった。しかしながら、3元モデルの競争では、外的環境の改善まで踏み込む必要がある（以下、牛場智2012ほか）。

富山市ではまず、外的環境の改善のために、2006年から「LRT」を導入した。一般に「LRT」は、その効果の1つとして中心市街地の歩行者が増えるとされている。そこで、富山市は「公共交通」の利便性の向上を第一とし、モータリゼーションの克服の第一歩として富山港線の「LRT」化の実施に踏み切った。2004年には第三セクター「富山ライトレール株式会社」が設立され、富山駅北から岩瀬浜駅までの7.6 kmを路線として設定し、2006年に開業した。

その結果、富山駅周辺では約3万5000人であった歩行者が、「LRT」開業後の2006年には約4万人と増加している。

そこで、こうした周辺部から吸引した人々をさらに中心市街地の都心部に送客する装置が必要である。それが、市内を運行する「セントラム」である。「セントラム」は、都心地区の回遊性強化など公共交通活性化とともに中心市街地活性化を図るために実施された「市内電車環状線化事業」における「LRT」車体の愛称である。従来、富山地方鉄道によって市街地を運行している市内電車の軌道を延伸、接続することで環状化することが大きな目的である。このことによって、①「JR富山駅周辺と中心市街地の連携強化」、②「中心市街地での回遊性の強化」、③「富山ライトレールとの接続」を果たしていく。「セント

ラム」は、「国際会議場前電停」、「大手モール電停」、「グランドプラザ前電停」という新電停を設置し延長約930 mで2009年12月に開業した。

写真1　セントラム（出所：筆者撮影）

(3) 内的環境の改善と外的条件戦略の融合－地域商業のアート的マーケティング－

総曲輪地区の大型再開発や「LRT」の導入によって、富山市中心市街地の歩行者数の減少に一定の歯止めがかかることとなった。こうした正の効果を持続的に続けていく事業が、中心市街地の商業者には求められている。富山市では、「中央通り商店街」が中心となりソフト事業が実施された。それがアートを利用した「スゴロク」プロジェクトである。以下、経緯、効果といった点から記述する（以下、牛場智2012ほか）。

1) 経緯

「スゴロク」は、富山ガラス造形研究所のOBの発表会として、2004年からガラス作家のS氏を中心に、年1回のペースで3回ほど実施されていたものが発端である。このイベントに着目したのが、商店街のH氏である。H氏が運営を担う形で2010年に「スゴロク」イベントが復活した。H氏は、「ガラス＝芸術」という鑑賞から、ガラスを媒体にした「スタンプラリー」へと転換を図ろうと試みた。そうすることで、まず「LRT」の乗降客が、「中央通り商店街」への歩行者となり、さらに1店舗でも多くの店を歩行者が入店する効果を狙っていた。新「スゴロク」の第1回目は、2010年3月に19店舗の参加で実施されたスタンプラリーは、10カ所回った鑑賞者に作品をプレゼントし、約300の応募という効果が見られた。新「スゴロク」の第2回は2011年3月に21店舗の参加で実施された。第2回では「セントラム」の乗降客を「中央

第13章　商業と都市構造の変化－3元モデルと中心市街地活性化の新しい戦略　　119

写真2　スゴロクの展示風景（出所：「SUGOROKU」実行委員会資料）

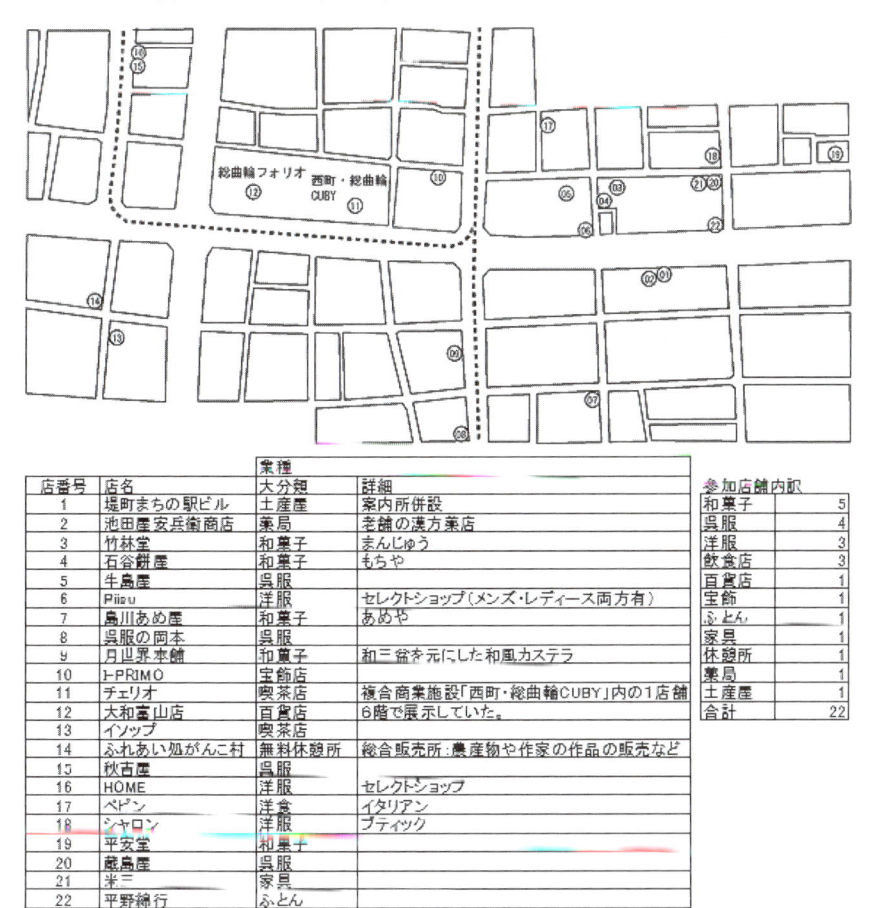

店番号	店名	業種 大分類	詳細
1	堤町まちの駅ビル	土産屋	案内所併設
2	池田屋安兵衛商店	薬局	老舗の漢方薬店
3	竹林堂	和菓子	まんじゅう
4	石谷餅屋	和菓子	もちや
5	牛島屋	呉服	
6	Piisu	洋服	セレクトショップ（メンズ・レディース両方有）
7	島川あめ屋	和菓子	あめや
8	呉服の岡本	呉服	
9	月山界本舗	和菓子	和三盆を元にした和風カステラ
10	I-PRIMO	宝飾店	
11	チェリオ	喫茶店	複合商業施設「西町・総曲輪CUBY」内の1店舗
12	大和富山店	百貨店	6階で展示していた。
13	イソップ	喫茶店	
14	ふれあい処がんこ村	無料休憩所	総合販売所：農産物や作家の作品の販売など
15	秋吉屋	呉服	
16	HOME	洋服	セレクトショップ
17	ペピン	洋食	イタリアン
18	シャロン	洋服	ブティック
19	平安堂	和菓子	
20	蔵島屋	呉服	
21	半三	家具	
22	平野綿行	ふとん	

参加店舗内訳	
和菓子	5
呉服	4
洋服	3
飲食店	3
百貨店	1
宝飾	1
ふとん	1
家具	1
休憩所	1
薬局	1
土産屋	1
合計	22

図2　スゴロクの分布
（「SUGOROKU」実行委員会資料をもとに筆者作成、牛場智 2012 ほか）

通り商店街」に吸引すべく、「セントラム」停留所で展開する「大手モール」商店街・「千石町通り」商店街の参加もはかった。また鑑賞者への特典も「セントラム」の乗車券をプレゼントという形をとった。第1回同様、スタンプラリー方式を採用したが、鑑賞者の負担を軽減するために、ラリーポイントは4カ所へと減らした。またWチャンスとして抽選で作家の作品のプレゼントも行った。その結果約400の応募という効果があらわれた（牛場智 2012 ほか）。

2）効果

初年度は、富山のあらゆるTVが取材するなど、大きなプロモーション効果があった。また、普段の商店街の客層は年齢がかなり高いが20代からの客層も目立った。これは、富山県内のガラス作品に携わっている様々な人々が訪れた結果でもある。さらに富山だけではなく金沢、東京といった遠方からの人々もおり、集客範囲の拡大にも寄与している。また、さらにこの第2回新「スゴロク」イベントでは、「富山大和」でも参加作家のガラス作品展が同時期に行われていたので各種媒体を置かせてもらえるという相乗効果も発生した。

富山市中心市街地に「LRT」を利用して訪れる消費者は、月に何回も頻繁に訪れ複数の店舗に入店する傾向がある。一方、自動車を利用して訪れる消費者は、月に特定の目的の買い物をするために数回、事前に計画していた店舗に入店すると考えられる。つまり、「LRT」利用者は、富山市中心市街地において、何らかの期待を持ち複数の店舗を回遊することを望んでいると抽出できる。このように、富山市の中心市街地を訪れる消費者を満足させるためには、複数の店舗を回遊する仕掛けが必要である。こうした意味において新「スゴロク」イベントは、消費者の「インサイト」に強く響くイベントであると言える。さらに言えば、店舗の商品の購買とは直接的には無縁のガラス作品の鑑賞が、イベントの主旨であったため入店率を高めるという効果もあったと考えられる。

「LRT」は、わが国では「LRT」により中心市街地の地域商業が活性化するというインフラ主導主義の研究が多かった。しかしヨーロッパの「LRT」でも持続可能なのは、観光集客で需要を維持する戦略を同時にとっているところであり、逆に「LRT」を維持するために、地域の集客の仕掛けをつくる努力こそが重要で、両者は相互作用的関係にある。

2. 金沢市の事例－「まちバス」導入と再開発の同時戦略

　金沢市の中心市街地は、JR金沢駅から南に2kmにある香林坊地区である。「香林坊大和」、「香林坊アトリオ」、「KOHRINBO109」など、大型の商業施設や、感度の高いファッション店の集積であるタテマチなどが隣接している。

　金沢市では、1998年に創設されたまちづくり会社である、「㈱金沢商業活性化センター」がマーケティングとマネジメントを担っている。

(1) 内的環境の改善戦略－遊休地再開発－

　㈱金沢商業活性化センターは、マネジメント戦略として「プレーゴ」の運営を行っている。「プレーゴ」とは、中心市街地にあった約500坪の遊休地を再開発した複合商業施設である。

　一般デベロッパーでは了解が得にくい地権問題を、㈱金沢商業活性化センターが「まちの活性化」をコンセプトに実施することで克服した。

　リノベーション補助金を活用することで、事業費の総額4億円のうち国が2億、石川県が1億、金沢市が1億を負担している。また面積の1／3を通路にすることで固定資産税の減免も受けている。

　運営としては㈱金沢商業活性化センターが建物保有者として地権者から事業用定期借地として10年間借り上げ、店舗内のテナントに賃貸する形である。主要な店舗は「マーク by マークジェイコブス」などでありテナント全体では年間約5億円の売上げがある。

写真3　プレーゴ（出所：筆者撮影）

写真4 まちバス（出所：筆者撮影）

(2) 外的条件戦略 －「まちバス」の導入－

しかしながら、JR 中心駅の再開発として 2006 年に「金沢フォーラス」が開業したことで、商業者は激しい競争下におかれるようになる。金沢市の中心市街地の年間販売額は 1997 年から 2007 年にかけて 23.4％（約 283 億円）減少した。また、中心市街地の歩行者は休日で約 20％も減少している。

郊外のショッピングセンター開業に加えて、金沢フォーラスの開業は、隣県の富山県に大きな影響を与えているだけではなく、金沢市の中心市街地にも大きな影響を与えている。この 3 元モデル下、従来のマーケティングやマネジメントといった内的改善努力の向上だけでは、競争を克服することが困難になりつつあり、新たな手法が必要となった。

富山の事例では、「LRT」の導入によって中心市街地へのアクセスの改善を行っていたが、膨大な費用がかかり、事業として容易には実施できない。そこでより簡易な交通機関が必要であり、バスが注目された。それが「まちバス」である。

「まちバス」も㈱金沢商業活性化センターによって運営されている。「まちバス」のコンセプトは JR 金沢駅と金沢のまちなかを結ぶショッピングバスである。そこで、運行ルートに関しては、JR 金沢駅前から武蔵、香林坊、片町、竪町といった中心市街地の要所を巡回するように設定されている。このことによって、JR 金沢駅からの誘客を効率化している。

つまり一般的なコミュニティバスと異なり「まちバス」の目的は、まちなかの回遊性の向上と賑わいの創出を図ることであり、利用者のニーズのうち、買い物に焦点をあてている。

2007年に社会実験として無料運行を実施した。当初の計画では3万人の乗客が目標であったが55日間運行で4万5756人の乗車人数を獲得し、消費者のニーズがあることが確認された。現在は大人100円の料金にて運行している。その結果、中心市街地の歩行者は、休日では「金沢フォーラス」開業前の水準に回復している。

多くのコミュニティバスは収支の面では赤字であり、補助金に依存しがちであることなど採算性が問題視されているが、㈱金沢商業活性化センターは「まちバス」の運営にあたりターゲットを明確にすることで克服している。

<u>それは①「時間のターゲティング＝休日のみの運行」、②「目的のターゲティング＝ショッピング需要に特化」、③「年代のターゲティング＝若者需要」の3点である。</u>

Ⅲ．今後の都市政策－内的改善努力と外的条件戦略－

都市の中心市街地は、「郊外型ショッピングセンター・JR中心駅の再開発の二者との激しい競争といった3元モデル」の下にある。こうした都市の外的環境の変化の中、小売業自身の魅力の向上や場としての雰囲気の向上というマーケティングとマネジメントといった「内的改善努力」だけでは中心市街地の集客力を高めることは困難な状況である。また、JR中心駅周辺内部でも再開発による競争が激しくなっている。そこで「外的条件戦略」として新しい公共交通の導入（セントラム、まちバスなど）が必要とされている。

大阪では2011年に大阪ステーションシティ、2013年にグランフロント大阪の開業によって「梅田」地区内に激しい競争が生まれている。その結果、かつての再開発のシンボルであった茶屋町や西梅田地域の地位の低下がみられる。

こうした変化を克服するには新たな方向性として外的条件戦略が求められている。大阪では、社会実験として「うめぐる」事業が行われている。この事業はバスをJR大阪駅の東側から茶屋町エリアを通過し、済生会中津病院、グランフロント大阪そして西梅田、北新地と反時計回りに巡回させるものである。

現在の3元モデル下における都市政策には、まちの雰囲気や、商品そのものの魅力を高めるといったマーケティング・マネジメントといった内的改善努力の促進と、新しい公共交通の導入といった外的条件戦略の2つと、さらに両者を融合させた戦略が必要である。

【参考文献】

石原武政・石井淳蔵（1992）『街づくりのマーケティング』日本経済新聞社。
石原武政（2006）「商店街の何が課題か」『中心市街地活性化とまちづくり会社』丸善株式会社。
石原武政・加藤司編（2009）『地域商業の競争構造』中央経済社。
牛場智（2006a）「都心型商店街の新しいモデルへの変化とまちづくり－大阪・中津商店街の事例から－」『創造都市研究』第2巻第1号（通巻2号）、大阪市立大学。
牛場智（2006b）「都心型商店街のまちづくりにおける体験型商業モデルとソーシャル・キャピタル－大阪・福島聖天通商店街を事例に－」『都市研究』第5・6号、近畿都市学会。
牛場智（2008a）「eリテイルと新興商業集積－大阪・中崎町を事例に－」『流通研究』第11巻第1号、日本商業学会。
牛場智（2008b）「商店街の活性化－中心都市と郊外」（近畿都市学会編『21世紀の都市像－地域を活かすまちづくり』）古今書院。
牛場智（2008c）「まちづくりにおける地域商業の新しい潮流の分析－都市型商店街を事例とした経験経済モデル（体験型商業）とソーシャル・キャピタルからのアプローチ」（大阪市立大学博士論文）。
牛場智（2009）「統計分析を用いた新興商業集積（新しい街）の魅力における経験経済的要素の抽出－大阪市を事例として－」『創造都市研究』第5巻第1号（通巻6号）、大阪市立大学。
牛場智（2010）「共分散構造分析による「新しい街」の魅力要素と来訪者満足度の関係－商業集積における地域マーケティングの視点から－」『創造都市研究』第6第1号（通巻8号）、大阪市立大学。
牛場智（2012）「「LRT」導入による「コンパクトシティ」政策と地域商業のアート的マーケティング－富山市を事例に－」『創造都市研究』第巻8第1号（通巻12号）、大阪市立大学。
牛場智（2013）「地方都市における中心市街地活性化とイノベーション－金沢のまちづくり会社を事例に－」（日本商業学会第63回　全国研究大会発表）。
牛場智・小長谷一之他（2008）「2007年度東梅田・中崎・北天満レトロストリート構想調査報告書」（（財）大阪市北区商業活性化協会商店街調査研究支援制度2007年度報告書）。
宇都宮浄人・服部重敬『LRT－次世代型路面電車とまちづくり－』（2010）（財）交通研究協会。
小長谷一之・牛場智（2007）「特集：元気な商店街－大阪周辺の元気な商店街」『月刊地理』第52巻11号、古今書院。
小長谷一之・牛場智（2008）「シフトシェア分析の3次元（双対）表現による立地係数的定式化－大阪市の商業動向分析を事例として－」『創造都市研究』、第4巻第1号（通巻5号）大阪市立大学。
小長谷一之・北田暁美・牛場智（2006）「まちづくりとソーシャル・キャピタル」『創造都市研究』第1巻創刊号、大阪市立大学。
小長谷一之・田中登・牛場智（2006）「北区の創造的活動と創造的街区」（塩澤由典編『創造村をつくろう！』）晃洋書房。
小長谷一之・牛場智・中島守・小畑和也（2012）「創造都市と学習の場」（創造都市研究科編『創造経済と都市地域再生2』）大阪公立大学共同出版会。
小宮一高（2007）「商業集積マネジメントにおける「仕掛けづくりの考察」」『流通研究』第10巻第1・2号、日本商業学会。
田村正紀（2008）『立地創造－イノベータ行動と商業中心地の興亡－』白桃書房。
中村文彦（2006）『バスでまちづくり－都市交通の再生をめざして』学芸出版社。
松原光也（2010）『地理情報システムによる公共交通の分析』多賀出版。

第14章

都市における物流施策

石田　信博

Ⅰ．物流の機能

　物流は、商品や物資の移動に関する経済活動であり、生産と消費の間の空間的、時間的な隔たりを埋める役割を果たしている。

　物流という用語は、交通と流通の領域においてそれぞれ使われている。交通の領域では、商品や物資の移動（goods movement）そのもの、すなわち貨物輸送（freight transport）を対象とすることから、物流は物資流動の意味で使われる。一方、流通の領域においては、商品や物資の移動全般を構成する要素である輸送・荷役・保管・流通加工・包装・流通情報などを対象とする、物的流通（physical distribution）を指す。

(1)「輸送」は、商品や物資を空間的に移動させる活動で、物流の中心的役割を果たす。商品や物資の輸送（貨物輸送）は、鉄道、自動車、海運、航空などの輸送手段を用いて行われるが、道路輸送が発達している日本国内では、貨物輸送の大部分は自動車（トラック）が担っている。特に、輸送距離が短い都市内においては、集荷や配送が中心となる貨物輸送は自動車の利用が圧倒的であり、必要なものを必要なときに必要なだけ輸送する多頻度少量輸送（ジャスト・イン・タイム輸送）が一般的に行われている[1]。

(2)「荷役」は、倉庫やターミナルなどの物流施設において輸送手段との間で行われる商品や物資の積み込み・積み降ろし作業を指し、マテリアル・ハンドリング（マテ・ハン）とも呼ばれる。荷役作業にはフォークリフトや自動搬送機などが用いられ、かつては人力に頼った労働集約的な作業は、現在は省力化、効率化を図るために機械化、自動化、ITシステム化が進められている。

(3)「保管」は、倉庫などの保管施設で商品や物資を長期間または短期間にわたって貯蔵する作業をいい、生産と消費の時間的隔たりを埋める意味をもつ。保管施設においては、入庫時に商品や物資の品質や数量の検品、商品特性に見合った仕分け、保管場所への棚入れが行われ、また出庫時には商品の保管場所からのピッキング、配送先への仕分けなどが行われる。商品の流通過程においては、小売店舗への配送センターで商品を一時的にストックし、店舗からの要請に応じて多頻度少量配送することが一般的である。

(4)「流通加工」は、商品の流通過程で簡単な加工や組立てを行うことによって、商品の付加価値を高め、販売を促進するための作業である。部品の組上げ（キッティング）や商品の詰合せ、ラベル貼り、仕分け、ピッキング、検品などが物流施設において行われる。

(5)「包装」には、輸送・保管包装と販売包装がある。輸送・保管包装は商品の輸送や保管をする際に商品を保護し、品質を保持するための作業である。一方、販売包装は贈答用に商品を包装紙で包んだり、リボンをかけたりして商品の付加価値を高める作業である。

(6)「流通情報」は、物流の対象となる商品や物資に関する情報であり、物流の効率化を進めるためには正確な流通情報を収集し、分析することが重要となる。流通情報は、商品の内容・品質・数量や入庫・在庫・出庫など商品の受発注管理に必要な情報をはじめ、温度・湿度や製造日など商品の品質管理に必要な情報、仕分けや保管方法など作業管理に必要な情報などがある。

　産業や行政は物流の効率化を追求している。その実現には、これらの構成要素に関する活動を個々に効率化することだけでなく、構成要素間の連携を効率化することも求められる。

II. 都市の物流システム

　都市における物流を輸送の要素からみてみよう。商品や物資の輸送（貨物輸送）には、都市内輸送（地域内輸送）、都市間輸送（地域間輸送）、国際輸送がある。

第 14 章　都市における物流施策

　国際輸送は国境を越える輸送であり、大部分が長距離輸送である。日本の場合、国際貨物の輸送は海運と航空が担っている。また、日本国内の都市間（地域間）を結ぶ都市間輸送も比較的長距離にわたる輸送が多く、鉄道、自動車、海運、航空によって行われる。

　外国や他の都市において発生した貨物は、国際輸送や都市間輸送によって、都市内に立地する港湾、空港、鉄道貨物ターミナル、トラックターミナルなどの都市間物流施設に運ばれる。物流施設においては、荷役、保管、流通加工、包装などが行われ、その後都市内輸送に接続される。

　都市内輸送は短距離の輸送が多く、大部分は自動車によって行われる。外国や他の都市で生産され、長距離輸送されてきた貨物は、都市間物流施設において目的地別に仕分けされた後、自動車に積み替えられて都市内を輸送される。都市内には集配施設や荷捌き施設があり、そこで荷役、保管、流通加工、包装などが行われた後、貨物は最終的な目的地である住宅・商店・工場・オフィスまで運ばれる。同様に、都市内で発生する貨物は逆方向のプロセスを経て他の都市にある目的地まで輸送される。

　このように、都市の物流システムは、外国や他地域との物流（都市間物流、国際物流）と都市内物流の接続点となる都市間物流施設と、都市内物流の拠点となる集配施設や荷捌き施設、そしてそれらの物流拠点と住宅・商店・工場・オフィスの間を輸送する輸送手段によって構成される（図1）。

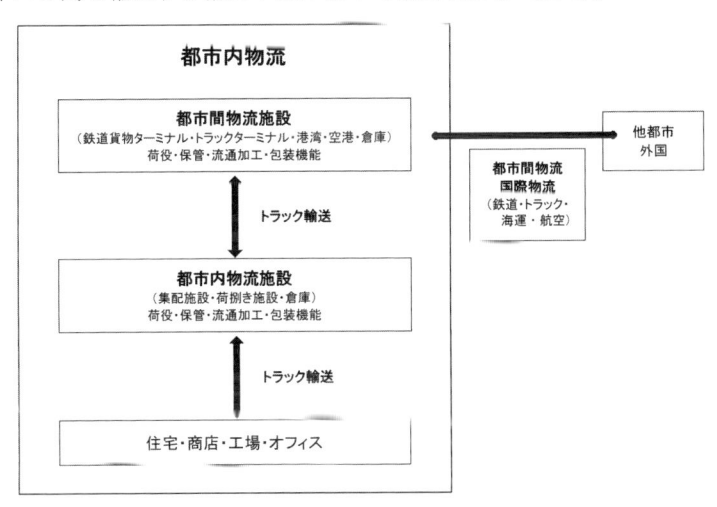

図1　都市の物流システム（筆者作成）

III. 都市物流の課題と対策
1. 自動車交通量の増大
　都市内では貨物は自動車によって輸送されている。自動車以外の輸送手段を利用することは事実上困難である。自動車は、多頻度少量配送が一般化している現在の流通スタイルに最も適合できる輸送手段である。自動車によるジャスト・イン・タイム輸送が広まると、都市内の自動車交通量は増大する。

　自動車交通量の増大は、深刻な都市問題を発生させている。

　都市には自動車が集中し、道路が渋滞する。特に商業集積エリアやオフィス街では、商品配送のトラックが多数路上駐車を繰り返すので、道路渋滞が慢性化している。同様に、物流施設や工場にもトラックが集中するために、近隣道路は渋滞する。道路渋滞が発生すれば自動車の配送時間が長引くので、輸送効率は低下することになる。

　また、自動車排気ガスによる環境負荷も叫ばれている。貨物自動車が排出するCO_2量は大きく、またNOxの大半はトラックのディーゼルエンジンから排出されている。自動車交通量の増大によるCO_2排出量やNOx排出量の増加は、都市のヒートアイランド現象や地球温暖化の原因にもなっており、都市環境に深刻な影響を及ぼしている。

　自動車交通量の増大に起因するこれらの都市問題を解決するためには、交通量を抑制し、環境にやさしい効率的な都市物流システムを構築しなければならない。

　経済活動は本来自由に行われるものであって、物流も例外ではない。しかし、都市には数多くの人々や企業が活動しているので、人々や企業が個別に効率性を追求しても、都市全体としての経済活動が必ずしも効率化されるとは限らず、都市問題がすべて解決されるわけではない。

　効率的な都市物流システムを構築し、物流問題を解消するためには、物流事業者だけではなく、製造業者や流通業者などの荷主、住民、行政が一体となって取り組む必要がある。

2. 都市物流の交通対策
　交通量を抑制し、効率的な都市物流システムを構築するための方策には、ソフト施策とハード施策がある。

表1 都市物流の交通対策（著者作成）

交通量の 分散・集中	（空間的集中・分散） ・トラック専用レーン・優先レーンの設置 ・流通業務団地など物流施設の整備 ・工場・商店など物流発生源の集約 ・アクセス道路の整備 （時間的集中・分散） ・通行時間帯の設定 ・荷捌き時間帯の設定
交通量の削減	・積載率の向上 ・共同集配送 ・モーダルシフト

　ソフト施策は、行政が規制などを通じてトラックの交通量を場所的、時間的にコントロールするものである。ソフト施策は行政が主体となるが、物流事業者をはじめ荷主や住民の理解が必要であることはいうまでもない。

　一方、ハード施策は、物流施設の整備などによって交通量をコントロールすることをめざす。物流施設などの整備は物流事業者自らによって行われるケースが多いが、都市政策の一部として行政が積極的に促進することも重要である（表1）。

(1) トラックの専用レーンや優先レーンの設置は、トラックをレーンに集中させ、通行をスムースにすることによって都市物流の効率性を向上させようとする施策である。それは、バスや乗用車など旅客輸送と貨物輸送を分離しながら、それぞれを同時にスムースにさせる狙いもある。

(2) 物流施設の整備は、流通業務団地のように個別事業者を集中させる施設を整備することによって、貨物を施設に集中させて物流の効率性を高める施策である。同時に、都市内の他エリアのトラック交通量を減らし、交通問題を都市全体において軽減しようとする施策でもある。

(3) 工場や商店などを限られたエリアに集中させることによって、物流の発生源を集約させようとする施策も、同様に、物流の効率性を高めながら他エリアのトラック交通量をも減らそうとする狙いがある。流通業務団地整備や物流発生源集約施策は、行政のリーダーシップが必要とされることが多い。

(4) 物流施設へのアクセス道路の整備は重要である。アクセス道路が未整備で、道路のキャパシティーが交通量に見合わなければ、輸送時間が長くなるうえに、物流施設近辺で道路渋滞が発生し、物流の効率性は悪化する。アクセス道路の整備は物流施設の整備に併せて行われなければならない施策であり、行政のリーダーシップが必要である。

(5) トラックの通行時間帯や荷捌き時間帯を設定する施策は、トラック輸送を時間的に集中させ、物流の効率性を向上させようとする狙いがある。それは、他の時間帯における都市交通量を全体的に減らし、交通問題を緩和させることをめざすものである。

(6) 多頻度少量輸送はトラックの交通量を増やす一方で、積載率を低下させる傾向がある。積載率の低下は輸送効率を著しく悪化させている。配送後は積載率がゼロになる帰路においても貨物を積載するなど、積載率を高める施策が求められる。積載率の向上はトラック交通量の削減にもつながる。

(7) 都市内の貨物輸送は、個別荷主の貨物を個別にジャスト・イン・タイム輸送することが多い。それが積載量の低下と交通量の増大を引き起こしている。共同集配送は、異なる荷主の貨物を共同で集配送するための施設をつくり、共同でトラック輸送することによって物流効率化を図ろうとする施策である。既にいくつかの都市において共同集配送が実施されている。

(8) 日本をはじめ、多くの国々においてモーダルシフトの必要性が叫ばれている。大部分が自動車によって担われている貨物輸送を、他の輸送手段（鉄道、海運、航空）にシフトさせ、自動車輸送に起因する道路渋滞や環境負荷を緩和することが目的である。都市内物流では、自動車以外の輸送手段を利用することは事実上困難である。しかし、限られたエリアにおいて、二輪車などの自動車以外の輸送手段を利用することは可能であろう。都市物流の効率性を向上するためにも、都市内貨物輸送のモーダルシフトを進める方策を考えなければならない。

IV. 都市物流効率化施策の事例 －福岡天神地区の共同集配－

　福岡天神地区は福岡市の中心業務地区である。面積37haの同地区では、トラックの荷捌き施設が限られており、輸送事業者は路上駐車して台車で貨物を運ぶといった非効率な集配送を繰り返していた。

　1978年に九州運輸局のリーダーシップのもとで、地区内の荷主とトラック事業者を対象に共同集配送事業が導入された。天神地区へ配送される貨物は、共同集配送事業の主体である天神共同配送株式会社のターミナルにすべて搬入される。搬入された貨物は、地区内のビルごとに仕分けされて、まとめて各ビルの荷主に配送される。各荷主は貨物の重量と数量に応じた配送料を支払う仕組みになっている[2]。

　共同集配送事業が導入されたことにより、地区内を発着するトラックの積載率が向上し、走行台キロが減少したことが確認されている。

【注】
1) 日本の2011年度における国内貨物輸送量の輸送手段別分担率は、トン・ベースでは鉄道0.8％、自動車91.8％、内航海運7.4％、航空0.0％である。また、トンキロ・ベースでは鉄道4.7％、自動車54.1％、内航海運41.0％、航空0.2％である（国土交通省総合政策局情報政策本部監修『交通経済統計要覧』）。
2) 共同集配の詳細な事例については、谷口・根本（2001）66-80ページ、苦瀬・高田・髙橋（2006）、127-150ページを参照。

【参考文献】
苦瀬博仁・高田邦道・高橋洋二編著（2006）『都市の物流マネジメント』（日本交通政策研究会研究双書22）、勁草書房。
谷口栄一・根本敏則（2001）『シティロジスティクス－効率的で環境にやさしい都市物流計画論－』、森北出版。
Laetitia Dablanc (2013), 'City Logistics' in *"The SAGE Handbook of Transport Studies"*, ed. By Jean-Paul Rodrigue, Theo Notteboom and Jon Shaw, SAGE.

第 15 章

工業と都市構造／政策
－産業集積地域の活性化に向けて

梅村　仁

はじめに

　近年、産業集積が注目され、理論的研究、実証的研究が行われ、全国の産業集積地の事例が報告され、経済地理学、中小企業論など様々な分野からアプローチされている。

　産業集積とは、伊丹（1998）によると「1つの比較的狭い地域に、相互の関連の深い多くの企業が集積している状態のことである」と定義され、日本の産業集積の再生を模索する動きについても清成・橋本（1997）において示されている。

　具体的な産業政策として、例えば、経済産業省の産業クラスター計画では、地域に成長性のある新規分野を開拓する産業・企業の集積を創出することを目指しており、地域の行政機関などが中心となって企業と大学、企業と公的機関などの産官学の連携にも取り組んでいる。

　このような産業集積を活性化しようとする政策的動向の背景には、地域経済の衰退、地域における地場産業の衰退の問題がある。日本各地には多様な地場産業が点在しているが、現在苦境にたっているものが多く、雇用を創出する力も乏しくなっている（加藤2009）。こうした産業構造上の危機感から、産業集積の存続・活性化そのものにも政策的意義があるのではないかと考えたことが本章において産業集積を取り上げる理由である。

　こうしたことから、本章では工業分野に焦点をあて、産業集積の意義と現状を検証し、今後の産業集積地域の活用について政策的視点から考察する。

第15章　工業と都市構造／政策－産業集積地域の活性化に向けて　133

I．日本の産業集積

　日本には、多数の産業集積地が存在し、それぞれの形成過程を経て企業が集積し、経済発展に寄与してきた。また、産業集積は、日本のものだけではなく、北イタリアやシリコンバレーなども代表的事例として取り上げられ、世界的にも、様々な形で存在してきたといえる。

　産業集積の今日的課題として、集積に対する産業政策の変化、地域における中小企業の役割の重視、地域経済活性化の源泉としての期待等があげられており、産業集積の今後のあり方が問われている。しかしながら、研究対象地域が一部の限られた地域に偏在していることもあり、実証的研究にもとづく産業集積地の形成について研究はいまだ少ないのが現状である。

　また、日本の製造業の場合、これまでの経済発展の歴史の中で、概ね大企業の事業所を中心に、地域に垂直的な分業関係が形成され地域経済を支えてきたといえるだろう。しかし、国際競争の激化や不況による産業成熟化、東アジアへの生産シフトなどの諸要因により、1990年代よりこうした分業関係も再編が余儀なくされてきた。バブル期以降、事業所の閉鎖や土地利用の転換もあり、特に倒産率の高い地域として東大阪市や大田区などがあげられ、都市部の機械金属工業の集積地の低迷は、事業所数や製造品出荷額総額等におけるプレゼンスが小さくないだけに、製造業全体に与える影響が大きいと言えよう。

II．産業集積の重要性とメリット

1．産業集積の重要性

　産業集積というと、一般的に「産地」ないしは「特定企業を頂点として集まった企業群によって形成された地域で、企業間に相互作用関係（分業や競争）がある場合も多い」という見方が多い。このような見方の背景には、地域に外部からの需要を獲得する特定企業群があり、それらを中心として地域に閉鎖的な生産ネットワークが形成されているという考え方が想定されている。

　現在の集積地域の大きな問題は、かつて集積地域の頂点に位置し、企画・開発を行い、地域に生産を定着させて、需要と雇用を創出してきた企業が、様々なかたちで成長の限界に直面しているという事実である。背景には、東アジアへの量産シフトや国内の不況による全体的な需要の収縮、中核企業の成熟化と市場環境への不適合、製造業の分野における国際的な競争の激化などがあげられる。

産業集積を構成するのは、個々の企業であり、互いの連携関係のなかで産業集積の構造変化を引き起こしていくプロセスを見ることが重要であり、特に、中小企業のネットワークや連携関係としての産業集積の意義は高い（中小企業総合研究機構 2003）。

2. 産業集積のメリット

　産業集積は、特定の地理的範囲内に企業が多数集中している現象を指す。この場合、集積している多くが中小企業である。日本には、こうした産業集積地域が多数存在し、これらの産業集積は「産地型」、「企業城下町型」などのように分類されている。こうした産業集積には、多くの企業と業種が存在し、地域内には複雑な「分業関係」「競争関係」が作り上げられている。その中で産業集積のメリットを植田（2000）は以下のように整理している。①多数の企業の集積を基盤とした企業間・業種間の分業による専門化や競争関係の進展、②広範な分業関係による技術や受注可能な領域の拡大、③多様な受注に対応するための分業の調整費用の低さ、④利用可能な資源の蓄積による創業や事業転換の可能性の高さ、⑤以上の事業環境を通じた個々の企業やネットワーク、地域といった各レベルでの技術水準や製品企画力・開発力の向上、などである。

III. 産業集積地域の取引関係からの検証－兵庫県尼崎市と大阪府東大阪市

　次に、実際に産業集積地域に存立する企業は、どのような取引関係を結んでいるのか、西日本を代表する工業都市である兵庫県尼崎市、大阪府東大阪市を事例に、帝国データバンクの資料から[1]、産業分類の金属製品製造業、一般機械器具製造業に基づいて、その取引関係をみてみる。

1. 尼崎市製造業の取引関係

　尼崎市に立地する製造企業の、取引先の立地場所（本社）ごとの取引先数をみてみる。金属製品製造業、一般機械器具製造業とも取引先は、ほぼ同様の傾向を示している。金属製品製造業の最大の取引関係は、東京都（35.8％）で、次に大阪市（21.7％）、神戸市（7.1％）、尼崎市（5.6％）、一般機械分野では、東京都（37.2％）、大阪市（21.3％）、尼崎市（4.6％）、神戸市（2.7％）となっている。また、尼崎市と大阪市内区の取引をみると、金属製品製造業では、（大

阪市の）①中央区、②西区、③北区、④西淀川区、次に一般機械製造業では、（大阪市の）①中央区、②北区、③西区、④西淀川区となっている。ただし、本データは、工場間の取引ではなく本社間取引であるため、実際の取引の流れとは齟齬を生じる場合もある。しかしながら、やはり取引における立地上の近接性の有効性をみることができる。

なお、表2、4、6、8は、大阪市における構成比率を示し、それ以外は全国総数に対する比率としている。また、本章では、国内取引を例に検証していることから、国外取引の現状には触れない。

2. 東大阪市製造業の取引関係

次に、東大阪市に立地する製造企業の取引先の立地場所（本社）ごとの取引先数をみてみる。その結果、尼崎市とは異なり、金属製品製造業の最大の取引関係は、大阪市（25.7％）で、次に東京都（12.9％）、東大阪市（12.7％）、八尾市（3.9％）、一般機械器具製造業では、大阪市（27.7％）、東京都（18.2％）、神戸市（4.4％）、東大阪市（4.3％）となっている。また、東大阪市と大阪市内区の取引をみると、金属製品製造業では、（大阪市の）①東成区、②淀川区、③中央区、④西区・平野区、次に一般機械器具製造業では、（大阪市の）①北区、②浪速区、③中央区、④東成区となっている。東大阪市では、尼崎市に比べ域内取引が多くみられる点や、東京都の比率が低く、大阪市を中心とする関西圏との取引が尼崎市よりも多い点などが特徴としてみられる。

かつて筆者は、梅村（2010）および小長谷・武田・梅村（2011）において、産業集積の「ネットワーク構造」を分類し、(a) 小企業がコミュニティをもち高い技術力で大企業と取引する東京都大田区型、(b) 大企業とのつながりが弱いため小企業がコミュニティをもち直接消費者と結び付く東大阪市型、(c) 中企業があまりコミュニティをつくらず、大企業と直接結び付くという尼崎市型、などをパターン化し抽出した（図1参照）。

表1　尼崎市金属製品製造業の取引先の本社の立地場所

立地場所	構成比率
東京都	35.80%
大阪市	21.70%
神戸市	7.10%
尼崎市	5.60%
名古屋市	2.80%
西宮市	1.50%
堺市	1.40%
横浜市	1.20%

表2　尼崎市金属製品製造業の取引先の本社の立地場所（大阪市内のみ）

立地場所	構成比率
大阪府大阪市中央区	27.40%
大阪府大阪市西区	20.40%
大阪府大阪市北区	17.70%
大阪府大阪市西淀川区	7.50%
大阪府大阪市浪速区	4.80%
大阪府大阪市淀川区	3.80%
大阪府大阪市阿倍野区	3.20%
大阪府大阪市福島区	3.20%

表3　尼崎市一般機械器具製造業の取引先の本社の立地場所

立地場所	構成比率
東京都	37.20%
大阪市	21.30%
尼崎市	4.60%
神戸市	2.70%
名古屋市	2.20%
横浜市	1.70%
伊丹市	1.60%
堺市	1.00%

表4　尼崎市一般機械器具製造業の取引先の本社の立地場所（大阪市内のみ）

立地場所	構成比率
大阪府大阪市中央区	29.70%
大阪府大阪市北区	19.80%
大阪府大阪市西区	18.00%
大阪府大阪市西淀川区	6.40%
大阪府大阪市浪速区	4.70%
大阪府大阪市淀川区	4.10%
大阪府大阪市住之江区	2.90%
大阪府大阪市福島区	2.30%

表5　東大阪市金属製品製造業の取引先の本社の立地場所

立地場所	構成比率
大阪市	25.70%
東京都	12.90%
東大阪市	12.70%
八尾市	3.90%
名古屋市	3.50%
神戸市	2.70%
堺市	2.40%
尼崎市	1.70%

表6　東大阪市金属製品製造業の取引先の本社の立地場所（大阪市内のみ）

立地場所	構成比率
大阪府大阪市東成区	17.90%
大阪府大阪市淀川区	10.60%
大阪府大阪市中央区	10.10%
大阪府大阪市西区	8.70%
大阪府大阪市平野区	8.70%
大阪府大阪市生野区	5.80%
大阪府大阪市北区	5.80%
大阪府大阪市旭区	4.30%

表7　東大阪地域一般機械器具製造業の取引先の本社の立地場所

立地場所	構成比率
大阪市	27.70%
東京都	18.20%
神戸市	4.40%
東大阪市	4.30%
名古屋市	2.80%
堺市	2.70%
八尾市	2.40%
大東市	2.30%

表8　東大阪地域一般機械器具製造業の取引先の本社の立地場所（大阪市内のみ）

立地場所	構成比率
大阪府大阪市北区	25.40%
大阪府大阪市浪速区	14.80%
大阪府大阪市中央区	14.30%
大阪府大阪市東成区	8.40%
大阪府大阪市西区	5.70%
大阪府大阪市住之江区	5.50%
大阪府大阪市西淀川区	5.10%
大阪府大阪市平野区	3.90%

出所：梅村（2012）

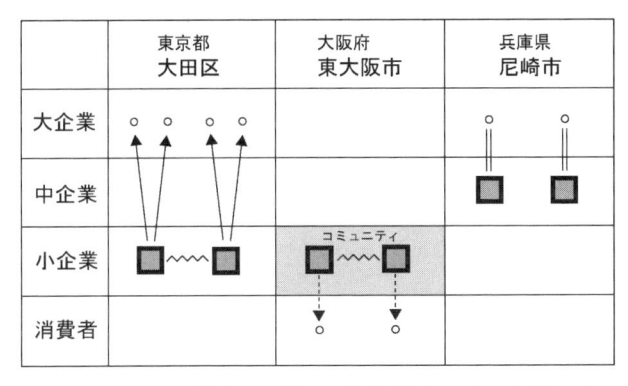

	東京都 大田区	大阪府 東大阪市	兵庫県 尼崎市
大企業	○ ○ ○ ○		○ ○
中企業			■ ■
小企業	■〜〜■	コミュニティ ■〜〜■	
消費者		▼ ▼ ○ ○	

図1 都市間の産業ネットワーク構造の比較 出典:梅村（2010）、小長谷・武田・梅村（2011）

Ⅳ. 地方自治体の産業政策

　これまで検証してきた産業集積地域を存続・活性化するためには、地方自治体の政策的関与が重要である。ここでは、自治体産業政策について整理する。

　これまで、国が産業政策を実施し、地方自治体が対応するという形で産業振興が図られ、経済成長に対する産業政策の貢献の程度は、定かではないが、国民生活は「豊か」になったのは事実であろう。しかしながら、今日の経済状況から見ると、人口と企業が集中する大都市圏とそうではない地域との経済格差は歴然としている。そうしたことから、衰退していく地域にとっては、人口の流出が続き、生活基盤と経済基盤の両面からの支援策が望まれている現状がある。一方、これまでの国主導型の産業政策のあり方を見直す動きも起こりつつある。それは、これまでの国主導型の産業政策の反省と地方分権の伸展から、地域の経済基盤安定のための自治体による政策の実施が必要視されているからである。

　清成（1986）は、自治体による産業政策の必要性として、①地域間格差の拡大傾向、②産業構造の転換期、③内需指導型経済への移行、④国及び自治体の財政力の低下、をあげている。特に、問題点として地方自治体の産業政策の策定能力の無さを指摘している。そして、その要因は、これまでの国主導型の産業政策のあり方による弊害と地域を視点とした政策経験の不足によるものであるとしている。また、国が地方を支えられなくなりつつあることは、国の破綻に近い財政状況を見れば一目瞭然であり、もはや産業政策を国だけにまかせておくことは出来なくなっている。そのため、自治体は、自らが地域経済に責任をもたざるをえなくなり、近年、産業振興ビジョンや中小企業振興条例（八

尾市、帯広市など）などを制定し、自治体独自に活性化を目指してさまざまな政策が展開されている。

　地域経営という視点から、自らの意思を明確にするとともに地域のあり方についてグランド・デザインを構築し、独立の政策主体として、今、かつてないほどに、自治体が期待されている時代であろう。地域の持つ資源の一つとして産業集積地域の存続・活性化を政策課題として、捉えることも可能なのではないのだろうか。

V．産業集積の維持・形成と都市政策的手法の活用
1．都市型産業集積地域の対策

　では、自治体において、どのような産業集積地域の活性化に対する政策が行われているのであろうか。代表的な政策といえば、主に大都市圏の産業集積地域での喫緊の課題となっている「住工混在問題」がある[2]。住工混在問題に対する自治体政策については、図2でその事例を示しているが、例えば大田区のように「開発指導」の手続きとして位置づける場合、東大阪市のように地元企業の主体的な動きから「地区計画」の提案につながる場合や尼崎市のように「行政指導」の範疇として「ゾーン規制」を策定する場合など、その切り口は多岐にわたっていることが伺える。本章では、すべての施策について説明することが本旨でないことから、一部を紹介する。

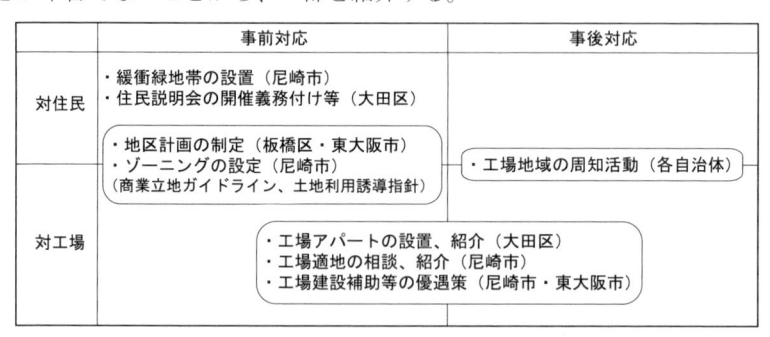

	事前対応	事後対応
対住民	・緩衝緑地帯の設置（尼崎市） ・住民説明会の開催義務付け等（大田区） ・地区計画の制定（板橋区・東大阪市） ・ゾーニングの設定（尼崎市） （商業立地ガイドライン、土地利用誘導指針）	・工場地域の周知活動（各自治体）
対工場	・工場アパートの設置、紹介（大田区） ・工場適地の相談、紹介（尼崎市） ・工場建設補助等の優遇策（尼崎市・東大阪市）	

図2　住工混在問題への対応策　（出所）梅村（2013）

2．事例紹介－特別用途地区の指定

　2007年3月、尼崎市は機械や金属メーカーの集積地である尼崎市扶桑町地区（約42.5ha）を「特別用途地区」である「工業保全型特別工業地区」として都市計画決定した。この地区は、内陸部の交通至便な所に立地しており、大

型商業施設や住宅等に転換した場合、重大な影響を与えかねないことから、この決定の意義は高いといえよう。また、「特別用途地区」と「地区計画」の大きな違いはその発意の源にあると言われている。「特別用途地区」は行政側、「地区計画」は地域住民等側の発意が都市計画手法の選択の源であり、今回の用途地区の指定は、今後他の地区において工業地域における「快適な工業地の形成、良好な生産環境の確保」の必要性と地権者等の合意の可能性がある場合は、自治体として今後も取り組んでいくことを表明したものといえよう。また、同手法を用いて、2010年4月に、尼崎市と隣接する大阪市西淀川区の竹島・御幣島地区において、工業機能の維持・保全を図るため「工業保全地区」が指定されており、尼崎市の事例を参考にしたものと聞き及んでいる。

　このような都市政策的手法は、これまで産業政策の主軸となっていた技術開発や創業支援等の政策とは違い、どちらかというと見過ごしてきた課題である操業環境に重点を置いた政策である。政策の推進にあたっては、長期的かつ産業振興部局以外の部局との調整も必要であり、自治体内部の政策調整には厳しいハードルがあるだろうが、産業集積地域において最も重要な操業環境を保全する役割を担う政策として期待されている。

VI. 産業集積地域の活性化に向けて

　事例紹介した特別用途地区の場所は、表2・4の企業間取引において高い割合を示している尼崎市と大阪市（西区）である。尼崎市と大阪市の濃厚な取引関係は従前から指摘されているが、大規模工場を核とした大阪西部地域（主に、大阪市西区、西淀川区、尼崎市）の集積構造は、グローバル化が進展する中、確固たる形態を維持している。こうした現状から、尼崎市及び大阪市は、産業集積に政策的意義を見出し、操業環境の保全に向けて、特別用途地区の指定を行ったといえよう。しかし、ここには自治体の産業政策の地域的範囲の限界がある。

　産業集積地域とは、そもそもどの範囲を示すのであろうか。自治体の行政圏では、収まるはずはなく、広域に及ぶものであることは間違いない。ゆえに、産業集積地域の活性化に政策的意義を認めている自治体同士が、広域連携を更に一歩進め、お互いの政策方針に基づいた広域的共通政策として、産業集積地域の持続・活性化を打ち出すことも、企業の活動実態に即した産業政策として意義あるものとなるのではないのだろうか。

【注】
1) 帝国データバンクの COSMOS2 データから抽出。
2) 近年は、住工混在だけではなく、工場跡地に進出する商業施設や物流施設への対応も加わるなど、複雑化しつつある。

【参考文献】
伊丹敬之（1998）「産業集積の意義と論理」伊丹敬之・松島茂・橘川武郎編著『産業集積の本質』有斐閣。
梅村仁（2010）「都市型産業集積の地域的特性に関する研究－尼崎市を事例として、東大阪市／大田区との比較から－」『都市研究』第10号。
梅村仁（2012）「地方自治体の産業政策と産業集積地域の魅力化－地域的近接性の視点から－」㈱帝国データバンク『産業調査分析レポートSPECIA』。
梅村仁（2013）『都市型産業集積と自治体産業政策－総合的な都市産業政策の構築に向けて－』高知短期大学社会科学会。
加藤厚海（2009）『需要変動と産業集積の力学』白桃書房。
清成忠男（1986）『地域産業政策』東京大学出版会。
清成忠男・橋本寿朗（1997）『日本型産業集積の未来像』日本経済新聞社。
小長谷一之・武田至弘・梅村仁（2011）「創造経済都市の要素、ネットワーク分析、学習都市」『創造経済と都市地域再生』大阪公立大学共同出版会。
中小企業総合研究機構（2003）『産業集積の新たな胎動』同友舘。

第16章

都市型新産業と都市構造／政策
－大阪湾ベイエリアはBPE（Branch Plant Economy）の罠から逃れることはできるのか？

加藤　恵正

Ⅰ．大阪湾ベイエリアの盛衰

　2011年10月、パナソニックは薄型テレビ事業を縮小することを発表．同時に尼崎臨海部に立地するプラズマディスプレイパネル工場の休止を決めた。同時期、薄型パネルに命運をかけたシャープの液晶パネル旗艦工場である堺も操業の大幅な見直しが行われた。

　大阪湾ベイエリアは、2005年前後から薄型パネルの世界的な製造拠点としての産業空間として再出発する。その経済効果は、かつて関西圏において約4兆円とも試算されていたが、その面影は消失したと言って過言ではない（（財）関西社会経済研究所2008）。さらに、大阪湾ベイエリアに集積する次世代エネルギーの主役として注目された太陽電池・リチウム電池なども、新興国の躍進など当該産業全体の競争環境の変化から、2012年におけるリチウム電池の世界シェアが10.7%（2010年が33.1%）、太陽電池が4.8%（同14.7%）と急落しているのである（日本政策銀行関西支店2012）。

　こうした変化は、この他にも大阪湾ベイエリアにおいて同時に忍び寄っていた。2010年9月、アサヒビールは西宮工場でのビールの生産を終了し、吹田工場に機能集約することを発表した。従業員130人は配置転換するという。ほぼ同時期に、森永製菓は尼崎市塚口工場を閉鎖し、群馬県高崎工場に建設する新工場に生産を集約することを発表、従業員300人のうち正規従業員200人は配置転換の予定。さらに、雪印メグミルクは関西チーズ工場（伊丹市）を閉鎖、2013年開設予定の茨城県阿見の新工場に生産を移管する予定である。アサヒビールは、中国本土や台湾の食品企業に資本出資を予定しており、これまで国内需要を主たる市場にしていた食品・飲料系メーカーが、いわゆるホ

リュームゾーンを求めて日本国内生産を集約する。急成長するアジアへの展開に踏み出していることを象徴するものともいえよう。

　変化はこうした製造拠点に限っていない。武田薬品工業の研究所は、大阪府の大きな立地インセンティブ供与の申し出にもかかわらず、神奈川県に集約することを決定している。「経営環境の20～30年先まで考慮したした結果、関東に研究拠点を置くことを選択」したと報じられた。近年、多くの企業、事業所が東京ないし関東圏への移転ないし事業集約の動きが顕著であるが、武田薬品工業の決定もこうした潮流に沿ったものなのだろう。経済活動のグローバル化のなかで、企業がなお東京に固執することは、市場のメカニズムに合致したものなのだろうか。一方、神戸市六甲アイランドに拠点を置くP&Gは、2009年にアジア本社をシンガポールに移転している。同社は、シンガポールにおいて、経営・企画を行うと同時に生命科学やバイオテクノロジー展開のためのイノベーション・センターを設立。大阪湾ベイエリアから「知識創造」の拠点が流出している（Y.Katoh 2010）。

　パネルベイ盛衰の背後に潜む変化は、大阪湾ベイエリアがもともと有していた地域経済構造の課題をなお克服できていないことを示唆している。本稿では、まず大阪湾ベイエリアに組み込まれたロックイン構造上の課題を整理したうえで、新たな創造的都市空間への展開への視点と政策について検討を行うことにしたい。

II．ラスト・ベルトの呪縛：「負」のロックイン構造

　ラスト・ベルト（古い産業地域）再生は、先発工業国共通の悩みである。旧阪神工業地帯を核心とする大阪湾ベイエリアは、わが国においてもっとも早くラスト・ベルト化した産業地域といってよい。1970年代から顕在化する世界的に顕在化した地域経済の衰退は、これまでの研究から、地域によってその組み合わせは異なるが、複数の"負のロックイン"が絡まってその再生を妨げていることが明らかになっている（Hassink,R. 2005）。

　大阪湾ベイエリアでは、以下の3つの負のロックイン構造が存在している。第一は、「機能的ロックイン」である。大阪湾ベイエリアの歴史は、ブランチ・プラント型経済形成の過程であった。ブランチ・プラント型経済とは、中枢管理部門や研究開発機能を持たず、企業の製造拠点として位置づけられた工場群が形成する産業空間を指している。一般に、地元企業との連関性は少なく、

技術の移転も期待できないことが多い。世界的な生産システムの再編が急速に進行する過程において、常に移転・消滅の変化に直面している。旧阪神工業地帯の衰退は、もともと本社工場として位置づけられていた大規模事業所が、一分工場へとその役割が変化する過程でもあった。パネルベイは、一躍衰退地域を成長地域へとイメージの転換を促したかに見えたが、ブランチ・プラント経済の陥穽から結局逃れられなかった。急進する知識経済への潮流のなかで、企業の経済活動と地域経済の関係再構築は喫緊の課題である（加藤2009）。

　第二は、空間的ロックインである。地域経済の進化は、これを支えるインフラストラクチャーの再編と呼応しているといって過言ではない。工業化を支えたインフラは、地域経済の変化・再生の過程で大胆な見直しが必要である。たとえば、それは、臨海部の産業地域と都市部を隔ててきた産業用道路もその1つだ。都市経済がツーリズムなど集客型への指向を強めており、親水空間としてのウォータ・フロントへの転換は喫緊の課題と言わなければならない。創造都市に求められるインフラの再構築が必要である（加藤2004）。

　第三は、制度的ロックインである。1980年代にその兆候がみえたインナーシティ衰退や臨海部のラスト・ベルト化は、しかし、政府の分散政策への固執によって政策が講じられることはなかった。わが国の国土計画は、一連の全国総合開発計画がその根幹となってきた。しかし、実際には市場の変化に遅れ現実の動きに追随する形で政策形成されており、80年代に顕在化していたグローバル化や情報化の潮流にもかかわらず「国土の均衡利用」という硬直化した国家的枠組みに固執し多くの点で失敗を繰り返したといってよい。たとえば、大都市集中抑制のための「工場（業）等制限法」は、大阪湾ベイエリアの自立的再生を妨げた象徴的制度であった。計画や政策が地域のポテンシャルを毀損し、本来有していたであろう地域のダイナミズムを消失させたのである。実際、同法が廃止されて以降、薄型パネル生産の拠点としてベイエリアは発展を開始したのである。大阪湾ベイエリアの将来を見据えたとき、陳腐化した制度や仕組みがイノベーティブな地域形成を窒息させることはないだろうか（増田2006）。

　こうした3つの「負のロックイン」は、実際には相互に強くかつ複雑に結びつきながら、大阪湾ベイエリアの再生のポテンシャルを抑え込み、その進化のメカニズムを分断してきたといってよい。それでは、こうした「ラスト・ベルト」の呪縛から離脱し展望を開くにはどのような手立てがあるのだろうか。

III．ブランチ経済からの脱却は可能か？機能的ロックインの側面から

　大阪湾ベイエリアに象徴されるブランチ・プラント経済の弱点は、企業の中枢や研究開発機能が弱いために、技術革新の進化、製品の短サイクル化、あるいはグローバルな生産システムの再編に機動的に対応できなかったところにあり、結果的にラスト・ベルトへと追い込んだといえる。情報化の急進と連動した広義の知識経済化への対応の遅れが、地域経済システムのロックインを招いたともいえよう。

　現在、大阪湾ベイエリアは、かつてラスト・ベルトとして衰退の要因となったブランチ・プラント型地域経済への回帰に直面している。ダイナミックに変化する世界経済に機動的に即応するための企業行動は、地域経済の不安定要因である。パネルベイと喧伝された当時、頂点にたったパナソニック、シャープの巨大工場は、再度、ブランチ・プラント型経済をベイエリアに形成したといって過言ではない。旧阪神工業地帯で経験した衰退のスパイラルを回避するためには、大阪湾ベイエリアを創造的な「ラーニングクラスター」として再構築し、サスティナブルな地域経済システムを起動させなければならない。それは、深化するグローバル・サーキュレーションとベイエリアの固有資源を融合させる知識経済化への道である。

　ただ、最近の各種調査結果をみると、製造拠点として再生途上にあるベイエリアが、知識経済化への移行に現時点では明確にリンクしていないことが示唆されている。だとすれば、パネル・ベイの「勢い」を知識経済化のメカニズムに連動させることは喫緊の課題である。

　それでは、グローバル・ネットワークと企業立地が進む大阪湾ベイエリアの接点をどのように考えたらよいのであろうか。まず、死蔵された地域資源の再編成、外部からアクセシビリティを高めるための仕組みの創出など、かつての成功体験のなかで地域に組み込まれロック・インしてしまった主体や仕組みを再編させることからスタートしなければならない。その意味で、小さな変化を全体に動きにまとめあげるための明確なポリシィ・プリンシプルと、これに呼応する大胆な政策が不可欠である。

　さきに示した3つのロック・インの解除という視角から、実際にはより具体的な施策群が地域再生の突破口を開くこととなろう。図1は大阪湾ベイエリアのロックイン構造とこれを解除する基本視点を示している。なお、ここでは

さきに示した3つのロックインに加え、人材のロックインを加筆している。これは、創造的なラーニングクラスター形成に不可避と思われる「起業経済」の構築に向けた人材育成や誘致と関わっており、どちらかというと中長期的性格を有している。人材のロックインは、既往の3つの負のロックイン要素と不可分の関係にあることが特徴である（加藤2011）。

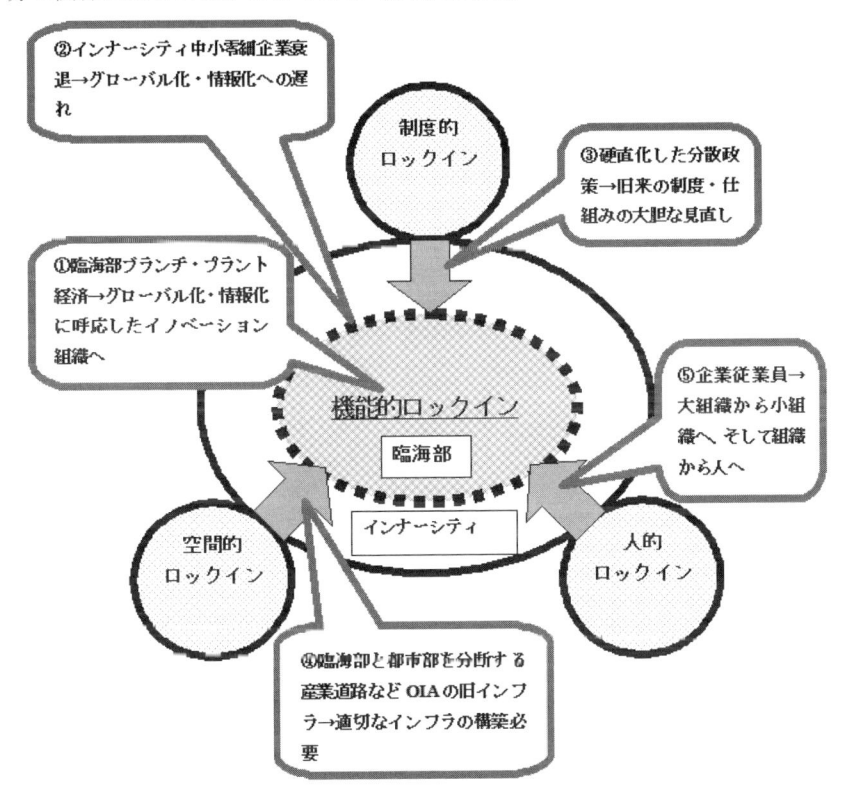

図1　大阪湾ベイエリアにおける「負のロックイン構造」（加藤恵正作成）

IV．広域政策実験エリアへ

　今後、大阪湾ベイエリアに蓄積されてきた多様な産業群、台頭する先端ビジネス群との連携の重要性を指摘しておきたい。かつてのベイエリアの興隆と関連して、経済界は多様な業種群が融合するベイエリア・コンバージェンス構想を提唱したが、異業種・異質ビジネスの創造的な統合は、新たなイノベーションを促すキイともなろう。その際、ベイに台頭しつつあるバイオや医療系のカッティングエッジ領域との連携、西播磨・学研都市などの既往サイエンス・パー

クとの連携なども視野においたコーディネーション政策が必要である。たとえば、神戸ポートアイランドに高速スーパーコンピュータの供用が開始されている。シミュレーション・計算機科学分野での最先端研究を可能にするこうした施設の設置に対し、地元の神戸大、兵庫県立大、甲南大はこれを活用した研究や研究者養成に名乗りをあげている。兵庫県西播磨には、世界最高性能の放射光実験施設（SPring-8）がある。これらをベイエリアでの活動と結び付ける仕組みが必要である。その際、こうした研究開発活動に、世界から研究者を募るといったことが必要である。企業、大学の閉鎖性を破り、地球規模での研究開発を指向することが求められる。

　北米を中心とした研究グループは、現在、40のメガ・リージョンが世界にあり、ここでのイノベーション創出は世界の9割弱に及ぶという。広義の知識経済化は、地球規模で新たな空間編成を顕在化させたといってよい。こうした議論に関心が集まる背景には、かつての工業化社会では巨大都市や大規模産業空間がどちらかというと同質的であったのに対し、知識経済社会では個々のメガ・リージョンが個性的な姿で顕在化してきていることにあるようだ。メガ・リージョンの競争力の核心として大阪湾ベイエリアが機能するためには、関西圏域固有の知識創造を加速する仕組みや制度を構築しなければならないということだろう。

　こうした世界的視角からの都市競争政策は、しばしば机上では指摘されてきたが実際には行われてこなかった。それは、これまでの行政の仕組みのあり方を根本から再編成することと関わっているからなのだろう。縦割りの非効率からの脱却、自治体間連携の本格実施、公民の実質的なパートナーシップ形成など課題は多く、躊躇している時間はない。

　問題は明確である。既得権益擁護のゆえに硬直化した制度・仕組みを大胆に見直し、都市間グローバル競争に呼応できる大阪湾ベイエリアを構築しなければならない。メガ・リージョンの核心として、ベイエリア全体を規制緩和・撤廃に関わる政策実験の場とすることを提案したい。

【参考文献】
加藤恵正（2009）「都市の経済戦略－City-Region Innovation 政策へ－」『都市政策』134号。
加藤恵正（2004）「震災復興における都市産業・経済政策－制度的側面からの検証と提案」『都市政策』116号。
加藤恵正（2011）「リスクに挑戦する都市へ－台頭する2つのタイプの小組織企業－」『都市政策』143号。

関西社会経済研究所（2008）「大阪湾岸大型設備投資の経済波及効果」。
日本政策銀行関西支店（2012）「関西バッテリーベイのシェア動向」。
増田悦佐（2006）「「均衡ある発展」が歪めた日本経済」八田達夫編『都心回帰の経済学』日本経済新聞社。
Yoshimasa Katoh, (2010) 'Changing Osaka Bay Area from the Branch Plant Economy', in "Program Handbook, Anglo-Japan Symposium on Brownfield Regeneration 2010".
Robert Hassink, (2005) 'How to unlock Regional Economies from Path Dependency? From Learning Region to Learning Cluster', "European Planning Studies" 13-4, pp.521-536.

第 17 章

都市型新産業と都市構造／政策
－ＩＴ・クリエイティブ系オフィス

小長谷 一之

Ｉ．ＩＴ革命～2000 年代までの新産業と都市構造／都市政策
(1) ハード系・ライフサイエンス系は郊外型

　有名な IT 産業集積地シリコンバレーは、アメリカのサンフランシスコを中心とする広域都市圏であるベイエリア地区の南端の、サンノゼ郡を中心とした地域名称で、サンタクララ、サニーベール、マウンテンビューなどの都市核を含むが、サンフランシスコ・ベイエリアという郊外地域にある。学術研究機関としてのスタンフォード大学が大きな役割を果たし、第二次大戦中からさかんになった情報通信技術を改良し、卒業生がヒューレット・パッカードなどを興したり、半導体発明者ショックレーからインテルに至る半導体メーカー、アップルなどのパソコンなどのメーカーが立地しだした。ハード系 IT は、ゆとりのある研究所敷地をもち、工場との連携のある郊外の立地である。日本では厚木や川崎の例がある。

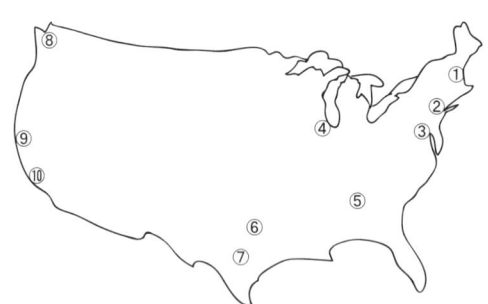

図1　全米の IT 産業都市　出典：小長谷（2005）による　①ボストン（郊外がルート 128、中心部がサイバーディストリクト）、②ニューヨーク（シリコンアレー）、③ワシントン（ネットプレックス）、④シカゴ（シリコンプレーリー）、⑤アトランタ、⑥ダラス（テレコムコリドール）、⑦オースティン、⑧シアトル（シリコンフォレスト、パイオニアスクエア）、⑨サンフランシスコ（郊外がシリコンバレー、中心部がマルチメディアガルチ）、⑩ロサンゼルス＝サンディエゴ（デジタルコースト、デジタルビレッジ）

また、バイオ・ライフサイエンス系も、しっかりとした研究所施設が必要なので、都心立地ではなく、郊外立地である。日本では、茨城県のつくば、大阪の彩都の例がある。

(2) ソフト、コンテンツ系は都心周辺部型「若者の副都心」

ソフト系では、良く調査されているソフト系IT産業の事例を手がかりに探ってみよう。小長谷他編（1999）ではニューヨークとサンフランシスコの例を取り上げたが、1970年代80年代にひどい都市衰退を経験したアメリカでは、その解決への切り札として、1990年代には空洞化した都心部にソフト系のIT産業（インターネット・マルチメディア関連産業）を入れることで都心再生をはたしてきた（マルチメディア・ジェントリフィケーションと呼ぶ）。

この背後には、IT産業の付加価値のウェイトがハード系からソフト系に移るのに伴って、その立地特性が大きく変わってきたことがある。ハード系IT産業では、先端的な設備を備えるスペースをもった郊外の工業団地が典型的な立地であり、この代表がシリコンバレーであった。ところが、ハードからソフトへのウェイトの変化とともに、アメリカ全体のIT産業の立地地域の中で、シリコンバレー型はむしろ少数派となってきた。ソフト系は、高級パソコンやサーバーまわりといった最小限の設備でも、アイデアさえよければ起業できる。いわゆるSOHO（スモールオフィス・ホームオフィス）ビルで十分である。スペースをとらないだけでなく、むしろ開発者同士の情報やアイデアの交換が非常に重要になってくる。そこで、郊外型でなく、都市中心部地域が立地適地となり、シリコンバレーの代わりに登場したのがニューヨークの「シリコンアレー（シリコン横丁）」やサンフランシスコの「マルチメディアガルチ（マルチメディア谷町）」であった（図1参照）。

（立地第1条件）やや安い地代条件「オノ・ブロードウェイ条件」

情報交換が大事なので都心に近いが、スタートアップ企業は地代＝固定費用は削減したいので、地代の最高点ではなく、そこから少し離れた近隣が適地となる。交通便利な都心のすぐ近くで、エアポケットのように一寸地代の安い立地が選択される。

（立地第2条件）若者文化条件

若者が主導し、情報を交換して興す産業なので、若者がつどう地区が有利である。

（立地第3条件）ルーツ産業条件

例として、サンフランシスコの「マルチメディアガルチ（マルチメディア谷町）」は、元々印刷・映画・アニメフィルムのまちであったが、看板付け替えでIT企業に転換した例が多い。

非常に普遍的にみられるのが、（立地第1条件）（立地第2条件）で、総括すると、「若者の副都心」ということになる。ニューヨークのシリコンアレーは地価最高点（ブロードウェイと5番街）の近くで若者文化のあったロフト街「ソーホー」、サンフランシスコのマルチメディアガルチは地価最高点（金融街とユニオンスクエア）の近くでアート文化の残った倉庫街「ソーマ」、東京では、地価最高点の都心の銀座〜丸の内地区ではなく、副都心で若者文化のまち「渋谷（ビットバレー）」「秋葉原」、大阪では、地価最高点の都心の梅田・難波ではなく、都心周辺で若者文化のまち「堀江」「南船場」などに集積が多い（小長谷 2005）。

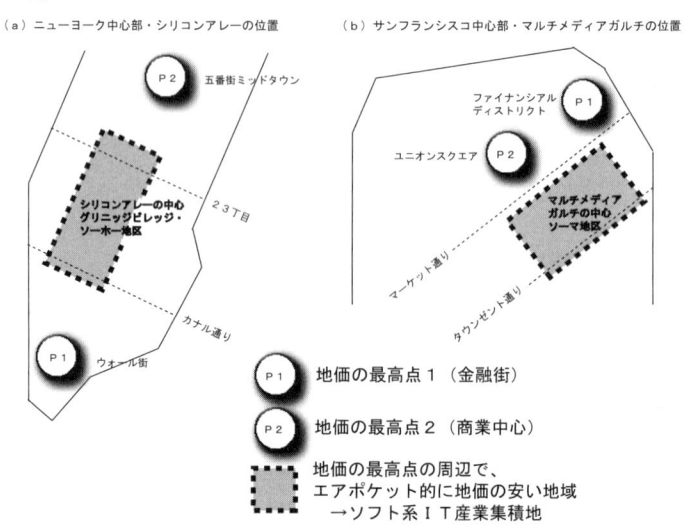

図2 「オフ・ブロードウェイ条件」＋「若者文化条件」＝地価の最高点の周辺のエアポケット的空間がソフト系IT産業集積地（ニューヨークとサンフランシスコ中心部の例）

2. 2010年代の新産業と都市構造／都市政策

（1）ソーシャルサービスとスマートフォンアプリの出現

ところで、ニューヨークの都市型集積地シリコンアレーそれ自体は、その後やや下火になったが、近年のソーシャルメディアによる第3次IT革命（ソーシャルネット革命）の成長により、いま再び都市内集積が注目されている。こ

の、第3次IT革命によるシリコンアレー復活（第2次シリコン・アレー・ブーム）についてみてみたい（小長谷2011）。
1) ニューヨーク立地企業：「タンブラー社」（SNSとブログの組み合わせ）、「フォースクエア社」（位置情報SNS）、2) シカゴ立地企業：「グルーポン社」（クーポン共同購入）、3) サンフランシスコ立地企業：「ツイッター社」（ミニブログ）、「ジンガ社」（ソーシャル・ゲーム）、「イェルブ社」（地域情報検索・評価サイト）、などのように、近年急速に成長する有力企業のすべてが、いわゆるシリコンバレー型の郊外立地ではなく、都市内部に立地している。このことは、ソフト系・コンテンツ系の産業ほど、より強く「都市の創造性」を必要とし、ソーシャルメディア革命によって「シリコンアレーの復活」が進みつつあることを示す（小長谷2011）。事実、「大都市には人と人のつながりの重要性を理解する住民が多く、サービスを生む土壌になる… ソーシャル企業の場合、ニューヨークのような大都市のほうが起業に向いている。全米や世界中から人が集まる大都市の住民は、自然にネットワークの仕方や必要性を理解しているもの。こうした特性が、質の高いサービスを生み出す土壌となっている」（米VCのダニエル・シュルツ氏へのインタビュー、小長谷2011）という。また、上記のフォースクエア社のデニス・クローリーも「……フォースクエアが入居するビル内にも、もう2社ベンチャー企業が入っているほか、近くには1つのオフィススペースをベンチャー企業10社で共有している場所がある。……『ニューヨークはメディアやファッションを手掛けるにはいいが、ハイテクには向かない』という長年の偏見が、ゆっくりとだが消滅しつつある（日経ビジネスオンライン2010年10月8日）」としている。

(2) コワーキング・シェアオフィスが地代条件を克服

オーナーそしてテナントが地代負担をシェアできるため、最近は「コワーキング・シェアオフィス」という形態が普及してきた。大阪や東京のコワーキング・シェアオフィスの分布を調べた橋本（2013）によれば、大阪では、古いSOHO型オフィスにおけるIT企業は上記のように地価の最高点の梅田地区には少なかったが、「コワーキング・シェアオフィス」では梅田立地がある。同じオフィス空間に多数のワーカーが登録し自由な時間に利用する共有のため、地代負担能力が高まり、より都心に近いパターンが可能になるのである。

II．IT産業を育てる都市 (1) −「インキュベータ政策」＝オフィス・不動産系支援

　ベンチャー振興にとって一番大切なのは「失敗しても大丈夫」という枠組みであり、1) 融資よりも投資系の支援（ベンチャーキャピタルなど）であり、2) また特にソフト系ITなどは毎月必ず出て行く固定費用である「地代」をまけてくれることが有効である。このことから、公的物件、民間物件のオフィスを安い賃料で提供するいわゆる「インキュベータ戦略」、すなわち、不動産・まちづくり系支援回路が第1戦略として重要ということがわかる。

　第2戦略としては、なによりも情報の交換やエンジェル、キャピタルとの出会いが大事なので、「パーティーを開け」が合い言葉の同業者団体系支援回路がある。

　こうした政策は、小長谷（1999）も指摘するように、1990年代のニューヨークでジュリアーニ市長がEDC（ニューヨーク経済開発公社）とともに行った、シリコンアレー型政策（図3）が原型であり、(A) 不動産系支援回路＝インキュベータ政策、(B) 同業者団体系支援回路＝交流政策、が、新産業振興の主流となってきた。

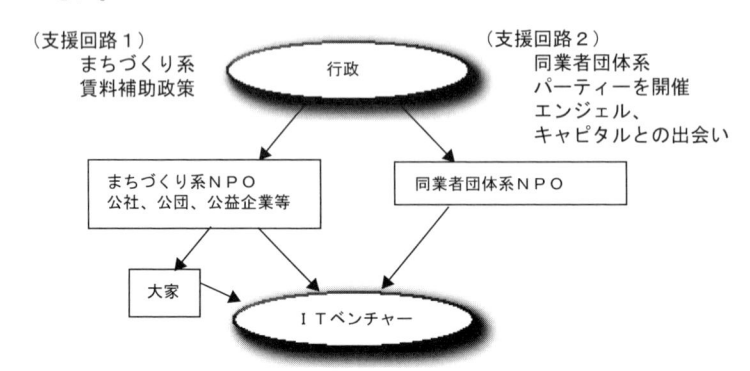

図3　ソフト系ITベンチャー企業に対する支援回路は2つに要約できる

　しかし、この第2戦略（交流戦略）については、より進んでネットワークの形成論の立場から分析していく必要がある。それについては、第III節で検討したい。

III. ＩＴ産業を育てる都市（2）－交流からソーシャル・キャピタル（ネットワーク）利用へ

（1）これまでの不特定多数の交流政策の問題点

　これまで、各自治体では、いわゆるインキュベータ政策や交流会の開催などを新産業政策の柱としてきた。武田・村田（2009）、村田（2007a,b）によれば、このようにして、これまで、行政や外郭団体が、具体的な事業としてフォーラムの開催や交流会等を無数におこなってきたが、（日本では）その効果がなかなか出ていない。（特に日本の社会では）初対面では、赤の他人には本当の重要な情報はつたえない、大きなビジネスが赤の他人同士で立ち上がったという話はあまりない。期待されていた、①新規起業や新ビジネスのアイデア、②起業や新事業のための融資、その他の契約、手続き、事業の運営などの本当の重要な情報は、思ったより交流されないといえる。

（2）ＩＴ系における信頼のネットワーク＝ソーシャル・キャピタルの重要性

　新産業では、アイデアの交流が有効に機能するためには条件が必要となってくる。ITのように、暗黙知に近いレベルでの瞬時のアイデアの交換などいろいろなメカニズムがネットワーク上でも機能するためには、そのネットワークを構成している構成員の間に、強い信頼関係が必要である。その可能性として、同じ大学の出身者などインフォーマルな強いネットワークが候補である。大学に関わるインフォーマルなネットワークとは、個人が取り結んでいる人的関係のことであり、大学卒業生等の友人・先輩後輩関係などの非親族関係である。アメリカでも、とくに大学の学生同士がくっついて新事業を立ち上げるケース、同じ大学のネットワークが重要なことは、シリコンバレーなどでも多いことが知られている。アメリカでも、成功者はなんらかの形で、インフォーマルなネットワークを利用し、信頼関係を利用しており、特に知的なネットワーク、大学のインフォーマルなネットワークこそもっとも重要であると思われる。

　こうした人脈ネットワークの例は「札幌バレー」などがある（北海道情報産業史編集委員会 2000）。村田（2007）は、東京のITベンチャーで近年第2次IT革命において急成長したWeb2.0関連の企業についてその例を分析した（図4）。したがって情報産業の振興政策としては、不特定多数よりも大学等のインフォーマルなネットワークを活性化することが重要になる。

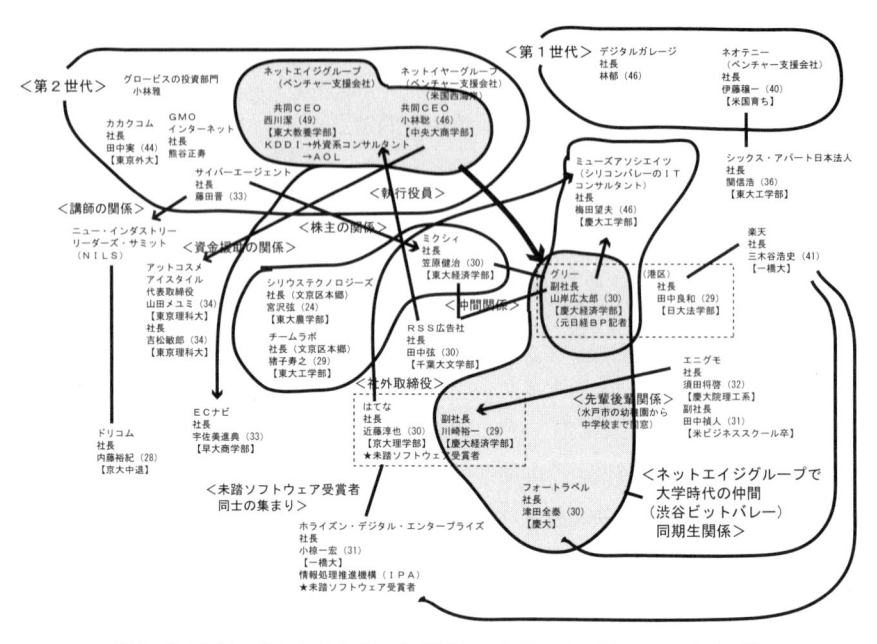

図4 Web2.0企業における大学出身者ネットワーク (村田2007による)

3. クリエイティブ系-創造都市戦略
(1) ビジネス、アート、サイエンスの3者連携

21世紀の創造都市における知の代表が、アート（芸術文化）とサイエンス（学術）であり、空間を創造し、そして人材を集めることによって、こうした知が働きやすくする環境を整えることが創造都市戦略である。21世紀には、「アート、サイエンス、ビジネスの間に近い関係が生まれてきている」ことがある、特にビジネスが、アート・サイエンスのもつイノベーションの力を利用して高度化した産業に不可欠な「差別化」「高付加価値化」を実現する必要性がでてきたためである（小長谷2007）。

(2) 空間の創造-リノベーション／コンバージョン戦略

創造的な人々が参集し産業や文化を生み出す創造都市の構築においては、創造的人材が互いに接近して活動を行い創造する空間が重要となる。歴史的建物を活用して、そこに学校教育機関を入れる具体的な例として、銀行の建物をリノベーションして芸術大学大学院を誘致し、それを拠点にウォーターフロントを「創造界隈」として整備をはかっている横浜市の事例や、小学校の建物をリ

ノベーションして大学のマンガ学部と連携してマンガミュージアムをつくり、それを拠点に御池通をシンボルロードとして活性化をはかっている京都市の事例などがある（塩沢・小長谷編 2007）。

(3) 学習都市戦略・・・学校連携

　創造都市の拠点として、単なるハコモノの整備でなく、それにソフトな仕組み（学校・地元等との連携、コンソーシアム的機能＝専門的知識、情報ネットワーク、人的ネットワーク）を結びつけることにより広がり・深みをもたせ、活性化すること、すなわち、【ハードの整備（既存ストックの活用）＋ソフト機能の付加】という二重構造こそ重要となる。横浜や京都の事例でも分かるように、このソフト機能の有力候補が学校である。人の創造という点からも、広義の学校（大学・大学院、専門学校、小中高のほか、セミナーなどの教育機能も含む）がもつ特性は、創造都市構築にとってなくてはならない重要なものといえる。①学校＝「若者装置／集客装置」学校の立地によって、多数の学生が訪れ、人の流れができ、関連のサービス需要も活発化する。②学校＝「創造装置」彼らが新しい知を学び、そして新しく知を生産する。③学校＝「ネットワーク装置」卒業生も来るようになれば、同窓生が生まれる。新産業の創出には、大学のネットワークが非常に重要な働きをする。④学校＝「知的な雰囲気づくり装置」欧米で地方の中小都市が突然、重要なイノベーションやベンチャービジネスの輩出地となり急成長する例がよくある（たとえば日本政策投資銀行 2001）。成功して創造性を発揮する都市では「都市空間」「人材」「アート」「サイエンス」「ビジネス」などの要素の間で、相乗効果がある。こうした関係（創造都市循環メカニズム）は図5のようにまとめられる。

(4) 創造都市における「人間的なまち並み拠点」と「教育機関」の重要性－創造的な人々が好み発展する都市の特徴

　創造都市経済論であるフロリダは、創造的な人間が集積する都市こそ成長する都市（「3つのTの理論」）であり、そのような人々が好む都市は、以下のような特色があるとしている（フロリダ 2010 の都市論）。①ストリート文化への嗜好、②創造的階級・創造産業の集積、③経験経済、④場所らしさ。空間論的には、クリエイティブ空間論の祖ジェイコブスが「新しいアイデアは古い建物がなければならない」というように、クリエイティブ・クラスには、交流や

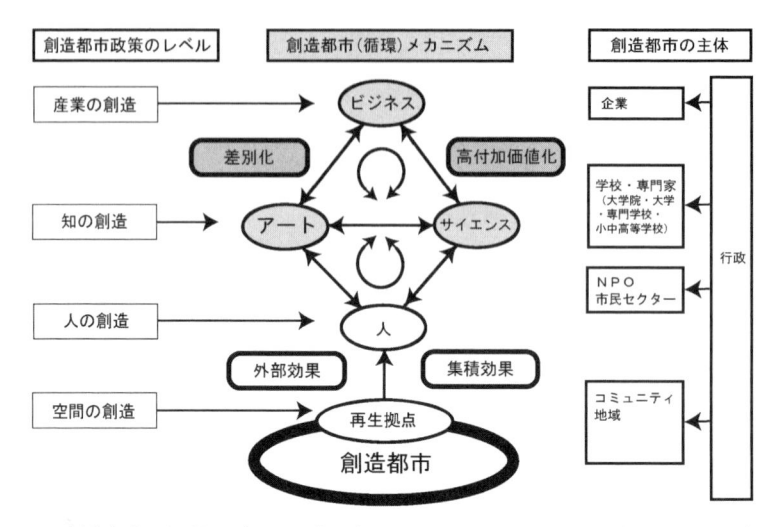

図5 創造都市の循環モデル、出典：塩沢・小長谷（2007）の第4章の図を加筆修正

人間性を重視したオフィス、繁華街や都心の古い物件を改修した空間が好まれることを指摘する。ジェイコブスのいうところの「都心の人間的なストリートの雰囲気」は、まさにクリエイティブ・クラスのために再生し、利活用する資源となる。その場所らしさとは歴史的建築物、界隈の雰囲気、独特の音楽シーンや独特の文化などにある。

【参考文献】
小長谷一之・富沢木実編（1999）『マルチメディア都市の戦略』東洋経済新報社。
小長谷一之（2005）『都市経済再生のまちづくり』古今書院。
小長谷一之（2007）「創造都市と創造都市の戦略」『創造都市への戦略』晃洋書房。
小長谷一之（2011）「創造経済の場としての都市」『創造経済と都市地域再生2』大阪公立大学共同出版会。
小長谷一之ほか（2012）『地域活性化戦略』晃洋書房。
塩沢由典・小長谷一之編（2007）『創造都市への戦略』晃洋書房。
塩沢由典・小長谷一之編（2008）『まちづくりと創造都市』晃洋書房。
塩沢由典・小長谷一之編（2009）『まちづくりと創造都市2』晃洋書房。
武田至弘・村田数繁（2009）「ネットワークと創造都市（1）－新産業振興」『まちづくりと創造都市2－地域再生編』晃洋書房。
日本政策投資銀行（2001）『地域を変えるヒント－米欧アジアのIT活用成功例』ジェトロ。
橋本沙也加（2013）「コワーキングスペース／シェアオフィス空間の拡大における協創型ワークプレイスの台頭～働き方と不動産市場の多様化に対応した新たな都市空間の再生～」（大阪市立大学修了論文）。
村田和繁（2007）「IT産業－大学ネットワークの重要性」『創造都市への戦略』晃洋書房。
フロリダ、小長谷訳（2010）『クリエイティブ都市経済論』日本評論社。

●第III部●
都市構造と
まちづくり

第18章

GISとまちづくり（市民参加）

碓井　照子

I．GISの技術的発展とまちづくり

　GIS（Geographic Information System: 地理情報システム）の父と呼ばれ、GISという用語を最初に使用したのはトムリンソン（Tomlinson,R.L.）といわれている。カナダ地理情報システム（Canada Geographic Information System：CGIS）を1962年に開発した。このシステムは、カナダ土地調査で収集されたデータの解析と農村地域開発計画策定のために開発されたもので、開発のコンセプトは、「解析（地図化、オーバーレイ、面積測定など）の可能なシステム」であった。

　GISは、1960年代から1980年代にかけては、地理情報システムの略語であったが、1990年以降、GISのGは、地理（Geographic）だけでなく地理空間情報（Geospatial）を意味するようになり、さらにSは、システム（System）、科学（Science）、社会（Society）、サービス（Services）などその意味は非常に多様化してきた（碓井2003a）。特に現在では、2007年に「地理空間情報活用推進基本法」が制定されると国土の電子基盤情報として2500レベル[1]以上の大縮尺の「基盤地図情報」が国土地理院のサイトから無料でダウンロード可能になっている。

　多様なGISの中でも「意思決定を支援する空間分析システムとしてのGIS」はその歴史が最も長く、都市計画との関係が深い。米国でGISに関する主要な学会であるURISA（Urban and Regional Information Systems Association：都市・地域情報システム学会）は、1960年代の都市計画とGISに関する研究活動から始まり、行政におけるGIS利活用研究においても長い歴史を有している。2002年にGISプロフェッショナル（GIS Professional）というGIS技術資格を創設したのもこの学会であり、1992年に設立された日本のGIS学会は、この資格に準拠してGIS上級技術者という資格認証制度を

2006年に創設した。米国の自治体には、GIS部局があり、GISの専門家が行政の政策の意思決定支援を行うGIS専門職として働いている。

米国の都市づくりにはGISは不可欠のツールであり、GISにより住民にオープンな行政、市民参加型行政を実現しようとしているのである。日本においても都市計画GISのマニュアル（国土交通省2005）を政府が作成したが、都市計画にGISを使用することはかなり普及している。

本章では、1960年代、都市計画の効率化、高度化のニーズがGISを「空間分析による意思決定支援システム」へと技術的に発展させたこと、1990年代以降、インターネットを利用した「PP-GIS（Public Participatory Geographic Information System：市民参加型GIS）」の登場により、都市計画が市民参加型のまちづくりへと質的変化したことについて明らかにする。

さらに2000年代中期になると、ネオジオグラフィー、ボランティア地理情報システムなどと称されるWeb2.0やクラウドコンピューティングなどの新しい情報技術を取り入れたGISが開発され、グーグルアース（Google Earth）やグーグルマップ（GoogleMap）、オープンストリートマップ（OpenStreetMap）などの地球プラットフォーム型のGISが登場した。ユーザーが、無料でGISを操作できるようになり、それまで専門家や行政機関にゆだねられていた電子地図づくりまでも多数のユーザーが参加し連携して作成することが可能になってきたのである。このことがまた、市民参加型まちづくりを質的にどのように変化させているかについても説明する。

そして、最後にこの流れは、米国で始まるオープンガバメント政策のもとでの行政データのオープン化によりさらに加速されている。市民が自ら居住する地域の行政データを自由に利活用することにより、様々な地域的課題を発見することは、まちづくりに如何なる変化をあたえようとしているのか。

本章では、GISの技術的変化と都市計画・まちづくりの質的変化を歴史的に整理することにより、GISとまちづくりのベースには、市民参加、合意形成という民主主義の原点があることについて考えてみる。

II 日米におけるGISのルーツと都市計画

1. 米国におけるGISのルーツと都市計画

URISAは米国におけるGISと都市づくりに関する最も伝統のある学会であり、その設立は1963年まで遡ることができる。1963年8月28日、南カリフォ

ルニア大学で都市計画専門のエドガーホーウッド（Edgar Horwood）を中心に、48人の研究者が参加し、GISを都市づくりに活用する世界で最初の研究会議が開催された。これがURISA設立のルーツであり、正式な学術団体として1966年に登録された。都市計画にGISを利活用しようとする地理学、都市工学、情報工学などの研究者だけでなく地方自治体の実務者をも含むインターディシプリンな研究の始まりであった。特に、URISAの特徴は、研究者だけでなく、行政関係者も多く、行政機関におけるGISの実践的な研究が多い点にあると言われている。

エドガーホーウッドは、センサスデータ[2]のコンピュータマッピング研究を1960年初頭から実施している。都市計画におけるGISの初期の利用は、国勢調査データを地図化するところからはじまる。小地域単位であるセンサストラクト毎に地図化し、土地利用計画のゾーニングなどに活用するのである。日本の国勢調査でも町丁目単位の小地域統計があり、現在、統計GISのサイトから入手することが可能である[3]。

米国においては、国勢調査データのマッピング研究からDIMEファイル（Dual Independent Map Encoding）[4]の構想がうまれ、位相情報[5]を有する空間検索や空間分析が可能なGISへと発展する。当時は、GISという用語よりは、都市情報システムや地域情報システムと呼ばれていた傾向がある。GISという用語が世界的に定着化してくるのは、1980年初頭にARCINFOという商用GISが開発され、GISビジネスが普及してからである（碓井1996）。

国勢調査データを都市計画に利活用したいというニーズが、GISを空間分析システムへと技術的に発展させたといっても過言ではない。さらにDIMEは、1988年にTIGER（Topologically Integrated Geographic Encoding and Referencing）ファイルという地図データベースの構造へと発展し、全米で位相構造を有する電子地図が作成されたのである。これは、国土の基盤情報として1994年、国土空間データ基盤（NSDI：National Spatial Data Information）という電子地図のインフラへと進化し、GISのSが社会をも意味するようになる。

基本的なGISの空間処理・解析機能は、空間操作、空間函数（関数）ともよばれ、商用化されているGISソフトウェアには空間分析機能として実装されている。例えば、重ね合わせ（オーバーレイ）、近傍操作（バッファリング、ボロノイ分割）、最短経路探索（ネットワーク分析）、空間補間（空間的自己相関、

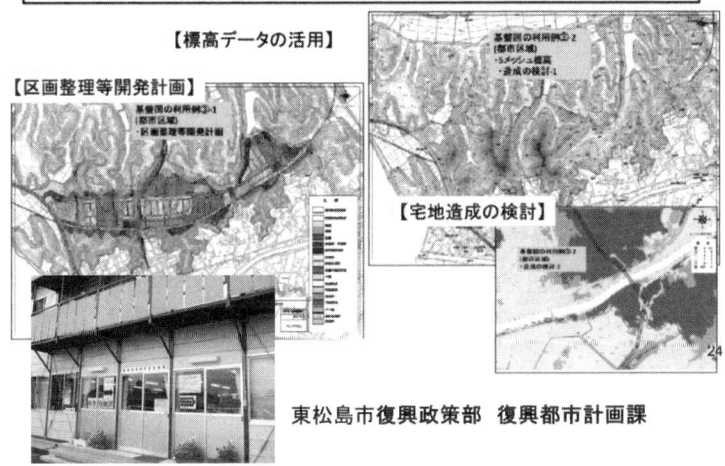

図1 震災復興と都市計画GIS（宮城県東松島市）
(http://www.gsi.go.jp/common/000078242.pdfに写真（左下）を追加。写真は2013年7月撮影。)

傾向面分析等）、計測（長さ、面積、体積・容積の測定）、空間検索（住所照合等）、投影処理（地図投影、断面作成等）、座標系の計算など様々であり、GISを利用することにより、高度で効率的な都市計画が可能になる。

都市計画では、これらのツールを利用して、人口、土地利用、交通量などから、法律に定める基準に基づき、都市計画区域等の設定などを行い、市街地の整備や防災対策のために様々な地図から意思決定を行うが、GISを利用することにより、都市計画業務の効率化や高度化が図れるのである。2011年3月11日の東日本大震災の折にも、東松島市では、MAPINFOというGISソフトを使用して復興都市計画が策定され国土地理院から紹介された（図1）。

2. 日本におけるGISのルーツと都市計画

日本では、米国より少し遅れて1970年に総理府統計局データバンク準備室が、「小地域システム開発の基礎研究」プロジェクトとして国勢調査データの地図化に関する研究開発を行っている（総理府統計局1971）。これが、現在の統計GISのルーツである。このプロジェクトでは、小地域単位に関してアンケートを行い1kmや500m（都市域）の地域メッシュよりは、町丁目単位の方が一

ズが高いところから国勢調査の小地域統計がデジタル化されることになった。このデータは最初からGISを利活用して国勢調査のデータから地域特性の把握などを地図化し、分析するために作成されたものである。まさに米国でセンサスGISの研究が行われた同じ時期よりは数年遅れるが、日本でも国勢調査データの電子化に関するセンサスGISの研究が行われていたのである。

　また、1976年から1978年に実施された建設省都市局の都市情報システムUIS-1（Urban Information System）は、日本においてGISを都市計画支援システムとして研究開発した最初の国家的プロジェクトといわれている。この研究は、兵庫県西宮市で実証実験が行われたが、当時のコンピュータはかなり高価であり、都市計画の汎用システムとして他の自治体へ普及させるには至らなかった。しかし、その後、西宮市では、1984年に第2次開発に着手し、標準的に使える住所の位置座標方式を確立して住所コードを備えた独自の「宛名データベース」を開発した。1995年阪神淡路大震災の時に西宮市のGISは、罹災証明の発行をはじめとする避難所、緊急物資、仮設住宅、倒壊家屋、復旧・復興といったあらゆる分野でGISが災害時に多面的に利活用されたのである。この住所代表点（アドレスポイント）をキーにして各種台帳をリンクしたGISデータベースは、自治体GISの中で、西宮方式と呼ばれるようになった（碓井2003b）。

　UIS-1（1973～1983）の後、UIS-Ⅱ（1984～1987）が実施され、都市計画におけるGISの標準的な仕様と整備手法が提供された。それは、都市計画道路の整備計画から土地利用策定、市街地整備基本計画、固定資産管理業務、防災計画など広範囲に及び、作成する地図データベースについての内容を詳細に提示した。都市計画業務に共通する白地図データベースに必要な地物（街区、町丁目界、建物、筆界、道路、道路中心線など）を具体的に示したのである。

Ⅲ．PP-GISの発展と市民参加型のまちづくり

1. 電子自治体とNPM（新公共経営理論）

　GISは、都市計画や道路、水道、下水道などの施設管理だけでなく、福祉、医療の市民サービスから防災、治安まで行政の全ての分野で利用されるようになっている。その背景には、インターネットによる情報革命と行政改革という世界的な潮流がある。業務効率化と住民サービスの向上を求めるNPM（New Pubic Management：新公共経営理論）は、税金の使途についてその効率化、

透明性を重視し、無駄な税金の支出を抑え、行政業務の効率化や高度化を重視した公共経営の運営理論である。これは、1980年代から1990年代にかけてイギリスサッチャー政権で実施された行政運営理論で、その後世界中で普及した。行政における効率化・活性化を図るために民間企業の経営理念や手法を取り入れ、小さな政府をスローガンに規制緩和、国営事業の民営化、公共事業の見直しなどを行い、国家財政を圧迫し、「英国病」といわれ低迷していたイギリス経済の再生への道筋を拓いたのである。しかし、一方で、貧富の拡大、急激な民営化の弊害などの負の効果も見られた。

NPMにおいてイギリスの事例は古典的NPMといわれる。その後、ヨーロッパ各国へこの行政運営理論は広がり、各国の実情に合わせて変化し民間企業のビジネスセンスを公共サービスに導入した。その中で、民間企業の顧客中心主義が、公共サービスにおいては、住民中心主義、市民参加型行政（市民参加型行政）へと行政の在り方も変化していったのである。このサッチャーが重視した情報技術がGISであった（碓井2013）。GISが、NPM理論を何らかの形でサポートする情報技術として世界中の政府や地方自治体の行政改革の情報ツールとして利活用され、技術的にも発展してきたといえる。

1990年代に入り、情報革命の中、米国では、NPM理念をさらに発展させ、クリントン政権の時にインターネットやGISを利活用した国民にオープンな行政を実現するために「E-Government政策（電子政府政策）」が実施された。GISのSが、System+SocietyにさらにService（サービス）へとさらなる拡張をするのも1990年代中期から2000年代にかけてである。前述したようにGISは、もともと情報技術を利用した都市計画や施設管理業務の効率化、高度化の研究から技術的発展をしてきたが、

1990年代中期からは、インターネットを利活用した「市民参加型GIS」のニーズが高まってくるのである。PP-GISの発展は、この傾向を具現化したものであった（碓井2008）。

2．PP－GIS、Webマップサービスとまちづくり

1990年代半ば、電子政府におけるGISを利用した市民参加型行政への社会的ニーズは、「PP-GIS」という「市民参加型GIS」を発展させた。PP-GISは、英語では、「Public Participatory Geographic Information System」と表現される。1996年の米国国立地理情報分析センター（NCGIA）のワークショッ

プで始めてこの言葉が使用されたといわれている。PP-GIS は、「コミュニティ GIS（Community GIS）」と表現されることもある。米国では、1998 年にはデジタルコミュニティ政策が策定され、「近隣地域社会（Neighborhoods、Communities）」の諸問題（人種、福祉・医療、犯罪、教育、環境）を GIS で解決しようというキャンペーンが開始されたころである[6]。この PP-GIS の背景にはインターネットと Web 技術の発展がある。

1989 年にイギリスのティムバーナズリー（Tim Berners-Lee）が、World Wide Web のコンセプトを発表し、1991 年に Web ブラウザを開発してインターネット上で容易に情報発信ができるようになると、1990 年代前半に Web サーバー用のアプリケーション開発が急速に発達する。GIS においても 1993 年から 1997 にかけてゼロックス社（Xerox）のマップビューワー（Map Viewer）と、Web 用のマップサーバーが開発され、1994 年には、これを使用してインターネット経由で地震データ（位置と規模など）を米国の地質調査所（USGS）から入手し、スコットランドのエディンバラ大学で世界初の Web による地震位置表示システム（World-Wide Earthquake Locator）が開発されたのである[7]。

1995 年には、カナダのアーガステクノロジー社（Argus Tchnology）がインターネットのマップサービスであるマップガイド（MapGuide）を開発し、1996 年からは、CAD ソフトでは世界シェアを占めるオートデスク社（Autodesk）がマップガイド（MapGuide）の開発を継続した。1996 年には、住所検索とルート検索が可能なマップクエスト（Mapquest）が開発されたが、これもオープンソースとして、特に情報系ユーザーが様々な Web マップサービスプログラムを開発したのである。2004 年には、AutoCADMap を販売した。

Web マップサービスプログラムは、それまでの GIS とは異なり、インターネット上で地図上をクリックすることにより指定された URL がリンクされて情報が見えるという単純な

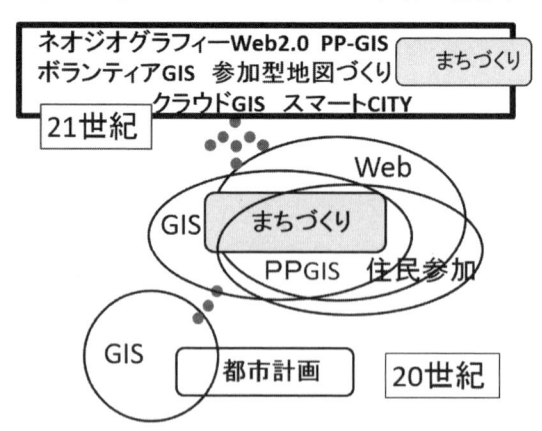

図2　GIS の技術的発展と都市計画・まちづくりの変化

ものではあったが、まちづくりにおいては、住民参加を容易にする画期的なツールの登場でもあった。20世紀末の1990年代後半にPP-GISはこのようなWeb技術とGISの融合の中で発展してきたのである。そして、図2にも示したようにまちづくりにも応用されるようになり、従来の都市計画GISとは異なる「WebとPP-GISによるまちづくり」へと変化するのである。

　日本でも、まちづくりに関係したPP-GISの最も初期の事例である「かきこマップ」は、2001年東京大学工学部都市工学科都市計画研究室の真鍋陸太郎らの研究グループが開発したものである（真鍋他2001）これは、地図を介した地域の情報共有が可能なまちづくりへの住民提案をマップで行う「市民参加型GIS」のサイトであった。さらに2005年にグーグルマップが公開されるとWeb2.0としてより高度な機能が使用可能になり、まちづくりにおいても単純な情報共有だけでなく、主体的なまちづくり参加形態へと変化していくのである。

Ⅳ．ネオジオグラフィー、Ｗｅｂ2.0、オープンガバメントとまちづくり
1．ネオジオグラフィー、Ｗｅｂ2.0とまちづくり

　2005年にグーグル社（Google）がグーグルマップ（Google Map）やグーグルアース（Google Earth）を発表し、「API（Application Programming Interface）[8]」を公開して、ユーザードメインのGISを普及させた。地図アプリは無料でだれでもが簡単につくれるというGISの世界を切り拓き、電子地図という地球レベルのコミュニケーションプラットフォームを提供したのである。2004年以降、「オープンストリートマップ（OSM：OpenStreetMap）」などの住民参加の地図づくりをはじめ、ユーザー参加型のGISが主流になってくる（瀬戸2010）。

　この傾向を、GISの有名な研究者であるマイクグッドチャイルド（Mike Goodchild 2007）は、ボランティアな地理情報（Volunteered Geographic Information：VGI）、ボランティア地理学とよび、ターナー（Andrew J. Turner）は2006年に、ユーザー参加型の自由な地図／GISの世界をネオジオグラフィー（NeoGeography）と称した（Andy Hadson Smith 2009）。

　それ以前の行政や専門家中心の地図／GISの世界をオールドジオグラフィー（OldGeography）として新旧を区別するスローガンを世界に普及させたのである。ネオジオグラフィーは、一般のユーザーが自由にインターネット

上での地図づくりを可能にし、それまでの行政や専門家による専門的な地図づくりをインターネット上でユーザー主体の地図づくりに変化させた。つまり、ネオジオグラフィーは、GIS を単なる空間分析システムだけでなく、市民参加およびコミュニケーションの手段として GIS をさらに質的に大きく発展させたのである。また、Web2.0 とは、グーグルマップやグーグルアースのような動的、参加型的 相互連携的に Web を使用することを言う。ネオジオグラフィーとは、Web2.0 のもとに、一般の人々が複雑な技能を必要とせず、地図上をクリックするだけで自由に地図に情報を追加することができ、また、多数の人が連携して身近な地域の建物や道路をインターネットから入力して電子地図づくりに参加し、オーバーレイなどの簡単な空間分析を通して地域をより深く理解することができることを意味しているのである。図 3 は、ブラジルのカルナ市で都市計画に利用されているグーグルマップを活用したまちづくりのサイトである。市民は、グーグルマップにオーバーレイされた土地利用図を見ながら地域の問題場所を指摘し、まちづくりに直接参加しているのである（Geisa Bugs 2010）。

　ロンドン大学の高度空間分析研究所（CASA：Centre for Advanced Spatial Analysis）のアンディハドソンスミス（Andy Hudson-Smith）は、ネオジオグラフィの世界をパブリックドメインな GIS の世界として、図 4 に示したマップチューブ（MapTube）を開発している。これは、ロンドン市の人口、経済、教育、交通、犯罪、観光などの主題図を、グーグルマップやグーグルアースなどにオーバーレイし、まちづくりなどでも自由に利活用できるように開発されたマップサーバーである。都市の人口・人種、経済・雇用、教育、保健・疾病、犯罪、交通などの関係性が簡単に理解できるように MapTube を参加型地図のベースとして公開している（Andy Hudson-Smith 2007）。また、グーグルマップやグーグルアースをベースマップとして多様な主題図のオーバーレイを可能にしているマッシュアップの技術についてギビン（Maurizio Gibin 2008）は説明し、G マップクリエーター（GMap Creator）を開発し、フリーソフトとして公開している（Maurizio Gibin 2008）。

　グーグルマップやグーグルアースとは異なり、ユーザー参加型で身近な道路情報などの基礎から電子地図を作成しようとする活動が「オープンストリートマップ（OpenStreetMap：OSM）」である。2004 年に英国人のステーブコースト（Steve Coast）が、このプロジェクトをはじめ、2006 年には、OSM 財

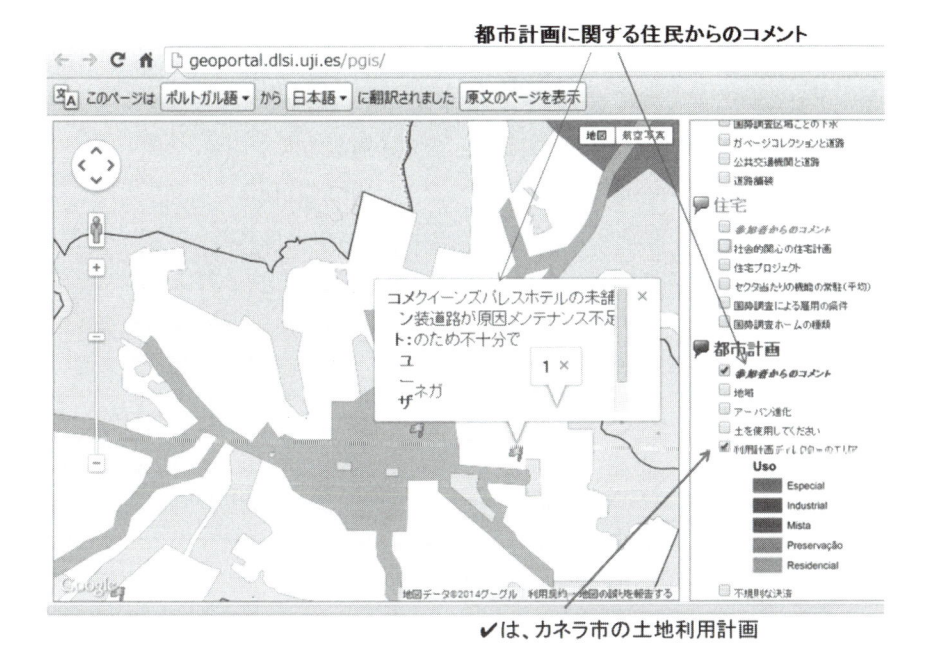

第 18 章　ＧＩＳとまちづくり（市民参加）　167

図3　グーグルマップを利用した市民参加型 GIS とまちづくり（ブラジル、カネラ市）

人口・人種、健康、犯罪、教育、交通、雇用経済などの様々な主題図がグーグルマップやグーグルアースに簡単にオーバーレイ可能。

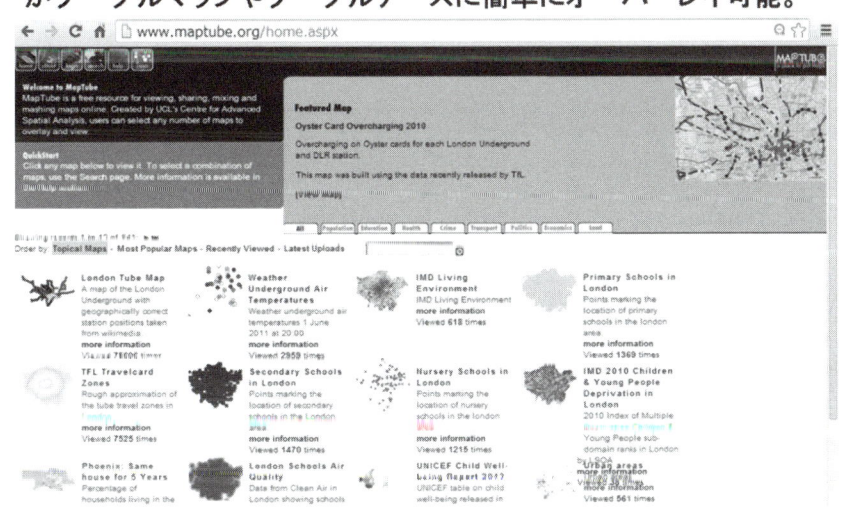

図4　ロンドン大学 CASA が開発したマップチューブ

団が設立された[9]。世界で初めてのボランティアによるコラボレイティブマッピング（collaborative mapping）であり地図版ウィキペディア（Free Wiki World Map）とも呼ばれる。日本にも2010年からOSMファウンデーションジャパン（OSM F_Japan）[10]があり、活発な活動をしている。2011年3月11日の東日本大震災の時には、震災インフォ（Sinnsai.Info）を立ち上げ、避難所情報や被災地の地図づくりなど震災直後からの復旧復興でボランティア活動を行い、社会的に高い評価を得た[11]。このOSMを利用したまちづくりには、東日本大震災釜石市での事例研究がある。釜石市では、被災住民とともにOSMで被災後に建設された商店などを入力し、地域再生への支援を行っている。まちづくりへの参加型の初期段階ではあるが、今後の活動が期待される（瀬戸ほか2013）。

都市計画やまちづくりにおいて、パインホとピナ（Painho, M., Pina, I. 2013）は、このネオジオグラフィーの考え方が、非常に重要であると指摘している。それは、PP-GISが登場して以来、まちづくりにおける市民参加の課題は、計画の最終段階で住民の合意をうるだけでなく、計画の初期段階から計画策定のプロセスにいかに住民が参加できるかということであった。これまで、都市計画に関する多様な地図作成および都市の抱える問題点の把握は、専門家に限られていたという制約があり、初期のPP-GISとWeb技術では、この問題が解決できなかったのである。しかし、ネオジオグラフィーおよびWeb2.0クラウドコンピューティングは、この課題への解決の道筋を完全ではないが示したと評価しているのである。

さらに2009年になるとネオジオグラフィーに加えて、オープンガバメントの考え方が、市民参加のまちづくりのこの問題へのさらなる解決策を提示してくるのである。

2. オープンガバメント、ガバメント2.0、オープンデータとまちづくり

2009年、Web2.0の提唱者として有名なティム・オライリー（Tim O'Reilly）は、「政府がプラットフォームになり、参加型行政をITで実現させよう」という考え方を「ガバメント2.0」と称して発表した。政府が支出する費用は急激に増加していたのである[12]。

2010年9月7・8日にティム・オライリーがワシントンで開催した「ガバメント2.0サミット」のホームページから情報を得ることができる[12]。この

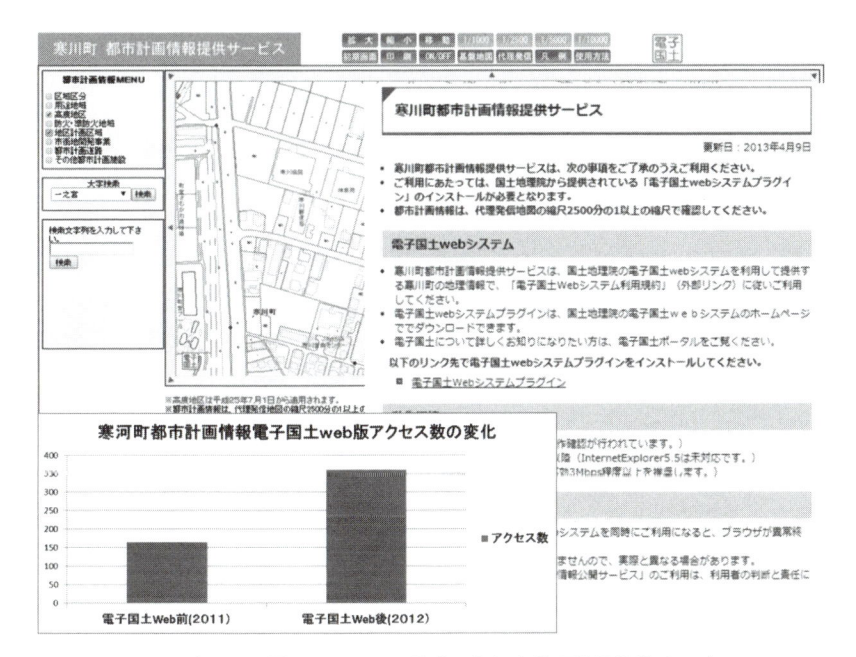

図5　寒河町の電子国土webで作成した都市計画情報提供サービス

サミットをサポートしている企業もESRI（GISのグローバル企業）、Google、Microsoft、IBMなどの巨大IT企業である。

　ガバメント2.0には、中核になるコンセプトがある。その一つが、「プラットフォームとしての政府」である。ティム・オライリーによると、政府が政策を宣伝したり住民参加型行政推進のためにソーシャル・メディアを利活用すること、オープンな行政、透明性のある行政運営、政府による公共クラウドサービスなどすべてガバメント2.0であり、特に政府がプラットフォーム化することが、ガバメント2.0の特徴であると指摘する。政府がプラットフォーム化するとは、彼によると政府がWebサイトを公開するだけでなく、市民が積極的に利用できるWebKitの提供をも意味している。つまり、「ガバメントSDK（ソフトウェア開発キット）」を政府が国民に無償で提供し、国民は、SDKとAPIを使用して、行政サービスのアプリを作り、思いもかけないような素晴らしいアプリで、住民参加型行政を推進させることだと主張する。

　簡単に言えば、日本政府の地理院地図（電子国土Web）と電子国土Web開発のためのAPI関数を1999年から提供している国土地理院は日本版ガバメント2.0を実践しているともいえるのである。勿論、ガバメント2.0の背景には、

自治体GISの進展とインフラとしての電子地図や行政データの無料公開が前提である。特に、オープンソースGISを利用して改定された電子国土Web.NEXTは、まさにガバメント2.0の事例と言える。ただし、地図データが中心で、大量の行政情報としての行政データの公開は、他省庁に依存しており、完全なガバメント2.0とも言えない。地方自治体では、電子国土Webを利用して行政情報の公開をしている。その事例が、図5の寒川町の都市計画における「e-マップ寒川」であり、2011年前より費用を掛けずに自分達の手作りで都市計画情報を電子国土Webシステムとして運用している。町内外に情報公開することにより、都市計画に関する住民のアクセス数も着実に上がり、住民の関心が高まっているのである[13]。

3. 民主主義のツールＧＩＳと市民参加型まちづくり

オープンガバメントの提唱は、ワシントンDCから始まる。ワシントンDCは、2008年から「民主主義のためのアプリ開発コンテスト」を実施しており、グーグル社がコラボしている事業である。元々、ワシントンDCは、エズリー（ESRI）社のARCGISで行政システムが構築されており、全米では、有名なエンターテイメント型の自治体GISが導入されていた。このような環境の中、GIS企業としては後発のグーグル社が、2000年頃から観光をメインにワシントンDCに対し、ボランティアGISの推進という新しいスキームでGISビジネスを展開している。

このコンテストのもうひとつの大きな特徴は、ワシントンDCの行政データが大量に公開されていることである。つまり、ガバメント2.0の今ひとつの特徴は、行政データの公開である。ワシントンDCでは、位置情報付きの行政データ（GISデータ）が、CSV形式、ESRI形式、GoogleのKML，XML、Atom feed形式の5形式で提供されている。また、その内容も、人口、犯罪、経済、家計データなど多岐にわたり502種類である。集計単位も行政区から近隣住区、センサスブロック単位まで、7種類にもおよぶ。オープンデータの考え方のルーツは、ワシントンDCの民主主義のためのアプリコンテストにあるといえる。また、このような行政情報のオープンな提供、行政情報の透明性の一層の推進を「オープンガバメント2.0」という。

元々、GISは、民主主義のツールと呼ばれ、「市民参加型GIS」は、「PP-GIS」と呼ばれて1990年代半ばから発展してきたが、その潮流の中で、参加型まち

づくりが発展してきた。現在では、Web.2.0 やネオジオグラフィの考え方のもとに市民が自由に GIS を使用し、多様な主題図を作成してグーグルマップ・グーグルアースやオープンストリートマップ、地理院地図（電子国土 Web）にオーバーレイし、地域の課題を見つけることができるようになりつつある。行政の作成する大量のデータがオープン化されることにより、市民は、現在の地域の課題を可視化して分析するというツールを自由に駆使できるのである。近い将来、課題発見から議論を経て意思決定をするという真の意味での参加型まちづくりが可能になるといえる。

【注】
1) 電子地図では縮尺よりは電子化された時の位置精度が優先されるため、紙地図で使用された 1/2500 という縮尺表現は使用しないで同様の位置精度を 2500 レベル（約 1 m の位置精度））という。基盤地図情報は、2500 レベル以上の位置精度を有する位置の基準情報で、道路などは、500 レベル（約 2.5cm の位置精度）の市町村もある。
2) センサスデータとは、国勢調査のデータのことで、人口に関する基礎調査である。
3) 総務省統計局統計 GIS サイト http://www.e-stat.go.jp/SG1/estat/eStatTopPortal.do このサイトは、e-stat という電子政府の統計情報のサイトであり、地図で見える統計 GIS と呼ばれる。
4) 米国の 1970 年の国勢調査では位相構造を有する DIME ファイルが作成され、住所検索や空間分析を可能にした位相構造型データベースのひな形として有名である。1967 年に基本的構造が完成し 1970 年センサスより実用化された。
5) 位相構造とは、幾何学的構造に関して空間の関係を示す構造のことを表し、位相幾何学（トポロジー）にその数学的ルーツがある。GIS では、点、線、面における結合、隣接、包含などの関係をいう。例え場、交差点は単なる点（位置座標のみ）ではなく、道路を結合しているノードであり、土地の境界線は、土地区画（面）を隣接する線を示し、面の中に点がある場合は、包含の関係といわれる。
6) http://www.ppgis.net/online-mapping.htm
7) World-Wide Earthquake Locator
8) アプリケーションインターフェースのことで、プログラム開発のためのソースプログラム群のこと。
9) http://www.openstreetmap.org/
10) http://www.osmf.jp/news
11) http://www.sinsai.info/　みんなでつくる復興支援プラットフォーム。
12) http://www.gov2summit.com/gov2010
13) http://www.town.samukawa.kanagawa.jp/~gis/index.htm

【参考文献】
碓井照子（1996）「GIS 研究の系譜と位相空間概念」『人文地理』47-6、pp.42-64。
碓井照子（2003a）「GIS 革命と地理学－オブジェクト指向 GIS と地誌学的方法論『地理学評論』76-10、pp.687-702。
碓井照子（2003b）『自治体 GIS の現状と未来』（碓井照子監修）、GIS コラボレーションフォーラム、日本工業新聞社出版。
碓井照子（2008）「市民参加型 GIS（PP-GIS）と 21 世紀の都市像」『21 世紀の都市像』、古今書院、pp.140-159。
碓井照子（2013）「GIS 産業論（地理空間情報産業論）と測量業　第 1 回 GIS 産業の定義」『測

量』、2013-11、pp.30-34。
国土交通省都市・地域整備局都市計画課（2005）『都市計画 GIS 導入ガイダンス』、150p.、http://www.mlit.go.jp/crd/tosiko/GISguidance/pdf/00.pdf より pdf ファイルとして入手可能。
総理府統計局（1971）『小地域情報システム開発の基礎研究：小地域情報収集のための小地域データ・ベース・ファイルの開発と小地域情報ファイルの形成に関する研究』、201p。
瀬戸寿一（2010）「情報化社会における市民参加型 GIS の新展開」『理論と応用』、Vol.18、No.2、pp.31-40。
瀬戸寿一・古橋大地・関治之（2013）「参加型地図作成による災害情報の共有と復興まちづくりへの活用可能性」歴史都市防災研究センター、 pp.33-38。
真鍋隆太郎・西川俊之・増山篤・馬場昭・小泉秀樹・大方潤一郎（2001）「住民による情報交流が可能なインターネット上の地図システムの開発と課題」『地理情報システム学会講演論文集』、vol.10、pp211-214。
Goodchild,M. (2007)'Citizens as sensors: the world of volunteered geography'"GeoJournal" 69 (4), pp.211-221.
Milton,R. ,Batty,M. ,Gibin,M.,Longley,P. and Singleton.,A. (2007)'Public Domain GIS,Mapping & Imaging Using Web-based Services', "UCL CASA Working Papers Series",No.120,12p.
Smith,A.,H. (2007)'Digital Urban -The Visual City', "UCL CASA Working Papers Series", No.124, 17p.
Gibin,M., Singleton,A., Milton,R., Mateos,P., Longley,P. (2008)'Collaborative Mapping of London Using Google Maps:The LondonProfiler', "UCL CASA Working Papers Series", No.132,15p.
Smith,A.H.,Crooks,A., Gibin,M.,Milton,R. and Batty,M.(2009)'NeoGeography and Web 2.0: concepts, tools and applications', "Journal of Location Based Services",3 (2), pp.118–145.
Bugs,G.,Granell,C.,Fonts,O.,Huerta,H.,and Painho,M. (2010)'An assessment of Public Participation GIS and Web 2.0 technologies in urban planning practice in Canela, Brazil', "Cities", 27 (3) ,pp.172–181.
Painho,M.,Pina,I. (2013)'The invisible cities can PPGIS connect citizens to urban policies？', "GeoFocus" (Editorial) ,13 (1) , pp.1-4.

第 19 章

都市の発展と文化政策

山田　浩之

はじめに－都市の発展とは

　近年、都市政策において、世界的に、文化の重要性が認識されるようになり、従って文化政策は、都市政策の中で重要な位置を占めるようになってきた。都市政策とは、一言でいえば、都市の発展を目指す政策であるが、それでは、都市の発展とは何だろうか。

　かつての産業社会においては、工業や商業の発展によって都市の経済発展がもたらされ、それとともに都市化が進行して、人口が増加し、都市の発展が実現された。都市政策も経済発展のための社会資本の整備が中心であった。

　しかし、脱工業社会といわれる今日、経済の発展だけではもはや都市の発展を語ることはできない。1960年代後半以降、欧米先進国では、かつて繁栄した多くの工業都市や港湾都市が衰退しはじめた。英国のマンチェスター、グラスゴー、リバプール、米国のボストン、ボルチモアがその代表的な都市であり、1970年代半ばのニューヨークの財政破綻も有名である。これらの都市では、既存の工場や港湾が老朽化したり、人口が郊外に流出して中心部が空洞化したり、あるいはインナー・シティが荒廃してスラム化したりして、停滞や衰退に悩むことになった。そこで、その問題を解決して、都市の再生（アーバン・ルネッサンス）を図ることが都市政策の課題となる。そして、アーバン・ルネッサンスの手段となり、目標ともなったのが、都市文化の発展であった。たとえば、ニューヨークでは、舞台芸術やミュージアムを支援することによって、まちの賑いを取り戻すことに成功した。もう1つの成功例は、スペインのビルバオである。疲弊した工業都市ビルバオは、グッゲンハイム美術館の誘致によって、多くの観光客が訪れる文化都市に変身したのである。

　また、EUでは、1985年のアテネ以来、毎年1つ以上の都市を欧州文化首都（European Capital of Culture）として選定する、という文化政策が実施されている。欧州文化首都に選ばれた都市では、多くの文化イベントを開催し

て、観光客を呼びこみつつ、国際交流と地域振興を図ることになる。この政策は、選ばれた都市のイメージ・アップを実現して、ほぼ成功裡に今日まで続けられている（土屋 2012）。わが国でも、後で述べるように、文化の発展をめざす文化政策が重要な役割を果たすようになった。

　経済発展はモノの豊かさをもたらし、文化の発展は心の豊かさをもたらす。経済の発展によってモノが豊かになるにつれて、人びとは、量だけでなく、生活の質（Quality of Life）の向上を求める。経済の発展はまた余暇の増大をもたらすが、心を豊かにする余暇の過ごし方が求められる。これらは文化への欲求となり、文化の発展が重要となる。従って、都市の発展は、経済の発展と文化の発展が両輪となって進むことによって、はじめて実現される。

　しかも、サービス経済化と情報化が進む現代では、経済の発展と文化の発展は独立して進むものではない。経済の発展は文化の発展を可能にし、文化の発展も生活の質向上の過程で経済の発展に寄与する。従って、経済の発展と文化の発展を両立させ、両者のリンケージをはかる都市政策・文化政策が要請される。以下、Ⅰ節ではこの点をよりくわしく説明し、Ⅱ節で日本の文化政策の展開を、Ⅲ節で1つの事例として京都市の文化政策の展開をみることにしよう。

Ⅰ．文化の発展について

1．文化の概念

　ここで、都市における「文化の発展」について、その内容を考察しておこう。まず、文化の概念であるが、文化という言葉は、日本文化、東洋文化、文化交流、文化人、文化祭など、さまざまに使用されている。しかし、それらは、大きく分けて、2つの意味で用いられている。

　1つは、社会の道徳・信仰・法律・風習などから成る生活様式であり、文化人類学者は基本的にこの意味で文化概念を用いている。C.クラックホーンは、文化人類学者の様々な定義を検討した上で、次のように定義している。「文化とは、歴史的に形成された明示的あるいは黙示的な生活様式の体系であり、集団のすべてまたは特定の構成員によって共有されるものである[1]。」

　これに対して、もう1つの意味で用いられるのは、より狭義で、芸術のように人間によって創られた人間にとって価値あるもの、を指している。梅棹忠夫はそれを分かりやすく簡潔に「心の足し」と表現する。「心の足し」となる財・サービスとしては、音楽や美術などのすぐれて芸術的なものだけでなく、マン

ガ、アニメ、落語、漫才などの娯楽的なものを含めてよいであろう。この第2の文化概念の定義は次のようになる。「人間の精神の働きによってつくり出され、人間生活を高めてゆく上の新しい価値を生み出してゆくもの[2]」。

「人間生活を高めてゆく上の新しい価値」を、文化経済学では「文化的価値」と呼び、その内容としては、美的価値、精神的価値、歴史的価値、象徴的価値、本物の価値などが挙げられる[3]。さらに、文化的価値を有する財を「文化的財」（cultural goods）と呼び、文化的財の生産・流通・消費のプロセスを研究することが文化経済学の課題となる。なお、文化的価値を生み出すことは、言いかえれば「文化を創造する」ことに他ならず、創造性（creativity）は文化を考える場合の中心概念である。文化の発展は、この第2の概念を前提にして考えることになる[4]。

2. 文化と経済とのかかわり

文化は、様ざまの面で、経済と関係しているが、その中で最も重要なのは、文化的財は文化的価値をもつだけでなく、一般に経済的価値をもつことである。従って、種々の文化的財の生産・流通は産業として成立し、「文化産業」を構成することになる。もっとも、文化の分野によって、文化的価値と経済的価値の関係は多様であり、芸術（文学、美術、音楽、舞台芸術、写真など）は文化的価値のウエイトの大きい文化産業の例である。これに対して、広告、建築、ファッションなどは経済的価値のウエイトの高い文化産業といってよい。

英国では、文化・メディア・スポーツ省が、「個人の創造性、スキル、才能を源泉として、知的財産権の活用を通じて、富と雇用を創造する可能性を持った産業」を「創造産業」と定義し、13分野（広告、建築、アートとアンティーク、工芸、デザイン、デザイナー・ファッション、映画とビデオ、コンピュータ・ゲーム、音楽、舞台芸術、出版、ソフトウェア、テレビとラジオ）の振興に乗り出している。

また、創造産業よりも狭い「コンテンツ産業」という概念もある。わが国でも、経済産業省は、映画、音楽、漫画・アニメ、コンピュータ・ゲームなどのコンテンツについて、「コンテンツ促進法（コンテンツの創造、保護及び活用の促進に関する法律）」を制定（2004年）して、コンテンツ産業を振興する産業政策を進めている[5]。

文化と経済との関係に関するもう1つの重要な点は、都市における文化産

業、文化施設、文化事業などが都市に及ぼす種々の効果である。これらは、都市のアメニティを高めて、都市の文化環境に良い影響を及ぼすと同時に、集客装置としても機能して、地域での消費活動を促進し、大きな経済効果をもたらすことになる。さらに重要な点は、都市は多種多様な人びとが集う場であり、異質な人びととの情報交換から新しいアイデアが生れる「創造的環境」(creative milieu) が形成され、「創造都市」として発展することが可能になることである。創造都市とは、創造的な文化の営みを基軸として文化と産業の発展をめざす都市であり、わが国では横浜、金沢などが創造都市戦略を採用している[6]。

ところで、文化の中には、文化的価値があるが、商品化は難しく、経済的価値が期待できない分野もある。前衛的・実験的芸術、学術研究、文化遺産などがそうである。したがって、これらの文化については、その文化的価値の維持・発展のために、なんらかの文化政策が要請されることになる。

3. 文化発展の要因

文化の発展をもたらす要因は、大きく次の3つ、文化資源、文化環境、文化政策、に分けて考えることができる。

(1) **文化資源**
 1) ヒト（人的資源）
  ①文化の創造能力をもつプロフェッショナル（芸術家・科学者など）
  ②創造活動を組織・支援するコーディネーターなど
  ③文化の享受能力をもつ市民、ボランティアなど
 2) ストック（文化資本）
  ①ミュージアム、劇場などの文化施設及び有形文化遺産
  ②芸術・芸能・年中行事などの無形文化遺産
  ③文化の活動組織や支援組織及び運営のノウハウ、及び伝統技術

(2) **文化環境**
  ①創造的環境
  ②ソーシャル・キャピタル（まちづくりNPOなど）
  ③文化的な景観

(3) **文化政策**
  国や地方自治体による文化の保護・支援・振興に関する政策（次節）

Ⅱ．わが国における文化政策の展開
1．国の文化政策の展開

　第2次大戦後における文化政策について、まず、国レベルの文化政策の展開をみてみよう。

　戦後の文化政策の柱の1つは、文化遺産の保護である。1950年に「文化財保護法」が制定されて、有形文化財だけでなく、無形文化財も保護の対象となった。その後、同法は、幾度もの改正を経て、現在、有形・無形文化財、民俗文化財、記念物、伝統的建造物群、文化的景観、文化財の保存技術、埋蔵文化財に分類されて、保護対象を拡大しつつ、すぐれた保護制度に発展してきた。都市は「文化の記憶装置」と言われるが、京都市など長い歴史をもつ都市にとって、文化遺産の保護制度は重要な意義をもっている。

　文化政策のもう1つの柱は、文化振興であるが、1968年に文化庁が発足し、芸術文化を中心に、芸術活動の奨励・援助、芸術家の育成、文化施設（国立美術館や国立劇場等）の設置が進められた。1986年には、「国民文化祭」がはじまり、1990年には「芸術文化振興基金」が創設された。さらに、文化庁は1998年に「文化振興マスタープラン－文化立国の実現に向けて」を策定し、文化行政が取組むべき政策として、芸術創造活動の活性化、伝統文化の継承・発展、地域文化・生活文化の振興、文化を支える人材の養成・確保、文化による国際貢献と文化発信、文化発信のための基盤整備を挙げている。そして、文化振興の根拠法として、2001年に「文化芸術振興基本法」が制定された。文化芸術の内容としては、芸術、メディア芸術、伝統芸能、芸能、生活文化、国民娯楽、出版物等、文化財等が例示されている。

　なお、基本理念（第2条）において、「文化芸術の振興に当たっては、文化芸術活動を行う者の自主性・創造性が十分に尊重されねばならない」とし、さらに「文化芸術を創造し、享受することが人々の生まれながらの権利である」と明記していることに注目しておこう。

　地域文化の振興については、基本理念の中で、「地域の人々により主体的に文化芸術活動が行われるよう配慮するとともに、各地域の歴史、風土等を反映した特色のある文化芸術の発展が図られねばならない」と述べている。その上で、第4条に「地方公共団体は、基本理念にのっとり、文化芸術の振興に関し、国との連携を図りつつ、自主的かつ主体的に、その地域の特性に応じた施策を策定し、及び実施する責務を有する」と述べ、地域文化の振興は、地方公共

団体の責任とした[7]。

2. 地域（都市）における文化政策

地域における文化政策の展開には、2つの流れがある。1つは、歴史的な町並み保全の運動で、1960年代後半の南木曾の妻籠の歴史的町並み保存と地域再生の取り組みが先駆となり、奈良県今井町、愛知県足助町、埼玉県川越市がこれに続いて、歴史文化のまちづくりとして全国に拡がり、さらに、「文化によるまちづくり」という大きな流れとなっている。

もう1つの流れは、1972年に大阪府が設置した「大阪文化振興研究会」に始まる。とくに、この研究会で梅棹忠夫が提唱した「文化ディスチャージ論－教育は充電、文化は放電」は大きな影響を及ぼすことになった。1978年には、畑和埼玉県知事が「行政の文化化」、長州一二神奈川県知事が「地方の時代」、1980年には、大平首相の私的研究会が「文化の時代」を提唱して、文化政策の重要性が広く認識され、多くの地方自治体が「文化振興条例」を制定することになる。釧路市（1975）が最初で、1980年代に入って、秋田市、東京都、津市、横須賀市、安土町とつづく。とくに、「文化芸術振興基本法」制定後に急増し、吉田隆之（2012）の研究によれば、2012年1月1日現在で、105自治体が文化条例を制定している。このうち大部分の自治体は、文化条例の対象領域については基本法を継承しているが、なかには大阪府のように、上方演芸、スポーツ文化、学術文化を加えているところもある[8]。

Ⅲ．事例－京都市における文化政策の展開

京都は、明治維新以降、一方では近代化（文明開化）の推進、他方では伝統文化の保存・継承、という2つの課題を背負って歩みはじめた。近代化を代表するのは、琵琶湖疎水・市電網などの都市インフラの建設、文化面では番組小学校（日本初）の開設（1869年）と三高・京都帝国大学の誘致である。伝統文化の継承を代表するのは、京都府画学校の設立（1880年）や古社寺保存法（1897年）制定への運動である。

第2次大戦後も、基本的にはこの構造に変化はなく、2つの課題を同時に追求しつつ、より高度な文化都市を目指す文化政策が実施されることとなる[9]。戦後、最初に重要な役割を果たしたのは、高山義三市長であった。戦災を免れた京都は、ゆたかな文化遺産を生かして文化観光都市を目指し、1950年に「京

都国際文化観光都市建設法」の制定に成功する。この年の2月に就任した高山市長（1950～1966年）は、次々と新しい文化政策の手を打っていった。この年の4月に京都市立美術大学（京都府画学校の発展したもの）の開学、5月に第1回「京都薪能」の開催、1952年に京都市立音楽短期大学を開校、1956年に、日本最初の公立オーケストラ「京都市交響楽団」が発足、1960年には劇場「京都会館」が完成した。高山市長は「国立国際会館」の誘致にも尽力し、退任直後の1966年5月にオープン、初代館長に就任した。この間、1958年には、文化行政を教育委員会から独立させて、文化局が設置されており、京都市の文化政策推進の基本的な形が出来上がった。

その後の文化政策の展開において最も重要なのは、1978年の「世界文化自由都市宣言」である。

「世界文化自由都市とは、全世界のひとびとが、人類、宗教、社会体制の相違を超えて、平和のうちに、ここに自由につどい、自由な文化交流を行う都市をいうのである。京都市は、……広く世界と文化的に交わることによって、優れた文化を創造し続ける永久に新しい文化都市でなければならない。……」
宣言はこのように、京都が目指すべき都市の理想像を提示して、以後今日まで、この宣言は京都市の都市政策の基本理念となった。

この後、1980年代から90年代にかけて、高次の専門的な文化施設の整備が強力に進められていく。美術専門高校(1980)、社会教育総合センター(1981)、歴史資料館（1982）、国際交流会館（1989）、5つの地域文化会館、京都コンサートホール（1995）、みやこめっせ京都市勧業館（1997）が開設された。

また、文化遺産保護についても、大きな進展があった。伝統建造物群保存地区条例（1976）が制定されて、上賀茂社家町、産寧坂、祇園新橋、嵯峨鳥居本などが指定される。京都市埋蔵文化財研究所（1976）、考古資料館（1979）が発足。文化財保護条例(1981)の制定と続く。1994年に、「古都京都の文化財」（金閣寺など17カ所）がユネスコの世界文化遺産に登録され、建都1200年を記念するトピックとなった。さらに、2009年には、「祇園祭の山鉾行事」がユネスコの無形文化遺産に登録された。

他方、文化芸術振興についても、いろいろの努力がなされてきた。1996年に、「京都市芸術文化振興計画―文化首都の中核をめざして」が策定されている。この計画をうけて、2000年に開設されたのが、「京都芸術センター」である。同センターは、芸術活動の支援・情報・交流センターの3機能を果たしつつ、

まちづくりにも貢献している。また、2006年には、「京都国際マンガミュージアム」が開館した。

　国の「文化芸術振興基本法」(2001)の制定により、京都市でも、2006年に「京都文化芸術創生条例」が制定された。条例にもとづいて、翌年には「京都文化芸術創生計画」が策定され、文化の継承・創造に関する人材育成、創造環境の整備、文化芸術と社会の出会いの促進、を3重要施策群として、今日、種々の取組みが行われている。なお、近年、京都の「町家」を中心とする文化的な景観が、オフィスビルやマンションの乱立によって失われつつあるが、京都市は新景観政策（2006）を施行して、歯止めをかけようとしている[9)10)]。

【注】
1) 祖父江孝男 (1974)『文化人類学入門』第2章、参照。
2) 梅棹 (1973) は次のように述べている。「人類史のながいながれの中で、一番はじめに出てくるいとなみは「腹の足し」になることです。…二番目にでてくるのが「体の足し」になること、…これがつまり工業化ということです。三番目にでてくるのが「心の足し」。これが文化という概念でとらえようとしているものでしょう。」なお、本文の定義は、『日本国語大辞典』(小学館)の表現にもとづいている。山田 (2002) 参照。
3) スロスビー (訳2002) を参照。スロスビーは、「文化的価値」概念を導入して、文化経済学を体系化した (山田2005)。
4) この文化の主要な分野として、芸術文化、学術文化、生活文化、スポーツ文化、デザイン文化 (ファッション・建築など)、観光文化、歴史文化などが挙げられる。
5) 後藤 (2013) 序章、河島 (2009) 参照。なお、コンテンツ促進法第2条で、コンテンツは「映画、音楽、演劇、マンガ、アニメーション、コンピュータ・ゲーム、その他の文字、図形、色彩、音声、動作若しくは映像若しくはこれらを組み合わせたもの、又はこれらに係る情報を電子計算機を介して提供するためのプログラムであって、人間の創造的活動によって生み出されるもののうち、教養又は娯楽の範囲に属するもの」と定義されている。
6) 佐々木 (1997, 2001)、塩沢・小長谷 (2007)、フロリダ (訳2010) 参照。
7) 小林 (2004)、根木 (2001) 参照。
8) 中川 (2001)、吉田 (2012) 参照。
9) 本節は、京都市文化政策史研究会 (2012)、疋田・槙田 (2007)、松本 (2011) 参照。
10) 新景観政策は、伝統的な建造物・町並みの保全・再生、都心部の高さ制限強化、眺望景観の保全などを内容としている。また、市民参加による地域文化財の発掘・保全を進めるため、2011 (平成23) 年より「京都を彩る建物や庭園」制度が発足している。

【参考文献】
池上惇・植木浩・福原義春編 (1998)『文化経済学』有斐閣。
池上惇・山田浩之編 (1993)『文化経済学を学ぶ人のために』世界思想社。
梅棹忠夫 (1973)「文化開発の課題と方法」(大阪文化振興研究会編『大阪の文化を考える』創元社)。
河島伸子 (2009)『コンテンツ産業論』ミネルヴァ書房。
京都市文化政策史研究会編著 (2012)『京都の文化と市政』山代印刷株式会社出版部。
後藤和子編 (2001)『文化政策学』有斐閣。
後藤和子 (2005)『文化と都市の公共政策』有斐閣。
後藤和子 (2013)『クリエイティブ産業の経済学』有斐閣。

小長谷一之（2005）『都市経済再生のまちづくり』古今書院。
小林真理（2004）『文化権確立に向けて』勁草書房。
佐々木雅幸（1997）『創造都市の経済学』勁草書房。
佐々木雅幸（2001）『創造都市への挑戦』岩波書店。
塩沢由典・小長谷一之編（2007）『創造都市への戦略』晃洋書房。
土屋朋子（2012）「EUの文化政策にみる地域振興」『文化政策研究』第6号。
中川幾郎（2001）『分権時代の自治体文化政策』勁草書房。
根木昭（2001）『日本の文化政策』勁草書房。
疋田正博・槙田盤（2007）「文化行政」（村上弘ほか編『京都市政 公共経営と政策研究』法律文化社）。
松本茂章（2011）『官民協働の文化政策』水曜社。
山田浩之（2002）「文化産業論序説」『文化経済学』第3巻2号。
山田浩之（2005）「公立文化施設と文化経済学」『月刊自治研』第47巻550号。
吉田隆之（2012）「各自治体の文化条例の比較考察」『文化政策研究』第6号。
Florida, Richard(2005) ,"Cities and Creative Class", Routledge（小長谷一之訳(2010)『クリエイティブ都市経済論』日本評論社）。
Throsby, David（2001）,"Economics and Culture", Cambridge University Press（中谷武雄・後藤和子監訳（2002）『文化経済学入門』日本経済新聞社）。

第20章

都市と観光

淡野　明彦

I．都市における観光の認識

　都市は政治、工業、商業、交通、文化など多様な機能を有しており、これらの諸機能が複雑に絡み合って種々の形態の都市が形成されている。観光も都市の機能としてとらえられてきたが、工業や商業ほど際立って注目されてはこなかった[1]。

　1970年代後半から欧米の大都市では、都市政策の重要な課題として、観光に注目される気運が生じた。この背景には、1970年代にイギリスでは大都市において工業を中心とした産業活動が停滞し、高い失業率の発生、貧困、建物の老朽化などが深刻なものとなり、いわゆるインナーシティ問題の顕在化があり、この傾向は先進国の大都市へと波及していった。こうした状況のなかで都市の経済的および環境の再生の拍車として、都市における観光が注目されるようになった。

　ロンドンのサウスバンクにおける再開発は、退廃した地区を蘇らせる手段として観光に重点をおいた発展をめざした事例として注目されるものであった[2]。1980年代の後半においてこの地区の土地や建物の賃貸料に目をつけた芸術家などが集まるようになり、1994年に古い発電所が現代美術のコレクション用のギャラリーとして蘇ったことが、サウスバンクの大きな転機となった。かつての倉庫跡にはレストランや食材店が並び、デザイン・ミュージアム、ティー・コーヒーミュージアムが建てられた。こうした動きに加えて、ロンドン市は「ミレニアム・プロジェクト」の一環として、地区の整備に着手し、両岸を結ぶ歩行者専用の橋（ミレニアム・ブリッジ）を建設し、「ロンドン・アイ」と名付けられた高さ135mの観覧車、その下部には世界の海洋環境を再現したロンドン水族館などの新規の観光施設を開設した。古い建物の再現も行われ、木造の野外劇場であったシェークスピア・グローブ・シアターを400年前の様式で再

現し、ロンドン最古の市場であったバロー・マーケットが復活された。商業や文化関係の建物だけではなく、このプロジェクトを象徴する建物として大ロンドンの行政を掌握する庁舎としてシティホールが建てられた。

　サウスバンク再開発は、都市の再開発事業に「古き良きロンドンの復活」というテーマ性をもたせ、退廃した地区を、イギリスの歴史および文化の継承の場として、同時にロンドンの新しい観光の拠点として蘇らせた。

II．都市における観光の構造

　「観光」とは一般的には「自己の自由時間（余暇）の中で、鑑賞、知識、体験、参加、精神の鼓舞等生活の変化を求める人間の基本的欲求を充足するための行為（レクリエーション）のうち、日常生活圏を離れて異なった自然・文化等の環境の下で行おうとする一連の行動」（内閣府1969『観光政策審議会答申』）と定義されている。また、国の政策レベルでは観光の意義について4点があげられている[3]。

　観光が成立するためには、まず観光対象となる物件の存在が必要であり、既存の自然的および人文的物件が観光対象として評価され観光資源となったものと、当初より観光目的のために新しく人為的に設けられたものに大別できる。前者では自然的な物件としては山岳、海浜などの地形、森林などの植生、動物生態などがあり、後者では有形のものとして社寺、史跡、城郭・城跡、近代的な建築、産業施設・設備などがあり、無形のものとしては祭礼や伝統的な芸術や芸能などがある。ことに都市においては都市としての機能を担うための種々な物件が存在し、それらが人々には好奇の対象としてとらえられ、本来の機能に加えて観光対象として評価される。東京都を例としてみれば、行政面での国会議事堂や東京都庁などの官公庁、業務面での新宿高層ビル群、六本木ヒルズ、など、交通面での東京駅などがあり、これらを周遊する定期遊覧バスが運行されている。

　当初から観光目的として設置された施設として、遊園地、動物園、植物園、博物館、美術館、テーマパークと称される大型観光施設がある。日本では1983（昭和58）年に開業した東京ディズニーランド（TDL）が引き金となって、全国的にテーマパークが急速に建設された。大阪においてもハリウッド映画の世界を体験できるユニバーサル・スタジオ・ジャパン（USJ）が2001（平成13）年にオープンした。

これらの観光対象に多くの人々が訪れるには、道路、鉄道、空港、港湾などの大量で迅速な移動を容易にする交通手段、宿泊や飲食のための施設、電気・ガスなどのエネルギー供給、上下水道、通信といったインフラ・ストラクチャーの整備が表裏一体でなければならない。

また、観光は産業としての熟度が浅いために、経営や管理に対する組織化は不可欠である（図1）。

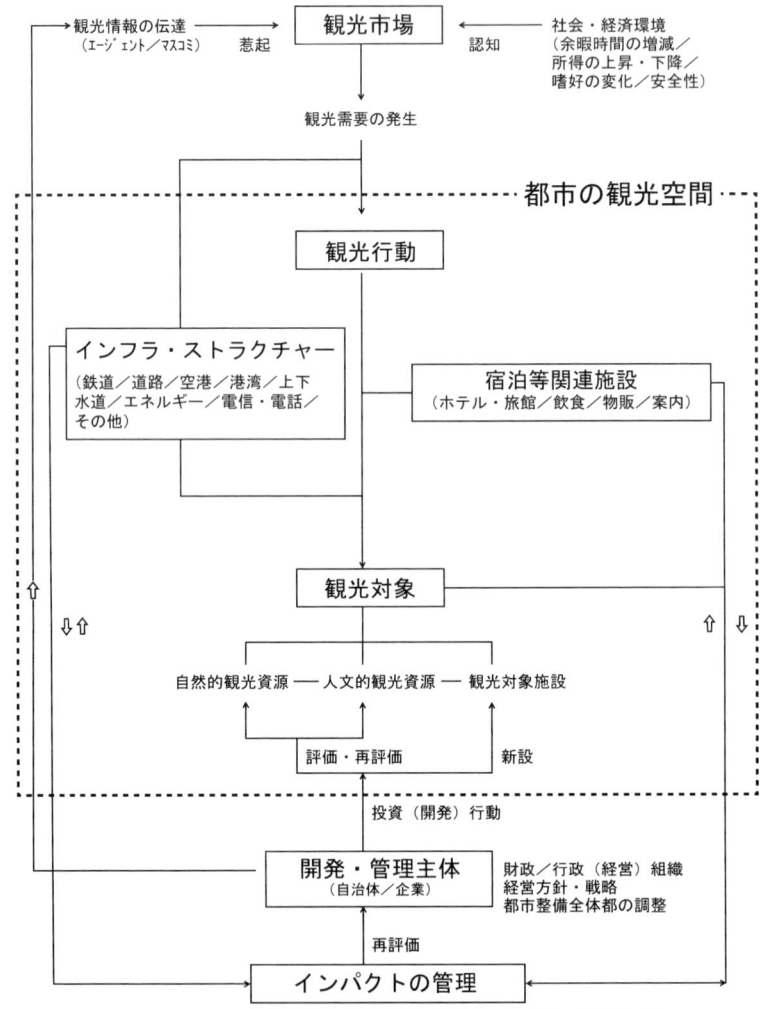

図1　都市における観光の構造（筆者原図）

III．東京都における観光振興プラン

　日本でも、多くの都市において「観光の振興」を重要な政策・課題として掲げるようになったが、その先進的かつ卓抜的な事例として評価できる東京都のプランを取り上げる。

　東京都は観光を「多くの産業に経済波及効果をもたらし、飛躍的な成長が見込まれる産業」と位置付け、この視点に立った最初の計画として2001年11月に「東京都観光産業振興プラン」を策定した。このプランは、それまで都が、観光を都民のレクリエーションとしてとらえ、国内外からの旅行者を誘致する視点に欠けていた点を見直し、「千客万来の世界都市・東京」を目指して、本格的な外国人旅行者誘致など、観光産業振興に向けた取り組みを大きく進める契機となるものであった[4]。

　さらに、2007年3月に同プランを改訂し、「活力と風格ある世界都市・東京」を目指して外国人旅行者誘致だけでなく、観光まちづくりや水辺空間の魅力向上など、地域における取り組みにも目を向けつつ、同プランに引き続き「東京の魅力を世界に発信」、「観光資源の開発」、「受入体制の整備」という3つの柱に沿った施策を展開している[5]。

IV．観光を通じた都市の創生

　都市における観光の振興は、東京都のプランにみられるように、単に観光そのものによる直接的な経済効果に期待するだけではなく、観光を通じた都市の創生ともいうべき壮大な課題を有し、国際理解の増進、環境保全、文化振興などの意義をも担っているのである（図2）。

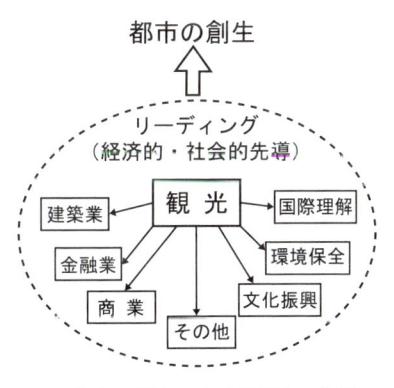

図2　都市の創生における観光の位置づけ（筆者原図）

【注】
1) 都市における観光の先駆的な研究者によれば、Law（1993）は「都市はこれまで多くの関心を集めてきた。都市における生活や機能的側面はほぼ全域にわたって記述され、評価されてきたが、観光は全くその対象外であった」と述べており、また Page（1995）は「都市計画者や商業者、地方自治体はめったに観光を都市経済の中の重要な要素であると考えず、むしろ都市の機能の仕方の附属品として、観光を季節的あるいは一時的な現象であると考えている」、「都市における観光に関するリサーチが無視されているために、公的機関は都市における観光を理解するための詳細なリサーチに対する必要性を検討してこなかった」と指摘している。

2) ロンドンのテムズ川両岸は紀元43年にローマ人の居住地として開発された。時代を経て、波止場や倉庫が建てられ、道路が放射状に作られ、ロンドンにおける重要な河港として発展した。ノースバンク（左岸）には国会議事堂、「ビッグ・ベン」と呼ばれる時計塔、ウエストミンスター寺院、外務省などの官庁街があり、国政の中心として、またロンドン観光のメッカとなっている。一方、サウスバンクはシェークスピアが最初に彼の作品を上演した場所として、またディケンズが彼の小説の題材とした場所として知られていた。サウスバンクには産業革命期には海外貿易の拡大により多くの倉庫が建設され、また新しい技術による製粉や酢などの食品やガラスの工場が立地し、イギリス貿易の繁栄の先端となった。しかし、もともと湿地であり、下水道が未整備であったことなどから、コレラなどの病気が多発し、スラム街も発生するようになった。20世紀に入ると、ピーク時に約13万人あった人口は、郊外の新しい公営住宅への移動により次第に減少をきたしていた。さらに第一次世界大戦では多数の死者と建物の損壊をみた。1960年代になると、河床の浅さや施設の不備により増加するコンテナ船に対応できる港湾としての機能が果たせなくなり、衰退の一途をたどった。

3) 国の政策レベルでは観光の意義についてはつぎのようにまとめられている（『観光政策審議会答申』2000）。
①人々にとっては、ゆとりとうるおいのある生活に寄与し、地域の歴史や文化を学ぶ機会を提供する。
②地域にとっては、魅力ある地域づくりを通じ、住民の誇りと生きがいの基盤の形成に寄与する。
③国際社会にとっては、国際相互理解の増進、国際平和へ貢献する。
④国民経済にとっては、大きな経済効果を有している。

4) 2001年からの観光産業振興に向けての本格的な取り組みの成果として、都の調査によれば東京を訪れた外国人旅行者の数は、2001年の年間約270万人と比べて、2010年には約600万人と2倍以上に増加し、その経済波及効果も約4.5兆円から約9.8兆円に達し、また国内からの旅行者も2004年の約3.7億人から約4.6億人と過去最多となった。

5) こうした取り組み等により観光の位置付けは大きく変化するとともに、東京を訪れた外国人旅行者（訪都外国人旅行者）の数も、最初のプランを策定した2001年においては約267万人に過ぎなかったものが、2010年には約594万人と過去最高の数値となり、約10年の間に、2倍を超える大幅な増加となった。また、日本人の国内旅行についても、2010年に東京を訪れた旅行者（訪都国内旅行者）は約4.6億人に達し、これも過去最高となっている。

【参考文献】

東京都（2013）「東京都観光産業振興プラン　世界の観光ブランド都市・東京を目指して」東京都.

クリストファー・ロー著、内藤嘉昭訳（1997）『アーバン・ツーリズム』近代文芸社.
　Christopher M.Law (1993). "Urban Tourism-Attracting Visitors to Large" London., Mansell.

淡野明彦（2004）『アーバンツーリズム－都市観光論－』古今書院.

Page,S. (1995) "Urban Tourism" London and New York.Routledge

第21章

医療・福祉とまちづくり

辻本 千春・森本 静香・福井 美知子

　現在、世界的なメディカル・ツーリズムの隆盛とともに、都市の機能として観光とともに「医療・福祉」が重要となっている。また、町のコンビニがデイケアセンターに代わり、オフィスや住宅が特養やグループホームに代わる流れとなっていることからもわかるように、これまでは、都市は、若者や壮年のためのSCやオフィス・工場が中心であったが、これからは、医療・福祉施設を中心とした都市構造／都市政策を無視することができなくなっている。

　そこで本章では、医療を中心とした都市構造、高齢者福祉施設と空間・地域ネットワークづくりの方向性、高齢者を組み込んで成功するまちづくりについて考える。

I．医療と都市構造－世界的なメディカル・ツーリズム都市バンコクを例とする

　医療機関の発達した都市において、都市構造との関係をみる上で、アジア第4の観光都市であり、アジア第1のメディカル・ツーリズム（医療観光）都市であるバンコクを例にとって説明する。

1. なぜアジア、特にタイで、メディカルツーリズム（医療観光）が盛んになったのか？

（1）アジア全体の要因

　アジア地域において、メディカル・ツーリズムが、急速に発展したベースとなる理由として、第1に言語つまり英語がある。欧米の植民地や統制下にあった国が多く、英語が不自由なく通じることが大きい。シンガポール、マレーシア、インド、フィリピンなどである。第2に医療技術が進んでいることである。アジアの多くの医師、看護師、技術者が、欧米で先進医療技術を学んで帰国し

て母国で医療に従事していた。第3はコストである。物価が安く、そのため医療コストも先進国に比べて割安であった。これらのアジアの環境のもとで、さらに次の2件の歴史的事件によりメディカル・ツーリズムが急速に発展した（以下、辻本2010、2011aを参照する）と考えられる。

(2) 2つの歴史的事件

① 1997年のアジア通貨危機：1997年に、通貨危機がアジアを襲い、大打撃を受けた。外国人投資家を引き付けるためと医療サービスを輸出するために、官民がメディカル・ツーリズムに力を入れ始めた。

② 2001年9.11テロ事件（ニューヨーク）：2001年の9.11事件以降、米国の入国審査が非常に厳しくなり、多くの外国人が、手術・治療のために米国へ行くことができなくなり、中東イスラム諸国の富裕層は、行き場を失い、東南アジアに治療先を求めてシフトした。まずシンガポールが、この動きを察知して先陣を切り、つぎにタイが、メディカル・ツーリズムに本格的に乗り出した。タイの国際患者受け入れ数は2003年の国際患者は大幅に増えて97万3532人となり、2002年の62万9960人と比べて約34万人も増えている。

(3) タイモデル＝拡張ダイヤモンド・モデル

さらにタイでは、メディカル・ツーリズム産業は、通常のマイケル・ポーターのダイヤモンド・モデルの4つの条件の「①要素条件」「②需要条件」「③関連産業・支援産業」「④企業戦略・構造・競合関係」をみたすだけでなく、他のアジア諸国に優れた、スパ産業の存在（「移行（前段階）産業条件」）と、タイ固有のホスピタリティ（「文化的背景条件」）があり、これらが効果的に作用した。辻本（2010、2011a）ではこれらをあわせて6条件の「拡張ダイヤモンド・モデル」とした。

2. バンコクの都市構造と都市観光マーケティング

タイはアジア4位、世界17位の観光大国であり、その観光客の70％は、バンコクを観光するといわれている。バンコクの観光は地域に大きく分けると、王宮周辺、CBD地区を中心とする地区、バンコク郊外（以下、説明は略）、に大きく分かれる（以下、辻本2011bによる）。

1）王宮周辺：バンコクの中心でもあった王宮周辺には観光サイトが集積している。王宮、ワット・プラ・ケオ（エメラルド寺院）、ワット・ポー（涅槃寺）、ワット・アルン（暁の寺）、国立博物館、国立美術館、国立劇場などである。

2）CBDを中心とする地区：この地区は、大きく、シーロム通り周辺、サイアムスクエア周辺、スクンビット通り周辺に分かれる。シーロム通りは、昼はビジネス街であるが、夜になると大歓楽街に変身する。多くのカフェやレストランが集積しており、ホテルも多く存在する。サイアムスクエア周辺は多くの若者が集まる副都心的存在で、流行の発信地である。大型ショッピングセンターや百貨店が集まっている。スクンビット通りは、バンコク在住の外国人が多く集まる国際色豊かなエリアで、大通りに沿った多くのソイ（通り）に、特徴のあるレストランやショップが集まっている。

3. バンコクにおけるメディカル・ツーリズム医療機関

（1）概観

バンコクには、40の公立病院と100を超える私立病院がある。これらの病院の設立年度は、図1・表1の5番のシリラート病院が最も古く、タイの最初の病院として設立されている。そのあとに、9番のバンコク・ナース・ホスピタルが1898年に、1番のチュラロンコン病院が1914年に設立されている。これら病院は、いずれも、初期のバンコクの城壁を取り囲むように立っているところが興味深い。私立病院は、1960年代の後半から1990年代にかけてバンコク経済の伸長が激しい時期に設立されている。

①**公立病院**：タイでは公立病院のランクが高く、王室の病院は、王宮の近くにある「シリラート病院」（国立マヒドン大学の付属病院）である。また、一般のタイ人が通う病院も公立（あるいは大学付属）病院である。表1、図1の1番から5番の公立病院は、王宮を取り囲むように立地する。

②**私立病院**：これに対し、都市医療観光（メディカルツーリズム）の中心をなすJCI認定を取得している新興の新しい大きな私立病院は、患者層が富裕層または外国人が多いため、公共機関より自動車で移動するのに便利な、少し離れた場所にあるケースが多い。

図1 バンコクの構造　菱形の1、2番号がそれぞれラーマ1世時のバンコクの境界線で1が「バーンランプー・オーアーン運河」、2が「パドゥン・クルンカーセム運河」である。丸番号が表1の番号とリンクしている。四角番号は国公立病院である。出典：辻本（2011b）

表1　バンコクの総合病院一覧

		タイ国内認定	JCI認定（取得日）
	公立/大学病院		
1	チュラロンコン	●	
2	ラードシン	●	
3	ラージャウイティー	●	
4	ラマティボティ	●	
5	シリラート	●	
	私立病院		
6	バムルンラード・インターナショナル	●	●2002年2月
7	バンコク・クリスチャン		
8	バンコク・ホスピタル	●	●2007年6月
9	バンコク・ナース・ホスピタルBNH		●2009年5月
10	カセームラード	●	
11	パオロ記念	●	
12	パヤタイ2	●	
13	ピヤウェート		
14	ラマ9世	●	●2010年11月
15	ラムカムヘン		●2010年8月
16	サミティビエート	●	●2007年1月
17	セント・ルイス	●	
18	テープタリン・ジェネラル		
19	ウェートタニ	●	●2010年3月
20	ウィパワディー		

（注）タイ認定2008年12月時点、JCI認定2010年12月現在

出典：辻本（2011b）

図2 バンコクの外国人が多い居住区　A：シーロム・サトーン地区、B：サイアムスクエア周辺地区、C：スクンビット地区。出典：辻本（2011b）

II．高齢者福祉のまちづくりの成功例－都市内での福祉ネットワークの構築

1．高齢者福祉の流れ－施設化→家庭化→社会化

　日本の高齢者介護の歴史は「宗教家・慈善事業家」時代、「救護」時代、「措置」時代をへて、戦後1963年に成立した「老人福祉法」より本格的な「施設化」時代となり、1970年代半ば頃までは「施設」や制度に重点が置かれていたといわれている（以下、森本2013）。

　しかし、1970年代半ば以降は、住みなれた地域の中での生活を支援するという観点から「住宅福祉」が重要であるとの認識が高まり、介護「家庭化」時代（1970年代後半～1990年）を迎え、1980年代の「在宅介護サービスの3本柱（デイサービス、ショートステイ、ホームヘルプ）」の整備、1990年代の「ゴールドプラン」と「介護保険法」の成立となった。

　2000年の「介護保険制度」以降、高齢者介護の「社会化」の時代を迎えたが、この時期の「介護の社会化」というのは、「特別養護老人ホーム（特養）」の供給不足の解消等から、従来は公益法人にしか認められていなかった有料老人ホームへの株式会社の参入の解禁により、介護サービスの担い手を、民間の

企業にも任せるといった、高齢者介護の「企業化」の時代に等しいといえる。
　その後第2次「家庭化」時代（施設総量規制2000年代後半）、「住まい化」時代（「サービス付き高齢者向け住宅2010年代～」を迎えるが、2012年の「介護保険法」の一部改正以降、新たな「社会化」時代が模索されている。しかしながら上記のような「社会化」が完全に成功しているとはいえず、「社会化」がいかにすればうまく実現するのかが課題となっている。

2. 高齢者介護サービスの分類論

　大きく時間・空間分類としてA「訪問型」、B「通所型（デイサービス）」、C「短期入所型（ショートステイ）」、D「施設型」である。

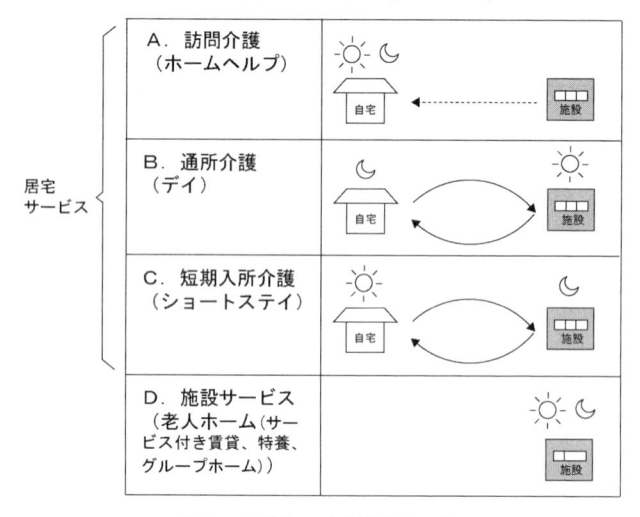

図3　高齢者の時空間移動分類

3. 高齢者介護のライフサイクル構造図

　また、介護様態のプロセス類型から3パターンの移動の構造図を図4のように作り、パターン①「居宅パターン」、パターン②「介護度低め（特定施設）入居パターン」、パターン③「介護度高め（介護保険3施設＋認知症施設）入居パターン」を発見した。

　このような観点から3つの高齢者介護施設の成功事例（「地域密着型サービス」）を調査した。【事例1】京都市「板橋の町家ほっこり」は「認知症対応型通所介護（類型B）」「小規模多機能型居宅支援事業所（類型A＋B＋C）」を併設している。IT環境をいかした情報発信と、施設を地域に開放したことで、

第 21 章　医療・福祉とまちづくり　193

【老人介護の３線構造】

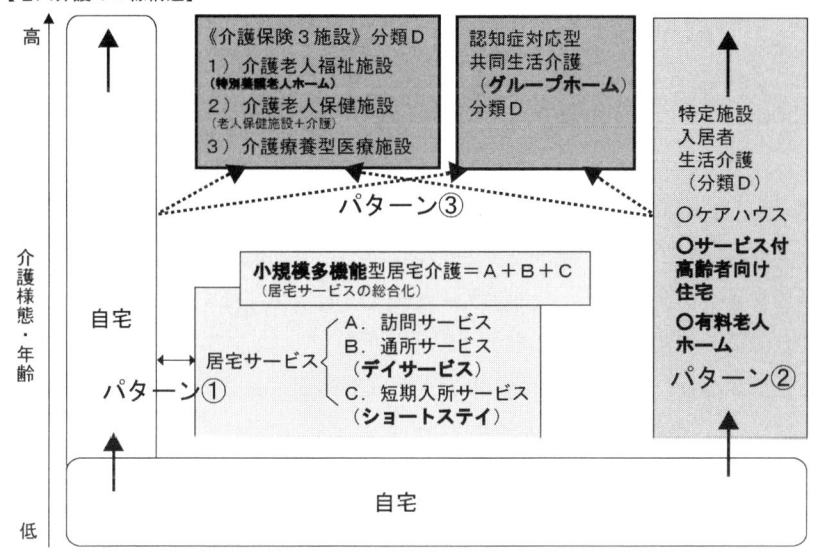

図4　高齢者介護の３線構造図（森本 2013 による）

新しいネットワークを広げ成功している。【事例2】京都市「松原のぞみの郷」は「小規模多機能型居宅支援事業所（類型 A ＋ B ＋ C）」である。参加型機関誌、家族を含めた旅行などの努力で、施設の地域への開放などを通じ、現家族ばかりか元家族（OB・OG）との関係性も強力で、家族・職員・元職員・地域住民・ボランティアなども巻き込んだ広範なネットワークを形成している。【事例3】京都府「ちくりんえん」は「認知症対応型共同生活介護（類型 D）」で「くま五郎の家」は「認知症対応型通所介護（類型 B）」である。ここは、施設外の活発な取り組みに特徴があり、認知症介護支援について学習の場の創出＝市民学習勉強会「認知症介護支援者教室」や、認知症相談窓口として「シルバー 110 番（24 時間体制）」を設置、「シルバー 110 番」の「研修制度」を設け、研修の修了者は「地域委員」として「S − 110 の家」を開設し、地域の認知症相談支援窓口となるという学習と支援の連鎖を構築している点が優れている。

　このように高齢者介護には「自主的な個人ボランティア」や「元利用者（OB・OG）の家族」の新しい紐帯の連鎖こそ重要で、「介護の新しい社会化」には欠かすことができないことが分かった。これを「介縁」モデルとした。「介縁」は、「信頼関係」「Win − Win 関係」「開放性」などの特徴をそなえたネットワークであるので、「成功するまちづくり型」のソーシャル・キャピタルに類似す

る。ソーシャル・キャピタル分類論からみると介縁モデルは、Bo 型（コミュニティ）・Br 型（新しいネットワーク）が複雑にからみあった新しいタイプの「Bo + Br 複合型」といえる（森本 2013）（以下、図 5）。

　これまでの国と利用者だけの介護制度を二重構造とすると、現在、一般的にいわれている「高齢者介護の社会化」とは「介護保険制度」として制度的にサービスを企業・市場に任せたものにとどまり「介護の企業化」にすぎない。しかし森本（2013）では、現在先進的な活動をし、成功している高齢者介護サービス事業所を調査していると、高齢者介護の取り巻く環境が変化し「介縁」による紐帯から結びつけられた人々を含んだ構造となっていることを発見した。そうしたことから「介縁」からなる「新三重構造」が望ましいのではないかと思われる。「高齢者介護の新たな社会化」とは、「介護」というキーワードとの縁による紐帯「介縁」によって結び付く人々（地域住民、近隣住民、ボランティア、NPO 団体、以前介護サービスを利用していた高齢者の家族、その他直接介護と関わりのなかった人など）も含め、介護を通して「介縁」の結びつきを、創造・形成し、拡大して広がりをみせ、ネットワークを作ることである。

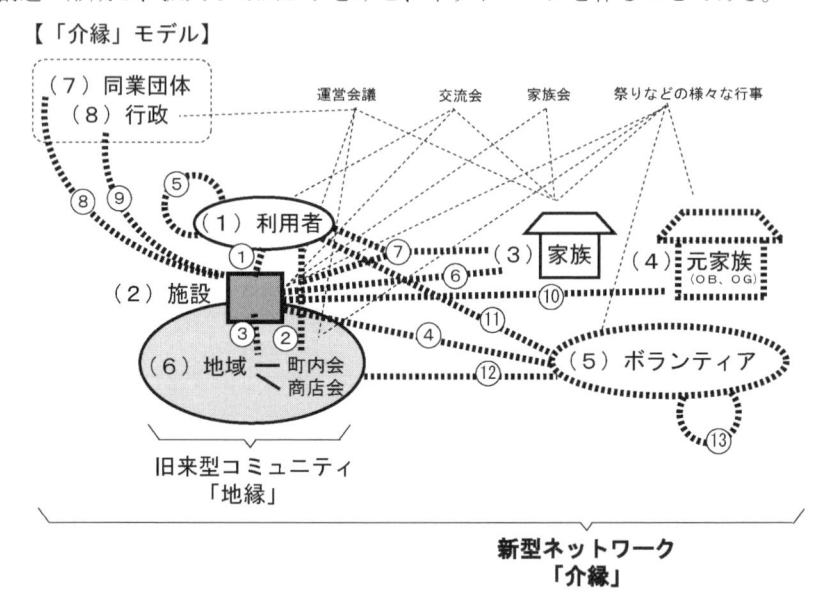

図 5　新しいタイプの結びつき（森本 2013 による）

III. 高齢者をくみこんだまちづくりの成功例－社会的サポートの授受システムの構築

　高齢化社会の進展により「まちづくり」で「高齢者福祉」が重要となっている。一方、逆に「高齢者福祉」においても、地域での生活が大切であることから「まちづくり」が重要になってきている。両者は互いに結びついており、これからの時代「広義の高齢者福祉のまちづくり」が重要になってくるということになる。しかし、「高齢者福祉のまちづくり」が成功といえる段階にいたるものは少ない。そこで本章では、①滋賀県大津市、②同長浜市、③栃木県茂木町、④山口県山口市・防府市、等の 4 つの成功事例を紹介しておく（以下、福井 2010）。①滋賀県大津市の「町のオアシス」はボランティア団体で、公的補助や自己資金で公益的な活動を行って介護予防的効果をあげ、周辺に福祉拠点もできた。②長浜市の「プラチナプラザ」では、高齢者が自主的に運営する店舗がまちづくりに大きな効果を持った。③栃木県茂木町の「民宿たばた」では、高齢者の生活の知恵やスキルを提供することで地域づくりに成功した。④山口県山口市と防府市の「夢のみずうみ村」では、介護保険施設ではあるが利用者が自発的に活動し健康づくりに結び付いている（介護度が下がる）。

　このように、筆者の長年たずさわってきた大津の事例の経験をもとに、高齢者を組み込んだまちづくり・地域づくりの例も多数分析した結果、成功しているプロジェクトにおいては、共通にみられる特徴として、福祉では通例の「周囲からの高齢者への援助」にくわえて、「高齢者から周囲へのはたらきかけ」が活発に存在し、相互的（reciprocical）になっている構造があることがわかった（福井 2010）。それは、社会福祉学や福祉政策論などで注目されだした「ソーシャル・サポートの授受（SSR：Social Support Reciprocity）」という概念に近いものである。もちろんこうした概念は、これまでまちづくり・地域政策でとりあげられたことはない。しかし、今後まちづくりの中でこのようなソフトなシステムの設計が重要になると考えられる。「ソーシャル・サポートの授受の理論《＝「人から支援をうける（受）」だけでなく、「人に支援をする（授）」、その両方をもっている人が一番 QOL（＝生活の質）が高い》」などの視点から、高齢社会における持続可能な「生きがい創出型まちづくり」が成功するメカニズムについて、SSR のある環境づくりがその鍵となっている。すなわち、高齢者を組み込んだまちづくり・地域づくりで成功している 4 つの例を分析した結果、(1) すべての事例で、ソーシャル・サポートの授受（SSR）のメカ

ズムを巧みに組み込んでおり、(2) 高齢者への役割の付与により、人生の現役としての自己・過去肯定感・主観的幸福感が生まれていることが明らかである。**(3) その組み込み方としては、「地域文化などを活かした高齢者独自の知恵の伝達」や「まちづくりへの参加・貢献意識」「自立主義による介護の改善、生活の質の向上」などが鍵となっている。**したがって、今後、高齢者を組み込

SSR（Social-Support Reciprocity）の図
（町のオアシス）

定義
老J（常連さん）
老S（スタッフ高齢者）　中S（オアシススタッフ）　若S（スタッフ若者）
老B（ボランティア高齢者）　中B（ボランティア中年）　若B（ボランティア若者）
老C（利用者　高齢者）　中C（利用者　中年）　若C（利用者　若者）

●管理系－施設管理（自分たちの居場所は自分たちが管理）
●展示・観光案内－情報提供、人材紹介、町の歴史紹介など

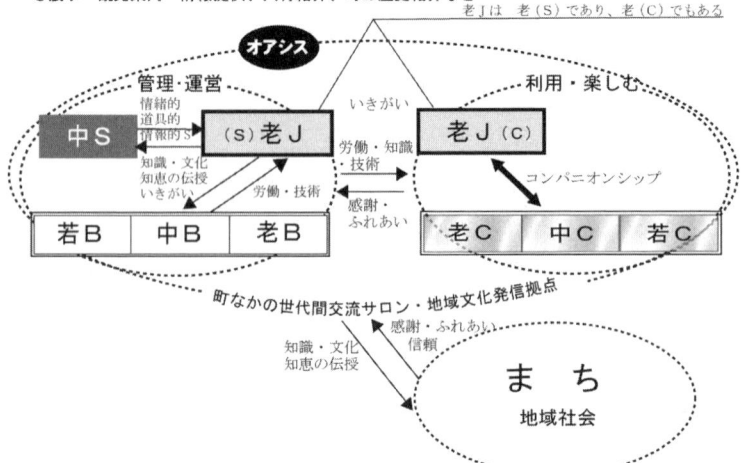

老Jは　老(S)であり、老(C)でもある

●調査系－各種調査のモニターとして活動、
　1）町中バリアフリー調査、高齢者と学生が散歩マップ作成＝まちなかヒヤリハット　どっこいしょ発見調査」学生4名＋高齢者一人が年間季節ごとに（万歩計をともに身につけ）、運動量測定と、町の危険個所、高齢者にとっての町の魅力発見、知恵の伝授も行う。　【老J×若B】

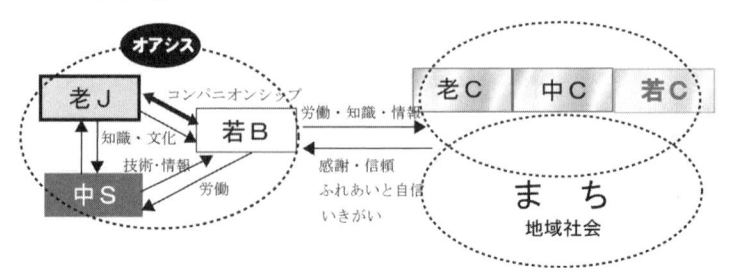

図6　町のオアシスにおけるソーシャル・サポートの授受（福井2010による）

SSR (Social-Support Reciprocity) の図
(たばた)

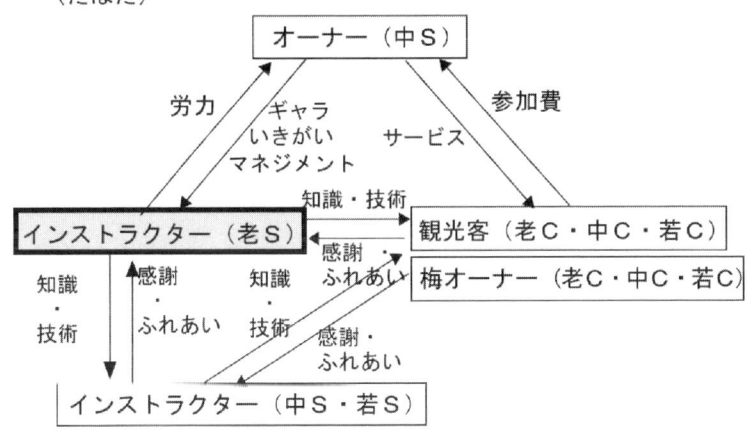

[図：オーナー（中S）を頂点とし、インストラクター（老S）、観光客（老C・中C・若C）／梅オーナー（老C・中C・若C）、インストラクター（中S・若S）の間で、労力・ギャラ・いきがい・マネジメント、参加費・サービス、知識・技術、感謝・ふれあい等が授受される関係を示す図]

図7　民宿「たばた」におけるソーシャル・サポートの授受（福井2010による）

んだまちづくりを成功させるためには、こうした仕掛けでソーシャル・サポートの授受（SSR）を促すようにデザインすることが重要と考えられる。

＊本章において、第Ⅰ節は辻本千春、第Ⅱ節は森本静香、第Ⅲ節は福井美知子が執筆した。

【参考文献】
小長谷一之ほか（2012）『地域活性化戦略』晃洋書房。
塩沢由典・小長谷一之編（2008）『まちづくりと創造都市』、晃洋書房。
塩沢由典・小長谷一之編（2009）『まちづくりと創造都市2』、晃洋書房。
辻本千春（2010）「アジアのメディカル・ツーリズムの勃興についての考察―メディカル・ツーリズムの分類論―」『観光・余暇関係諸学会共同大会学術論文集』第2号。
辻本千春（2011a）「メディカル・ツーリズムの成立条件とその効果に関する考察―タイにおけるメディカル・ツーリズム勃興の要素論―」『観光研究』第23号。
辻本千春（2011b）「観光、医療、都市―メディカル・ツーリズム都市としてのバンコク―」『都市研究』第11号。
ボニータ・M・コルブ（2007）『都市観光のマーケティング』多賀出版。
福井美知子（2010）「「高齢者福祉のまちづくり」におけるソーシャル・サポートの授受（SSR）について―「人生の現役」づくりとまちづくりと福祉の関係性」『創造都市研究 e (eJournal of Creative Cities)』Vol 5、No 1。
　http://creativecity.gscc.osaka-cu.ac.jp/ejcc/article/view/149/127
森本静香（2013）「高齢者介護の新たな社会化モデル―高齢者介護を通じてできる紐帯「介縁」ネットワーク―」『創造都市研究 e (eJournal of Creative Cities)』Vol 8、No 1。
　http://creativecity.gscc.osaka-cu.ac.jp/ejcc/article/view/651/585

第 22 章

新たな社会システムとしての
住民主体のまちづくり

久　隆浩

Ⅰ. 協力システムとしてのまちづくり

1. 時代の転換期を迎えて

　今、各地で住民参加・住民主体のまちづくりがさかんになっている。こうした動きは日本だけでなく、世界中で進んでいる。たしかに、行政がまちづくりを進めていく際にも住民の意見を反映したほうがいいし、さらには行政が決めるのではなく住民自らが考え決めることができればなおよい。しかし、なぜ今までは住民主体のまちづくりが進んでいなかったのか、そしてなぜ今こうした動きが活発になっているのだろうか。結論から言えば、それは時代が変わっているからである。

　時代区分でいえば、今私たちがいるのは「近代」という時代である。近代以前は中世であるが、中世と近代では社会秩序のつくりかたがまったく違っている。中世には王という絶対権力者が存在し、王が社会を動かし秩序を形成してきた。当時は、王のことばが法律だったのである。社会がどうなるのかは王の資質に左右される。だから、ニッコロ・マキャヴェッリは『君主論』を書いたし、王家の子ども達には帝王学が教えられた。つまり、よりよい社会をつくるには王は賢くなければならなかったのである。こうした状況にあっては、市民が社会を動かそうなどと考えることもなかった。

　しかし、近代になると王が社会を動かす時代ではなくなる。では、だれがどのように社会を動かすのか。啓蒙主義の思想家たちは考えた。トマス・ホッブスは『リヴァイアサン』を著し、社会契約という概念を構築する。彼は市民は勝手な存在であると考え、市民が社会を動かすとなると自己主張がぶつかりあってつねに言い争いが起こるとした。これが「万人の万人に対する闘争」という状態である。こうした混乱状態を乗り越えるために、彼は「主権者」を想定し、主権者に私たちの権利を預け、主権者が権利を保障してくれる契約をす

べての市民がむすぶことを考えた。これが社会契約である。つまり、私たち一人ひとりが当事者として問題解決を図るのではなく、主権者が調整するシステムを考えた。これが今の「国家・行政システム」の原型と言える。一方、アダム・スミスは別の考え方を提起する。『国富論』の中で、彼は「見えざる手」という言い方をしているが、私たち一人ひとりが利己的な行動をしても、市場でそれらが調整され社会全体の利益が生み出されると考えた。これが「経済システム」の原型である。

このように近代は、利己的な人間を想定し、私たちが当事者として自ら調整を図るのではなく、国家・行政システムや経済システムが秩序をもたらすしくみを生み出し、社会秩序を形成・維持してきた。これをユルゲン・ハーバーマスは「生活世界の技術化」と呼んだ。こうしたシステムがうまく機能しておれば問題ないし、私たちが当事者として努力をしなくてもシステムが自動的に秩序を形成してくれるので楽ができる。しかし、そうはうまくいかなかった。ハーバーマスは「生活世界の植民地化」と述べているが、私たちが創造したシステムが私たちの生活世界を植民地化している。たとえば、景気のことを考えてみよう。世界的な不況からなかなか抜け出せずにいるが、経済システムが巨大で複雑になってしまい、専門家や政治家でさえ操作できないものになっている。こうした状況を打開するには、私たちが関わり動かすことができる第3のシステムが求められる。

2. 協力がつくる社会

この第3のシステムとは「協力システム」である。ヨハイ・ベンクラーは『協力がつくる社会』という著書を記しているが、その副題は「ペンギンとリヴァイアサン」である。リヴァイアサンは先ほども述べたホッブスの著書のことである。ではペンギンとは何か。これはLinuxのシンボルマークを示している。パソコンの基本ソフトOSで最大のシェアを持つのはWindowsであるが、Linuxの特徴は無料で使えることである。Windowsにも引けを取らない機能を持つLinuxがなぜ無料で使えるのか。それは、世界中の技術者が無償で技術を提供し合い開発しているからである。つまり、Linuxは「協力」によって開発されたソフトということになる。ベンクラーは、こうした協力がどのように社会を動かそうとしているのかを事例を挙げながら解説している。

ダニエル・ピンクは『モチベーション3.0』のなかで次のような文章を書い

ている。「時はまだ 1995 年だとしよう。経済学者、それも経済学の博士号を持ったビジネススクールの有能な教授とあなたは一緒にいる。その経済学者に向かって、こう話しかける。「この水晶玉で、15 年後の未来を見ることができます。あなたの先見性をテストさせてもらえませんか。」これから二つの百科事典について述べます。一つはちょうど世に出たばかりですが、もう一つは数年後に現れます。2010 年には、どちらのほうが成功を収めているか予測してもらえませんか。一つ目は、マイクロソフトが出す百科事典です。プロのライターや編集者に依頼し、多数の項目を執筆してもらうものです。二つ目の百科事典は、企業が発売するわけではありません。何十万人もの人が、自分の楽しみのために記事を作成したり編集したりします。参加者は無償で労力を提供します。」前者は Encarta、そして後者は Wikipedia である。この答えは今になってみると明快である。Wikipedia の登場によって有償の Encarta は販売中止になった。

3. 協力システムの特徴

このように、私たちの「協力」が社会を動かしている部分が大きくなってきた。こうした動きを後押ししているのは Internet の普及である。Internet を活用すれば私たちはいろいろなことを実現できるようになった。情報発信の面では、かつては一部の識者しか出版ができなかったが、今はブログ等を使えばどんな人でも世界中に自らの主張を発信することができる。また、動画配信もスマートフォンを使って YouTube 等に動画をアップすることができる。東日本大震災の津波の惨状を伝える動画の多くが、市民の手で撮影されたものであることが典型的なできごとである。逆に、こうしたさまざまな情報を Internet を通じて入手することもできる。情報はエリートの独占状態ではなくなった。

では、このように市民が力をつけたことで社会システムはどのように変化するのであろうか。従来からあった「国家・行政システム」「経済システム」とこれから大きくなっていく「協力システム」の特徴を整理しながら、検討を加えたい。

国家・行政が社会秩序を形成するために使うのが法律である。そこで表 1 では「法システム」と記載している。法システムが想定しているのは「信用できない人」である。悪いことをしそうな人に悪いことをさせないように「罰」を用意して牽制するのが法を用いた秩序形成である。そもそも法システムの原型

をつくった『リヴァイアサン』で、ホッブスの発想も「人は勝手なものである」というところから始まっている。また、「経済システム」が想定する人は「利己的な人」である。利己的な人を動かすために、アメ、すなわち報酬を用いる。これらに対して「協力システム」が想定するのは「信頼できる人」である。協力関係を構築するためには、お互いの信頼がなければならない。また、協力システムでは、アメやムチのような外的要因ではなく、個々人の自発性が行動の源泉となっている。このように3つのシステムは、想定する人間像も用いる手段も違っている。そこで、協力システムを成長させるには、従来の発想を転換する必要が生ずる。

表1　社会を動かす3つのシステム

システム	動機付け	想定する人間像
法システム	ムチ（罰）	信用できない人
経済システム	アメ（報酬）	利己的な人
協力システム	自発性	信頼できる人

II．都市計画からまちづくりへ

1．都市計画を動かす3つの力

小林重敬は『都市計画はどう変わるか』のなかで、都市計画を動かす力として「行政によるコントロール力（規制）」「民間企業によるマーケット力（市場）」「近隣社会によるコミュニティ力（協働）」の3つを挙げている。これは先ほどの「法システム」「経済システム」「協力システム」に対応している。

都市計画はどう変わるか、という点では、従来は「行政によるコントロール力」と「民間企業によるマーケット力」を用いて都市計画を行ってきた。近代都市計画が始まったのは19世紀後半のイギリスであるが、産業革命によって悪化した都市環境を改善するためにさまざまな法律をつくり、法によって環境問題に対応してきた。まさしく、近代の時代に呼応した都市計画のやり方であった。そして、徐々に「民間企業のマーケット力」が大きくなり、今では民間開発の力が都市を大きく変えることに貢献している。

小林の著書の副題は「マーケットとコミュニティの葛藤を超えて」となっている。民間開発に対して近隣住民が反対の声をあげるように、マーケットとコミュニティの葛藤が都市問題となっている。こうした状況を乗り越えるためには、対立関係ではなく協調関係に持っていくことが必要となる。そのためには多様な主体が話し合い、自律的に秩序を形成していく手法が有効である。これ

が、「まちづくり協議会」や「エリアマネジメント」の動きということになる。その中で、行政は、活動支援やコーディネーターの役割を担うことになる。

こうした地域主体の自律的なまちづくりを制度化したものが「地区計画」である。1980年の「都市計画法の改正」のおりに制定された制度であるが、地権者合意が図れれば、全国一律にかかっている法規制を地区の状況に応じて強化も緩和もできる。すなわち、法規制をいったんリセットして、地区独自の規制がかけられるということである。しかし、合意形成はそう容易ではない。そこで、先進的な地方自治体では、住民主体の合意形成を支援する制度を用意した。1981年には神戸市が「神戸市地区計画及びまちづくり協定等に関する条例」を、1982年には世田谷区が「世田谷区街づくり条例」を策定した。いわゆる「まちづくり条例」である。

全国のまちづくり条例は、神戸市や世田谷区の条例を参考につくられているが、「まちづくり協議会の認定」「まちづくり計画の策定」「まちづくり協定」「まちづくり計画の策定」「まちづくり支援」の4つが盛り込まれている。地区でまちづくりの協議を行い合意形成を図っていくときに、主張の異なった複数の団体が存在すれば、それぞれのなかで話がまとまったとしても、地区全体としての合意とはなりえない。そこで地区で唯一の協議会を行政が認定するしくみが必要となる。協議会の認定要件は、地区内の地権者の半数以上が参加していることとなっている場合が多いが、半数以上の参加があればそれ以外の団体は構成員数が協議会を超えることがなくなるためである。また、「まちづくり計画」の策定を条例に位置づけるのは、協議会で検討した計画に法的担保力を持たせるためである。つづいて「まちづくり協定」は、計画にもとづいてまちづくりを進めていくときに、地区計画では都市計画法によって盛り込むことができる内容が決められているため、地区計画に盛り込むことができない内容を法的ルールとして位置づけるしかけである。さらに、「まちづくり支援」は、住民主体で行われるまちづくり活動に対し、資金助成をしたり専門家派遣を行うなどのしくみである。

2. まちづくりを担う専門家像

また、住民主体のまちづくりを考えるとき、行政と住民の関係の見直しが求められる。それはガバメントからガバナンスへという転換である。ガバメントは「政府が上の立場から行なう、法的拘束力のある統治システム」であり、ガ

バナンスとは「組織や社会に関与するメンバーが主体的に関与を行なう、意思決定、合意形成のシステム」である。すなわち、ガバメントには上下関係があり、行政が法を用いて上から社会秩序を形成するシステムであるのに対し、ガバナンスは水平な関係のもと、まちづくりに関わる多様な主体が積極的に関わりあいながら、コミュニケーションを通じて合意形成を図っていくシステムである。「まちづくり協議会」や「エリアマネジメント」は、まさしくガバナンスシステムといえる。

こうした新たなまちづくりの中でそれを担う専門家のあり方も変化を求められている。1933年に第4回近代建築国際会議で採択され近代都市計画の基礎となった「アテネ憲章」に替わり、2003年にヨーロッパ都市計画家評議会が定めた「新アテネ憲章」では、プランナーの役割について次のように記されている。「プランナーの役割は、社会開発や計画法、政策づくりに進化している。これらは、それぞれの国の政治や社会的枠組みの違いによって、また、その中で計画者がビジョン作成者、技術者、マネージャー、アドバイザー、メンター、インストラクター（指導者）のいずれを担うかによって、多様である」。従来、都市計画は建築家や都市計画家といったハードなまちづくりを専門とする人々が担ってきたが、これからは社会開発や法・政策といった社会科学の分野を専門とする人々にも広がっていく。また、この文章で挙げられている役割で注目すべきは、アドバイザーやメンターである。メンターとは、本人の自発的・自律的な発達を促す人のことである。近年、大学生の自発的な学びを促すために大学にもメンターが置かれるようになったが、まちづくりでも住民が自ら活動をおこなう動機付けを促す役割を担うメンターが重要となっている。ファシリテーターという役割も注目されているが、メンターと同様の役目を担うものである。アドバイザーやメンターといった支援の立場が、まちづくりでも位置づけられたということである。

同様のことを広原盛明は、2004年の京都市職労のインタビューで次のように述べている。「今までの都市計画のようにまったく新しい大きなハコモノを造るときは予算も権限も技術も必要ですが、これからは（略）都市そのものはもはや大きくする必要がない、すでに出来た街をどうやって改善していくかということになると、これは役人とか専門家は脇役でいいようになります。そこに住んでいる人たちがまちづくりの主役にならないとうまくいきません。」「このような運動に対して行政の取るべき態度は、役所はどうやって住民をサポー

トしていくべきかということでしょう。」「地域に蓄積されてきた高度な生活文化を学ぶという謙虚な姿勢で入ってきて欲しいと思います。このような考え方は、従来のハコモノ中心の都市計画論、都市開発論とは全く違います。むしろ社会学に近いまちづくり論かも知れません。」また、コミュニティデザイナーの山崎亮も、『つくること、つくらないこと』でつくる人（ランドスケープアーキテクト）とつくらない人（コミュニティデザイナー）という言い方をしている。このように多様化する専門家像のなかで、どのような立場でまちづくりに関わるかを専門家自身も考えていく時代になったといえよう。

III. ネットワーク型のまちづくり
1. ネットワークと協力システム

　先ほど「協力システム」をいかに構築できるかが時代の要請であると述べた。また、都市計画分野では、小林が述べるように「近隣社会のコミュニティの力」やエリアマネジメントのように協議型のまちづくりが重要となってきた。では、具体的に協力システムを動かすために必要な条件はどのようなものであるかを検討したいと思う。

　協力システムは、信頼と自発性を基盤に形成されるものである。まずは信頼について考えてみよう。人を信頼できるかどうかは、その人となりをどれほど知っているかにかかっている。つまり、お互いに深く知り合うことが求められる。そのためには、まずは顔を合わせ、意見交換をする場や機会が必要である。つづいて、自発性をどのように高めていけるのかについてみていこう。人々が自発的に動くには「共感」が必要である。人や活動に共感を覚えて仲間になろうとする。つまり、協力で動くためには、顔を合わせ意見交換し、その中から共感できる点を見いだし仲間となっていくことが必要とされる。

　こうした動き方はネットワーク型といえる。ネットワーク型と対比されるのが階層組織型の活動である。ネットワーク型は上下関係のない水平な構造になっているのにくらべ、階層組織型には上下関係がある。朴容寛は『ネットワーク組織論』で、両者の特徴を表2のように整理している。

表2 ネットワーク型活動と階層組織型活動の特徴

	ネットワーク型活動	階層組織型活動
中枢性格	自律性 目的・価値の共有・共感 分権性	他律性 与えられた目的 集権性
周辺性格	オープン性 メンバーの重複性 余裕・冗長性	クローズド／オープン性 メンバーの固定性 効率性

朴容寛『ネットワーク組織論』より

　ネットワーク型活動は、自らの意志で参加している参加者が、活動の目的や価値を共感によって共有して展開するものである。目的や価値は大勢で共有することはむずかしく、そのため小グループで動けるための分権化が必要となる。また、自発的・自律的な活動を可能にするために、出入り自由のオープン性が必要であり、多様な価値観を持つ人々がゆるやかにつながっていくために余裕や冗長性が必要となる。また、一人が複数のネットワークにつながっていることでネットワークがさらに広がったり、グループの硬直化をふせぐことができる。これに対し、階層組織では一部の役員が意志決定を行い、それを命令というかたちで下ろしていくかたちで活動が担われる。そのため、多くのメンバーにとって目的は与えられたものになっている。しかし、こうした方法が効率的な活動展開を可能にしている。

　このように、ネットワーク型の活動と階層組織型の活動では、やり方や活動展開に違いがある。誤解のないように言っておくが、組織型をネットワーク型に変えなければならないわけではない。それぞれにはそれぞれの特長があり、それを見極めて使い分けることが重要である。

　組織型の特長は、効率よく活動ができることである。また、ネットワーク型は個々人の自律性を大切にした活動展開が行える。短時間での解決が必要な課題に対しては組織型の対応がふさわしいが、長期間の取り組みが必要な場合には自律性を基盤にしたネットワーク型の活動が有効である。

2. まちづくり井戸端会議

　ネットワーク、つまり「つながり」は「呼びかけ」から生まれる。「こんなことをしてみたい」という呼びかけに対して、「おもしろい、一緒にやろう」という仲間が生まれ活動に発展していく。また、「こんな人をさがしているんだけれど」という問いかけに対しては、「私の知り合いにいい人がいるから紹介しよう」という反応があって、新たなつながりへと発展する。先ほども述べたように、ネットワーク社会の発展にはインターネットの普及が大きく影響しているが、インターネットによってどんな人でもグローバルに呼びかけることができるようになった。つまり、ネットワークを広げるためには、呼びかける場や機会をいかに増やしていけるかが鍵となる。

　こうした呼びかける場を地域の中でつくれないかとの思いで筆者らが始めたのが「まちづくり井戸端会議」である。2001年に始まった八尾市東山本小学校区の「まちづくりラウンドテーブル」と吹田市北千里地域の「北千里地域交流研究会」は、2013年現在、すでに140回を超している。地域単位で月1回の集まりを開催しているが、出席をとらず自分の都合に合わせて参加できること、議題を前もって設定せず参加者が話題を投げかけ合って話を展開していくこと、無理に話をまとめたり結論や結果を求めないこと、という原則を大切に運営している。まさしく「井戸端会議」であり、参加者の自発性や主体性を大切にした集まりである。

　今までの会議とは全く異なる運営方法に、当初は戸惑いの声も頂く。しかし、経験してみるとその不思議な魅力の虜になる人も少なくない。北千里地域交流研究会で、初参加の人の感想として「このゆるい感じがいいですね」という意見があった。兵庫県川西市で「NPO法人市民事務局かわにし」主催で「つながりカフェ」という井戸端会議を開催しているが、事務局長である三井ハルコ氏は「温泉のような場」と表現している。2時間の意見交換が温泉のような癒しの場になっている。参加者の声に「最近はいろいろあって気持ちがしんどくなっていたけれど、みんなの元気をもらいに来ました」というものがあった。論理的に説明するのがむずかしいが、ゆるやかさゆえに本音が飛び交い、何も束縛されない環境のなかからいくつものつながりが自発的に生まれていく、そんな感じの場である。

3. ネットワーク型で続く平野郷のまちづくり

「まちづくり井戸端会議」のようなしかけがまちづくりにつながっている事例として「平野のまちづくりを考える会」がある。大阪市平野区にある大念仏寺の寺内町として発展した平野郷で展開されるまちづくりである。「平野のまちづくりを考える会」は会という名称を用いているが、そこには会長が存在しない。また、会則もなく、会費の徴収も行っていない。にも関わらず、全国的にも有名なまちづくり活動が展開されているのである。その要諦は「ほろ酔いサロン」と呼んでいる月1回の集まりにある。月1回集会所である「おも路地」に集まり、酒を酌み交わしながら歓談をする。そこでいろいろな提案がなされ、参加者がおもしろがれば提案者を核にして活動が展開される。提案者は地域外の人でもよく、実際に地域外の大学生の提案が契機となって実現したイベントもある。

まちづくりを考える会が大切にしている原則はいくつかあるが、そのひとつに「おもしろいことをいい加減にやる」ということがある。まずは、自分がおもしろいと思うことに取り組むことが大事であるという指摘である。また、「いい加減」というのはちゃらんぽらんという意味ではなく、「良い加減」ということである。いい湯加減と同様の「いい加減」という意味である。

まちづくりを考える会では「自分たちが本当に興味を持って取り組めるテーマを厳選し、ひとりひとりが持続可能なエネルギー配分で取り組めるようお互いが心掛ける」と表現している。自発性を大切にし、共感によって仲間を広げていく、まさしくネットワーク型の典型的な活動展開といえる。また、「ひとりひとりが持続可能なエネルギー配分で取り組めるようお互いが心掛ける」というフレーズは、「自分のものさしで相手を測らない」というボランティア活動の原則にもあてはまる。「自分はこれだけがんばっているのに、あなたは年に2回しか活動しないの」ということは言ってはならない。それぞれの人には各人の都合やペースがあるから、それをお互い尊重しながら協働していくことがボランティア活動である。

さらに、会の原則には「様々な背景を有する人々が個人の資格で緩やかに連帯する」というものがある。グループの代表者が集うのではなく、参加は個人の資格で、そして緩やかにつながっていく、これもネットワーク型の特徴である。

「時間はかかるかもしれないが、ひとりひとりが本当に自分の気持ちからまちづくりに参加し続けられるような下地を育んでゆこう、というのが会の活動

の核心的な部分」と述べている。

　以上、住民主体のまちづくりが求められる社会背景と意義についてみてきたが、ポスト近代という新たな時代が求める新しいまちづくりのあり方であると理解できる。

【参考文献】
Habermas Jürgen, (1981) "Theorie des kommunikativen Handelns" Frankfurt am Main（邦訳『コミュニケイション的行為の理論上・中・下』未来社、1985・86・87）。
Benkler Yochai, (2011) "The Penguin and the Leviathan: How Cooperation Triumphs over Self-Interest" Crown Business.（邦訳『協力がつくる社会－ペンギンとリヴァイアサン』NTT出版、2013）。
Pink Daniel, (2011) "Drive: The Surprising Truth About What Motivates Us" Riverhead Books .（邦訳『モチベーション3.0』講談社、2010）。
小林重敬（2008）『都市計画はどう変わるか』学芸出版社。
山崎亮・長谷川浩己編（2012）『つくること、つくらないこと』学芸出版社。
朴容寛（2003）『ネットワーク組織論』ミネルヴァ書房。
http://www.kyoto-21.com/shisyokuro/html/election/2004kyoto-sityou/interview-hirohara/interview-hirohara01.html

第23章

歴史資産を活かしたまちづくり

久　隆浩

Ⅰ. 文化財の捉え方の変遷

1. 戦前の文化財保護

（1）明治時代の文化財保護

　2013年は富士山の世界遺産登録が話題となった。現在、世界各地で歴史資産を活用したまちづくりが行われているが、じつは、歴史資産に対する考え方は時代によって大きく変化している。

　日本で最初の文化財関連法令といわれるのは1871（明治4）年の太政官布告による「古器旧物保存方」である。1868（慶応4）年に発せられた神仏分離に関する太政官布告や1870年に出された詔書「大教宣布」などの政策によって、神道重視の政策が打ち出されたが、これによって引き起こされた廃仏毀釈によって寺院が持っていた多くの文化遺産が破壊された。これを契機に文化遺産の調査が1872年に行われた。いわゆる「壬申検査」といわれる調査である。これは近畿地方を中心とした社寺等に提出させた「古器旧物」の目録を元に実施された。

　また、1888年には、宮内省に臨時全国宝物取調局が設置された。この当時の「宝物」は現在の文化財保護法における「美術工芸品」に相当するもので、有形文化財のうち建造物を除いたものである。そして、1897年には「古社寺保存法」が制定され、日本初の文化財指定が行われた。このとき、国宝155件、特別保護建造物44件が指定されている。これらは、社寺所有の建造物および宝物であり、保存修理等のために国庫から保存金を支出すべき物件のリスト化という意味合いが強かった。

（2）国宝保存法の制定

　1929（昭和4）年に「国宝保存法」が制定され、さらなる国宝の指定が行われる。

従来の古社寺保存法が社寺所有の物件だけを指定の対象としていたのに対し、国、地方自治体、法人、個人などの所有品も国宝の指定対象となった。また、特別保護建造物の名称を廃止し、建造物についても国宝と称することになった。この背景にあったのは、明治維新から60年が経過し、各地の城郭の荒廃や旧大名家の所蔵品の散逸などが懸念されていたからである。その結果、個人所有であった徳川家霊廟や名古屋市所有の名古屋城などが国宝に指定された。また、東京美術学校（現・東京藝術大学）保管の絵画等が国宝に指定された。

2. 文化財保護法

(1) 文化財保護法の制定

第二次世界大戦後は、1950（昭和25）年に従来の「国宝保存法」「史蹟名勝天然紀念物保存法」「重要美術品等ノ保存ニ関スル法律」を統合する形で「文化財保護法」が制定された。当時、古社寺保存法・国宝保存法に基づいて「国宝」に指定された物件はすべて「重要文化財」となり、この中で特に貴重なものを改めて「国宝」に指定した。

文化財保護法の内容も、以下にみるように時代が下るにつれて徐々に変化し、文化財の概念が広げられていった。

1954年の法改正では、無形文化財に関して「重要無形文化財」の指定制度と重要無形文化財の保持者（人間国宝）の認定制度が設けられた。これは、技術や技能の伝承といったソフトな内容も文化財として捉えるという考え方である。また、民俗資料に関して、「重要民俗資料」の指定制度と無形の「民俗資料」の記録保存の制度が設けられた。民俗、すなわち私たちの身近な暮らしが生み出したものにも文化財的価値を見いだしたものである。さらに、地方公共団体によって条例による文化財保護が行える規定が新設された。

(2) 伝統的建造物群保存地区

1975年の法改正は、1950年代から1960年代の高度経済成長による国土の改変から文化財を保全するためのものであった。この時期においては、都市化による町並みの変化、また農村での耕地景観の変貌、歴史的地名の消失などが進んだ。

ここでの改正では、民俗資料という呼称が「民俗文化財」に変更され、新たに「重要無形民俗文化財」の指定制度が設けられた。また、文化遺産の修理を

行うために必要となる伝統的技術を「選定保存技術」として選定し、保持者を認定する制度を新設した。

さらに「伝統的建造物群保存地区」の指定が盛り込まれた。これは、従来の建造物の保存が建物単体でしかできなかったのに対して、建造物群、すなわち町並みとして保存できるようにしたものである。これによって、歴史的建造物が多数残っている地区を、面的な広がりのある空間として保存できるようになった。この背景には、戦災をまぬがれ全国各地に残っていた歴史的な町並みが、高度経済成長によって大きく変貌を遂げることへの対応が迫られていたことがある。歴史的町並みは、それまで私たちの身近な地域にふつうに存在した。しかし、高度経済成長によってもたらされたライフスタイルの変化によって、古民家は現代的な暮らしに合わなくなってしまった。そこで、次々と建て替えられた結果、町並みが大きく変貌したのである。

写真1　伝統的建造物群保存地区
（奈良県・五條新町）

このように、歴史的町並みを保存するためには、暮らしとの整合を図っていく必要がある。そこで、伝統的建造物群保存地区制度は、住民が暮らしながら保存することが前提となっている。具体的には、外観の変更は制約があるが建物内部の改装等は比較的自由にできる。

また、伝統的建造物群保存地区は、都市計画法によって「伝統的建造物群保存地区」に指定したのち、地方自治体の申出を受けて文化財保護法によって「重要伝統的建造物群保存地区」に選定するという2段構えになっている。まずはじめに都市計画法によって地区指定するのは、地区という空間的広がりを保存するためには、都市計画の位置づけが必要だからである。また、従来都市の近代化を図ってきた都市計画担当者にも歴史的資産の重要性を認識してもらうためでもある。じつは、伝統的建造物群保存地区に指定された地区はほぼ「重要伝統的建造物群保存地区」に選定されている。一方、従来単体に興味を示した文化財担当者にも地区スケールの歴史資産の重要性を認識してもらう制度でもある。このように、伝統的建造物群保存地区制度は、都市計画行政と文化財行政をつなぐ役割を担っている。

(3) 登録文化財

1970年代から1980年代にかけては、農村漁村の過疎化と高齢化が進み、伝統的な民俗芸能や伝統行事が消滅する危機が増大した時期である。しかし一方で、文化に対する国民の関心も高まり、地域の文化遺産を活かした町づくり・村おこしといった試みが着目されるようになった。こうした状況を受けて行われた1996（平成8）年の法改正では、「登録有形文化財の登録制度」がつくられた。これは、イギリスの登録建造物（Listed Building）制度を参考にしたものである。今までの指定文化財には厳しい制約が課せられていた。たとえば、自らの住宅にも関わらず柱に釘をうつ際にも文化庁の許可が必要である。こうした制約が文化財指定を敬遠させる一因にもなっていた。そこで、より緩やかな規制のもとで、幅広く保護の網をかけることを目的としてつくられた制度が登録文化財制度である。登録文化財では、原状を変更する場合は届出制となっており、それに対して指導・助言・勧告を基本とする。また審議会の審査を経て文化庁が指定をするのではなく、所有者が申請し文部科学大臣が文化財登録原簿に登録するというように、手続きのやり方も変えていった。

登録基準は以下のようになっている。

建築物、土木構造物及びその他の工作物（重要文化財及び文化財保護法第182条第2項に規定する指定を地方公共団体が行っているものを除く。）のうち、原則として建設後50年を経過し、かつ、次の各号の一に該当するもの。
①国土の歴史的景観に寄与しているもの
②造形の規範になっているもの
③再現することが容易でないもの

分かりやすく言えば、建設後50年以上経過し、地域の人々が大切に思うものであれば申請をすることで文化財に登録できる制度である。また、建築物だけでなく、トンネルや橋梁、ダム、水門などいわゆる土木遺産や産業遺産も対象となっている。

(4) 重要文化的景観

2005（平成16）年の法改正では、「重要文化的景観」の指定制度が追加された。これは、棚田や里山といった人々の生活や生業、風土に深く結びついた地域特有の景観を保全するものである。今まで私たちのまわりにあったなにげない景観も保全の対象としたものである。また、伝統的な生産・生業に用いられる用

具や用品等を制作する技術である「民俗技術」を民俗文化財として位置付け保護の対象とする制度も盛り込まれた。さらに、登録制度の対象を、建造物に加え、建造物以外の有形文化財、登録有形民俗文化財、登録記念物にも広げた。

3. 歴史まちづくり法

このように、年代を経るにしたがい、「文化財保護法」を改正しながら文化財の範疇を広げてきたが、2008年にこうした流れを大きく前進することになる「地域における歴史的風致の維持及び向上に関する法律」(「歴史まちづくり法」) が制定された。これは、歴史上価値の高い建造物と周辺の市街地を一体的に保全・整備することを目的としたものである。

従来、古都保存法では、対象地域を京都、奈良、鎌倉等の古都周辺に限定しており、対象物も文化財や文化的景観を保全するために、周辺の自然的環境を守ろうとするものであった。また、文化財保護法は文化財そのものの保存・活用を図るためのものであり、文化財の周辺環境の整備を直接の目的としているものではなかった。さらに、景観法や都市計画法は、規制措置を中心としており、歴史的な建造物の復原などの歴史的な資産を活用したまちづくりへの積極的な支援措置が十分ではなかった。こうした従来法の限界を乗り越え、歴史的な資産を活用したまちづくりの実施に携わる「まちづくり行政」と「文化財行政」を連携させることを目的につくられたのが「歴史まちづくり法」である。

歴史まちづくり法を適用するには、市町村が「歴史的風致維持向上計画」を策定し、国が認定しなければならない。認定を受けると、歴史的な町並みの復元や伝統行事などへの補助金の支給、歴史的建造物の買収や復元事業、用水路や農業排水施設（水車など）の修復を目的とする整備事業の実施、パーク＆ライド推進のための駐車場整備、などさまざまな施策が可能になる。つまり、保存された文化財の周辺の地域整備が行える制度である。そのため、所管も、文化財を所轄する文部科学省と、地域整備を担当する農林水産省、国土交通省の共管となっている。また、歴史的まちづくりを推進したり、助言をおこなう「歴史的風致維持向上支援法人」を指定できる。

II. まちづくりに歴史資産を活かす
1. 歴史資産を残し、活かす意義

　以上、文化財に関する考え方の変遷をみてきたが、そもそも文化財の概念は国民国家の概念と関連している。日本における文化財保護の法律は、1871年の太政官布告による「古器旧物保存方」であるが、イギリスでは1882年に「古代記念物保護法」を制定、フランスでは1887年に「歴史的建造物の保護に関する法律」を制定、アメリカでは1906年に「遺跡保存法」を制定しており、いずれも19世紀後半から20世紀初頭にかけてのことである。これは国民国家の形成と関連している。「民族としてのアイデンティティ」によって、国家の住民を「国民」にまとめあげ国民国家を形成していったが、そのひとつとして歴史の共有があり、その物的要素として国家の資産としての文化財が生まれたということである。

　つまり、文化財は国家の威信を体現する意味合いから構築されたものとも考えられる。では、市民一人ひとりにとって、歴史資産を残す意味合いはどこにあるのだろうか。未来へ向かって進むのになぜ歴史資産を残す必要があるのか、こうした疑問にどのように答えていけばいいだろうか。現代的なライフスタイルに適合しない古民家をあえて残す意義を住民自身が理解できないと、歴史的町並みを保存することはできない。

（1）時間的な位置づけを明確にする

　歴史資産を残し、活かす意義の第一として、住民や地域にとっての「時間的な位置づけを明確にする」ことが挙げられる。迷子になると不安になるのは、地理的な位置づけが不明確になる、すなわち自分が今どこにいるのかわからなくなるからである。同様に、時間的な位置づけが不明確になると不安につながる。先祖から受け継いだ伝統や資産を次世代に受け継ぐ、そうした時間を超えたバトンリレーによって自分たちの立ち位置を確認できる。伊勢神宮や出雲大社の遷宮はこうした儀式と言える。また、阪神淡路大震災や東日本大震災では、瓦礫が残っているときはそこがどのような場所であったのかがわかったのに、瓦礫が撤去され空き地になったとたん、場所の記憶さえも消失してしまった。それぞれの場所には個々人の思い出が詰まっている。こうした人との関わりが、空間を場所に変える。ドイツで、多くの都市が戦災で焼失したにも関わらず、昔ながらの町並みを復元したのは、建物だけではなく人々の思い出の復元でも

あった。あの教会は私たちが結婚式を挙げた場所だ、この学校は私が幼いころ通ったところだ、こうした思いが復元へとつながった。IBAエムシャーパークではルール炭田関連の産業遺産を保存・活用しているが、その背景にも「祖父が働いていた場所だから」などの地域住民の強い思いがあった。

写真2　長屋リノベーションによるレストラン
（寺西家阿倍野長屋）

(2) 個性あるまちづくりができる

エドワード・レルフが指摘しているように、近代化による画一化は場所性の消失をもたらした。各地の町並みに個性があるのは、近代以前はごく普通に場所性があったからである。地域の素材を使い、地域の職人が伝統的な技術でつくる建物は、当然地域によって異なるものとなる。住宅ではいわゆる民家が形成される。合掌造りのかたちは、雪深い地域といった気候が傾斜屋根をもたらし、大家族制といった家族制度と養蚕という生業形態が大きな家屋を必要とした結果生まれたものである。このように各地の自然環境や社会環境に適応した建物とそれらが作り出す町並みを守ることは、地域性を反映した特徴を活かすまちづくりにつながる。近年、町家をリノベーションした飲食店やギャラリー、ブティックなどが増加しているのも、その空間に個性を見出したものと考えられる。近代的なビルを新しくつくりそこに個性を出すよりも、すでに持っている町家の個性を利用しようという考え方である。

(3) ヒューマンスケールの魅力

また、町家など木造の低層建築物のもつやさしさも魅力である。素材としての木のぬくもり、低層というヒューマンスケールが空間の魅力となっている。建築家のカミロ・ジッテは、著書 "Der Stadte-Bau nach seinen Kunstlerischen Grundsatzen" のなかで、広場を囲む建築物の高さ (H) と広場の幅 (D) との比 (D／H) を計算し、D／Hと空間感覚の関係を見出したが、町家と前面道路がつくるD／Hは約1.5であり、ジッテが言う「いい広場」の条件に適合している。

2. 残るから残すへ

　現在、伝統的建造物群保存地区に指定されている場所をみると、ある特徴があることがわかる。それは、近世に地方の中心都市として発展したが、近代化の波に乗り遅れた地区であるということである。近世の繁栄で立派な建物が建てられ、その歴史的資産が近代になっても改変されずに残ったのである。伝統的建造物群保存地区ではないが、宮城県登米が典型である。「みやぎの明治村」と称しているこの地区は、明治時代のはじめ、水沢県の県庁が置かれた。それによって県庁舎をはじめとする公共施設が建設される。しかし、1876（明治9）年、水沢県は岩手県と宮城県に分離併合されることで県庁所在地として位置づけがなくなるとともに、岩手県からみても宮城県からみても辺境の地となった。しかし、これが旧県庁舎や旧警察署庁舎など立派な建物が残ることにつながった。

写真3　旧登米警察署庁舎（宮城県登米市）

　これは「残した」というより「残った」という表現がふさわしい。しかし、近代化の波が次々と押し寄せるなかで、各地に残っていた伝統的な町並みを意思を持って「残す」ことが必要となった。これが伝統的建造物群保存地区制度になった。伝統的建造物群保存地区制度は、じつは中世の寺内町からつづく奈良県橿原市今井町の町並みを守るためにつくられた制度といっていい。しかしながら、今井町は伝統的建造物群保存地区の第一号ではなく、1993（平成5）年になって伝統的建造物群保存地区の指定を受けることになった。それはなぜか。500棟も歴史的建造物が建ち並ぶ立派な地区を何とか守ろうと専門家は動いたが、住民には理解されなかったのである。現代的なライフスタイルに合わない町家をなぜ保存しなければならないのか、そうした思いが住民には強かった。住民と行政、住民同士が時間をかけて話し合った結果、ようやく伝統的建造物群保存地区の指定に至った。今井町の住民の中に、新たな町並みを形成していくよりも、400年以上守り続けてきた町並みを活かすほうが、未来に向かっての今井町らしいまちづくりができる、との合意ができあがったのである。そこには、昔に戻るのではなく、将来のまちづくりの選択肢として町並み保存を選択したというメッセージが込められている。

近代化と歴史的町並みの保存、そのもうひとつの典型が合掌造りが残る富山県の五箇山である。赤尾谷、上梨谷、下梨谷、小谷、利賀谷の5つの谷からなるので五箇山という名前がつけられたといわれているが、昭和40年代まではすべての集落にたくさんの合掌造りの建物があった。しかし、現在は、相倉と菅沼の2つの集落のみが歴史的町並みを守っている。昭和40年代に富山県教育委員会が町並み保存を呼びかけたが、それに呼応して町並み保存を受け入れたのが2集落であった。ほかの集落は現代的な生活に合わせた近代的な住宅に建て替えた結果、合掌造りの建物がなくなったということである。しかし、このことがそれぞれの集落のその後を大きく変えることとなり、合掌造りを残した相倉、菅沼の集落は1995年に世界遺産に登録された。

写真4　相倉・合掌造りの集落（富山県南砺市）

写真5　馬籠の町並み（岐阜県中津川市）

　住民の意思で町並みを守った事例として、もうひとつ岐阜県の馬籠宿を紹介する。中山道の宿場町であり、島崎藤村の生地でもあるこの地区は、藤村記念館を中心に観光地化していったが、観光客が増えれば増えるほど地域の環境が変わっていった。また、外部資本も観光客目当ての開発を目論んでいた。こうした状況に危機感を抱いた住民は、1972年、観光協会を中心に地元選出の村会議員、区長、農業委員会、藤村記念郷、地元の有力者などが集まって「神坂地区保存に関する決議」が行われた。この決定を地元では「住民憲章」と呼んだ。自分たちの土地や建物を「売らない」「貸さない」「壊さない」と意思表明し、自らの手で町並みを守っている。

3. 町並み保存を暮らしに活かす

　現代のライフスタイルに適合しづらい町家や歴史的町並みを残すことは、住民にとっては大きな問題である。地域外の人々があれこれ言うのは簡単だが，地域住民が暮らし続ける意思がないと保存は進まない。いかに現代のライフスタイルを尊重しながら町並み保存を進めることができるのかが鍵となる。

　その典型のひとつに奈良県明日香村における歴史的風土の保存がある。1972年の高松塚古墳の歴史的発見によって、歴史的風土の保存の必要性が一気に高まった。歴史的風土の保存に関しては、従来より「古都における歴史的風土の保存に関する特別措置法」があった。しかし、明日香村には特別に「明日香村における歴史的風土の保存及び生活環境の整備等に関する特別措置法」が制定された。ここでのポイントは「生活環境の整備」が含まれていることである。道路や下水道等の公共施設整備が優先的に行われるとともに、基金も制定された。高松塚古墳周辺の歴史的風土を守るために厳しい制限を受け入れるかわりに、生活環境整備を進めていこうということである。

　歴史資産を保存することは、保存することのみを目的化した凍結保存であってはならない。歴史資産を活用したまちづくりとは、歴史資産を活かすことで地域特性を大切にしながら、人々の暮らしを向上させることである。今まで本稿では「保存」という言葉を用いてきたが「保全」という言葉もある。似たような言葉であるが、英語では保全はconservation、保存はpreservationである。オーストラリアの哲学者ジョン・パスモアは「保全（Conservation）の思想は、自然環境を人間のための＜道具＞であるとみなす。これに対して保存（Preservation）の思想は、自然環境に＜それ自体の価値＞が備わっているとみなす」と述べている。「保存」がそのままのかたちで残すのに対して、「保全」はある程度手を加えながら残すことである。町家や町並みのようにそこに人々の暮らしがある状況では、保存ではなく保全となる。本稿では、「保存・活用」という言葉も使ったが、これは保全の考え方である。

　歴史資産の活用ですぐに考えるのは「観光」である。歴史資産を見るために観光客に来てもらい、飲食やみやげものも含めてお金を落としてもらうことで地域経済の活性化にも貢献する。各地で世界遺産登録をめざすのも、世界遺産登録によって観光客を誘致し、地域活性化へとむすびつけたい意向のあらわれである。しかし、世界遺産登録の本来の目的は遺産の保護であって、観光による地域活性化をめざしたものではない。多くの観光客が訪れることで、歴史遺

産の価値を損なう恐れも高くなる。伝統的建造物群保存地区に指定された地区の中にも、観光客目当ての店舗が増えすぎて本来その場所が持っていた価値を減少させたり、利益が外部資本に持って行かれたりする事例も出てきている。馬籠の人々が外部資本から地区を守るために「住民憲章」をつくった意味がここにある。観光の考え方に「着地型観光」があるが、これは観光客を受け入れる「着地」の地域の人々が、地域が持つ資源を活かして企画する観光である。地域の人々が行う歴史資産を活かしたまちづくりは、観光の側面から考えると着地型観光ということができる。

4. 身近なまちの歴史的価値を見直す

　第Ⅰ節の文化財の捉え方の変遷でも見てきたように、文化財は非常に価値が高い特別なものという考え方から、より身近な存在のものまで文化財と見なすようになってきた。こうした考え方をさらに発展させて、ふつうのまちが受け継いできた歴史に視点をあて、まちづくりに活用する事例も増えてきた。

　その先駆的なものが「谷根千」のまちづくりである。森まゆみらは、1984年（昭和59年）に地域雑誌「谷中根津千駄木」を創刊する。これは、山手線の内側にありながら、戦災を受けず大規模開発を免れたために昔ながらの下町の風情を残したまちの魅力を再発見し、紹介するものであった。そもそも伝統的建造物群保存地区も、高度経済成長期以前には各地にあったふつうのまちがいろいろな事情で残ったものであり、昔は特別な存在ではなかった。また、茶谷幸治・陸奥賢らが企画した「大阪あそ歩」も、ふつうのまちの魅力を再発見するための「まち歩き」である。どんなまちにも歴史・伝統があり、魅力がある。住民にとってはそれを再発見し活用する契機となるし、まち歩きに参加する地域外の人がお金を落とすことで地域活性化にもつなげることができる。また、近年さかんになりつつある古民家のリフォーム・リノベーションも、歴史資産の価値を再発見し、活用する試みと位置づけられる。

　農村政策を専門とする小田切徳美は、中山間地域の問題は「誇りの空洞化」にあると指摘している。中山間地域ではさまざまな空洞化が起こっている。まずはじめに「人の空洞化」が起こる。若い人を中心にムラから人が出て行ってしまう。そこで「土地の空洞化」が起こる。田畑を耕したり山の手入れをする人がいなくなり、耕作放棄地や荒れた山林が生まれる状態である。そして、ついには人が減りすぎてムラの機能が維持できなくなって「ムラの空洞化」が起

こる。目に見えるこうした空洞化の背景に、もっと深刻な「誇りの空洞化」があると小田切は指摘する。

　若者が出て行くのは親の言動を見ているからである。「この地域には未来がない」「農業では食っていけない」そんな言葉を聞けば、若者たちが出て行きたくなるのも当然である。また、親も子ども達に都会に出て行くことを推奨する。つまり自分が生まれ育った地域に誇りを持てなくなったことが、人の空洞化や土地の空洞化を生み、ムラの空洞化につながっている。歴史資産を活用したまちづくりは、こうした事態を改善するための試みとしても位置づけることもできる。つまり、地域の歴史や伝統の意味を再発見し、未来につなげていくことは、わがまちへの誇りを意識することと通じているのである。こうした視点で未来志向の歴史資産のまちづくりが全国で展開することを期待して、本稿を締めくくりたいと思う。

【参考文献】
日本建築学会編（2004）『町並み保全型まちづくり』丸善。
森本和男（2010）『文化財の社会史－近現代史と伝統文化の変遷』彩流社。
Relph Edward, (1976) "Place and Placelessness" Pion Ltd（邦訳『場所の現象学－没場所性を越えて』筑摩書房、1999）。
小田切徳（2009）『農山村再生「限界集落」問題を超えて』岩波書店。

第IV部
都市構造と都市経営

第 24 章

行財政論

伊多波　良雄

はじめに

　人々の幸福を決める要因は、所得、教育、人々のつながり、道路や橋などの様々な公共財・サービス、社会保障、インフラストラクチャーなどである。われわれが消費する多くのものは企業が生産し、市場で取引される私的財である。しかし、われわれは、道路などの市場で供給されない財・サービスを消費している。これらは、中央政府や都道府県・市町村の地方公共団体によって供給されており、人々の幸福に大きく貢献している。

　都道府県と市町村を念頭に置き、公的機関の役割は何なのかを考えてみる。これを見た後、実際にどのような財・サービスをどのような資金で提供しているのかを図で紹介する。そして、都道府県と市町村が行財政を運営する際のポイントに言及する。最後に、地方自治体の今後の役割について展望する。

Ⅰ．政府の役割

　通常、政府の役割は市場の失敗に伴う非効率性と不公平を取り除くために様々な政策を行うことである。具体的な政策としては、公共財サービスの供給などの資源配分機能、所得再分配機能および経済安定化機能が挙げられている。資源配分機能は、市場の失敗に伴う非効率性を矯正しようというものである。市場の失敗は、企業による独占、道路や橋などの公共財・サービス、鉄道や水道などに見られる自然独占、公害や環境破壊などの外部性などがある。所得再分配は、高所得者から低所得者へ所得を移転することである。この中には、単に所得移転だけではなく、年金、医療、介護、生活保護および失業などの社会保障も入ると考えてよいであろう。経済安定化機能は、経済活動が停滞するときは公共事業などの財政政策を出動させ、景気が過熱するときには財政を引き締めたりして、景気変動の大幅な振幅を押さえようとするものである。これらの政策は、いずれも市場では供給されないので、政府が行わなければならない。

さらに、政府の役割として挙げなければならないものとして、通常予期できないことに対する対応がある。たとえば、1980年代後半のバブルに伴う混乱に対する対策、東北の地震などの災害の復旧・復興などあげることができる。

II．地方公共団体の役割

これまで、単に政府の役割と述べてきたが、政府には中央政府と地方政府がある。地方政府は、いわゆる都道府県や市町村などの地方公共団体のことである。これまで挙げてきた政府の役割の中で、中央政府と地方政府の役割分担をしなければならない。基本的な考えは、補完性の原理といわれるものである。これは、最初に地方政府が行うことが適当であるかどうかを検討し、もし適当でないとすると中央政府がそれを補完する形で担当するという考えである。

資源配分機能を最初に取り上げる。公共財・サービスとして、道路を考えてみよう。道路には、ある地域の市民が買い物などで頻繁に使う一般道路や、全国展開する宅配業者が使う道路がある。一般道路は、使用するのは市民であるため、一般道路を使用することによる便益はある地域に限定される。このように便益がある地域に限定されるとき、当該地域を含む地方政府がその道路を提供するのが望ましい。他方、全国展開する宅配業者などが使う道路は、その便益は日本全体に及ぶので中央政府が提供するのが望ましい。簡単に言えば、使用されている範囲が狭いときには地方政府が、全国にまたがるときには中央政府が提供するのが望ましいということになる。橋、港湾設備なども同様に考えることができる。

自然独占は、水道、電力などである。自然独占とは、設備などの固定費用が大きな産業で起こる現象である。固定費用が大きいので、供給量が大きければ大きいほど1単位当たりのコストが低下していく。このような場合、大量に供給することによってコストを低下させ、市場を独占しようとする誘因が働き、自然に独占が発生する。自然独占という命名はこのような状況を反映している。この場合、価格の自由な設定を制限しながら、政府が特定の業者に供給を委託することが望ましい。水道産業、電力産業、航空産業、鉄道産業などが自然独占の例として挙げられる。ただ、鉄道産業や航空産業は自由化されているし、電力産業も自由化が進行している。これについてはさらに詳しい理由が必要になるので、ここでは割愛する。中央政府か地方政府のいずれの役割かという点になると、先ほどの補完性の原理に立ち戻ると自ずと明らかになる。使用され

る範囲の広さということを考えると、水道や地方鉄道は地方政府の役割ということになる。

外部性は、環境問題に見られるように、ある個人の行動が地域や社会全体に影響を与える現象をいう。マイナスの影響を及ぼす場合は、負の外部性という。もちろん、プラスの影響を及ぼす場合もあり、正の外部性という。この場合も、補完性の原理で考えると、便益がある地域に限定されるゴミ処理のようなケースは地方政府が、影響が国全体に及ぶ排気ガスのようなケースは中央政府が規制を行うのが望ましい。

所得再分配は、通常は中央政府が行うものと考えられている。所得再分配が行われると、低所得者が減少するため、犯罪が減少したり衛生状態が適切に保たれたりするので、安全な社会が保持される。この便益は全国に及ぶので、中央政府が行うのが望ましい。加えて、地方政府が行った場合、所得再分配が行われている地域に所得が低い人が移動し、逆に所得が高い人はその地域を飛び出す傾向があるので、当該地域では所得再分配政策を継続することが不可能になる。

経済安定化機能は、財政・金融政策を通じて行われるので、基本的には中央政府が行うものと考えることができる。

III. 歳出と歳入の推移

具体的に、どのような財・サービスを提供しているのかを、市町村と都道府県の合計を見ながら説明しよう。

図1は、2001（平成13）年度から2011（平成23）年度までの市町村と都道府県の合計した目的別項目の金額（名目値）を示している。歳出総額も示しているが、2008（平成20）年頃にそれまであった低下傾向が上昇傾向に転じている。近年は約90兆円あたりを推移している。この大きさは国の一般会計と大体同じである。主な支出項目は、民生費、土木費、教育費および公債費である。土木費は、「物から人へ」と言われたことを反映して最近は減少傾向を示している。これに対し、民生費は生活保護や高齢者福祉などがその内容である。経済の低迷により生活保護の対象者が増えたり、高齢化が進行したりなどしているため、増加傾向を示している。教育費と公債費は、最近は変動はあまり見られない。

歳出を性質別に見たのが図2である。人件費の額は一番大きいが、近年は

第 24 章 行財政論 225

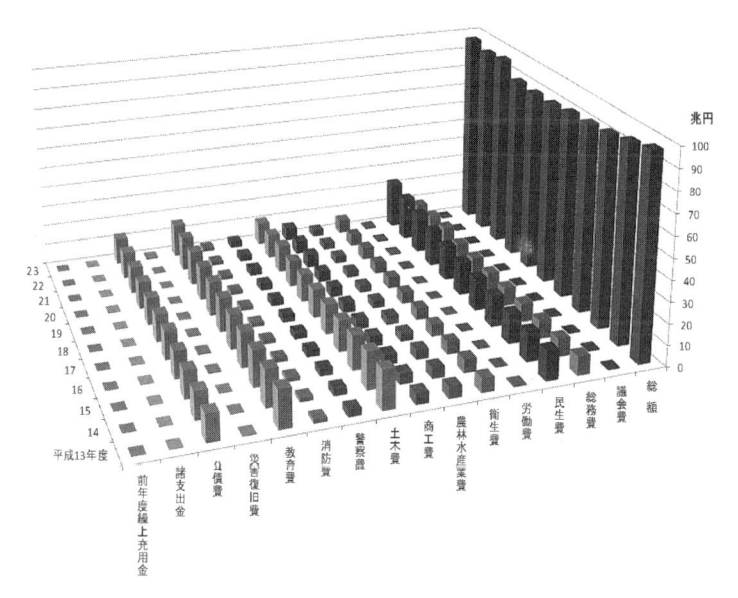

図 1 目的別に見た歳出

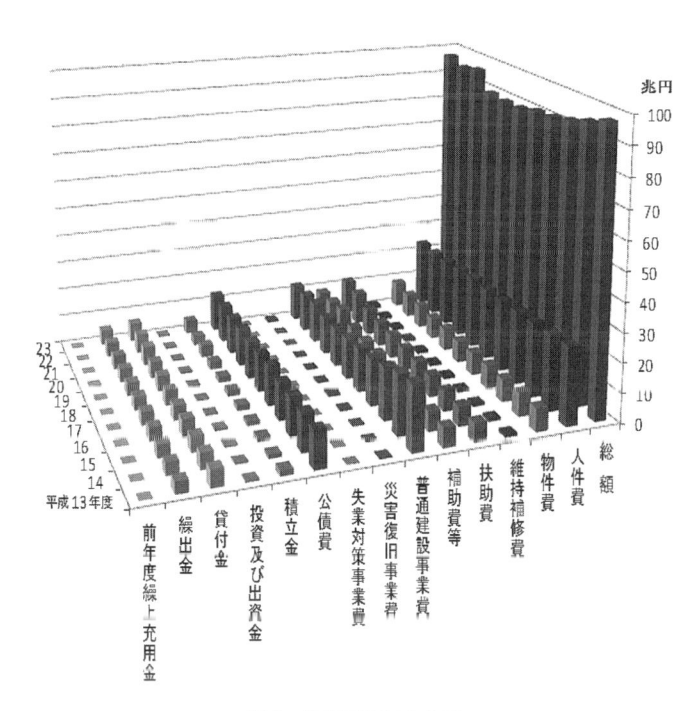

図 2 性質別に見た歳出

やや低下傾向を示している。普通建設費は目的別の土木費に対応する項目で、やはり低下傾向が見られる。扶助費は目的別の民生費に対応する項目で、増加傾向を示している。公債費はほとんど動きがない。個人や他団体への貸し付けはやや増加傾向を示している。繰出金は、国民健康保険事業などへの財政援助的なものであり、若干ながら増加傾向が見られる。

歳入の構成は図3で示されている。地方税が一番大きな額である。歳入総額の大体3割ほどであることが確認される。地方交付税と国庫支出金は国からの補助金である。地方交付税の方がやや大きい。これら補助金を合わせた合計額は、地方税と大体同じであることが図から見て取れる。これら以外で大きな項目は、地方債である。

地方債残高は、税の徴収を避けて発行された地方債の残高である。後世代への負担を示すものであると同時に、この償還のための元利支払が大きくなると地方自治体の裁量的政策の大きな障害となり、住民のサービスが低下する。団体別・目的別地方債現在高の状況が図4に示されている。都道府県と市町村では、一般単独事業債が大きい。次に大きいのが臨時財政対策債である。これは、国が地方交付税を交付する際に不足する財源を、穴埋めとして地方自治体に発行させる債券であり、地方債の一種である。償還に必要な費用は後年度、地方交付税で払ってもらえることになっている。国の借金の肩代わりといって良い。都道府県では、公共事業債も大きい。都道府県と市町村以外の地方公共団体の目的別地方債の傾向は大体都道府県と市町村のものと同じである。

Ⅳ．行財政運営の基本

今、地方公共団体がどのような行財政を行っているのかを歳出と歳入から見てきた。これらの行財政を運営する基本は、「有効性」、「効率性」と「公平性」である。「有効性」は、政策が住民のニーズを満たしているのかどうかということである。「効率性」は、政策を行う場合により経済的に行っているかどうかということである。「公平性」は、政策が地域全体として公平であるかどうかをということである。ここでは、「効率性」に焦点を当てる。

「効率性」を考える場合、地方自治体を取り巻く制度的環境からなる全体レベルと、地方自治体自身の個別レベルを考えなければならない。全体的なレベルとは、現在、日本は国、都道府県および市町村の3層からなっているが、このような地方公共団体の構成構造を意味している。具体的には、地方分権、市

第 24 章　行財政論　227

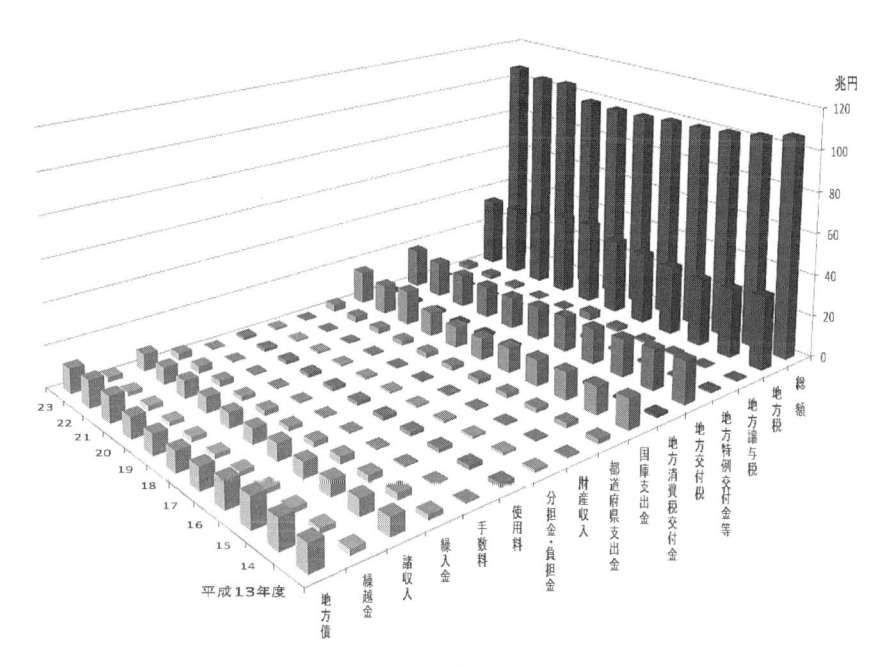

図 3　歳入

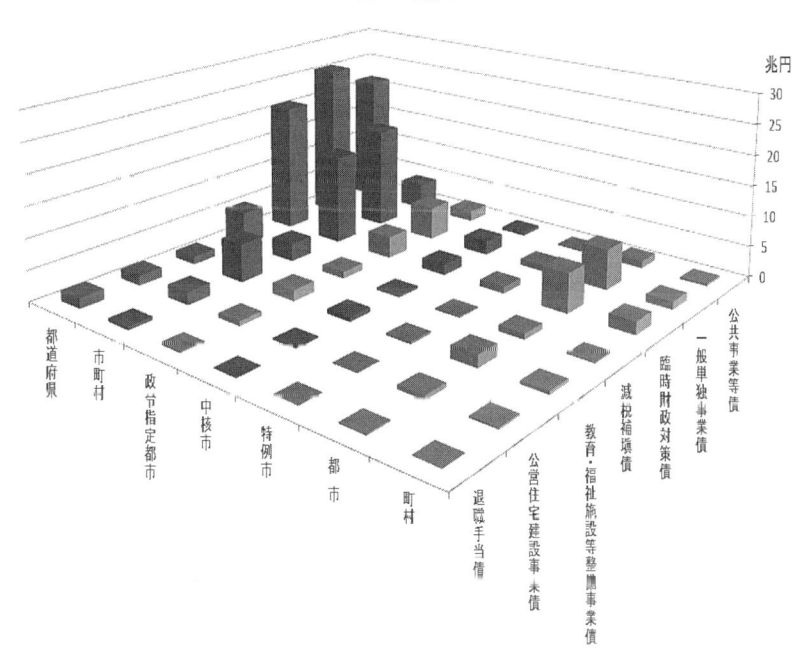

図 4　地方債現在高

町村合併や道州制などのようなものである。個別レベルとは、地方公共団体が独自に行う様々な仕組みである。たとえば、「政策評価」や「新公共管理（New Public Management：NPM）」などである。

　全体レベルの影響ということで、ここでは、「市町村合併の影響」を見てみよう。平成の大合併により、市町村数は、1999（平成11）年3月に3232あったのが、2010（平成22）年3月では約1727になっている。

　総務省では市町村合併の状況を掲載している[1]。市町村合併の影響については多くの研究があり、その中で、内閣府政策統括官（2009）によると、合併後は1人当たり歳出が上昇することが明らかにされているなど、市町村合併を良く評価しない研究がどちらかというと多い。伊多波（2012）は、アウトプットを人口、インプットを投資的経費など5つの経費を用いて、DEAによる分析を行い、合併後は効率性が低下するとの結論を得ている[2]。ただ、伊多波（2012）では、京都府、大阪府および兵庫県の3つの府県を対象としたが、自治体ごとに状況が異なることが明らかにされている。また、長期的な傾向として、内閣府政策統括官（2009）では、1人当たり歳出が低下することを示している。この点は今後の課題である。

　本間（2012）は、2001年度と2007年度についてDEAによる効率性分析を試みている。そこでは、合併した自治体の効率値が合併しない自治体より効率値が低いことが示されている。さらに、伊多波（2012）は、自治体数が多い合併の場合、合併後効率値がより低下する傾向が得られたことから、合併に際して互いの自治体がただ乗りをしようとする傾向があることを示唆している。

　個別レベルの例として、地方自治体の「政策評価」を取り上げる[3]。政策評価は、効率性だけでなく、有効性や公平性にも関連する。政策評価の法律として、2002（平成14）年4月に「行政機関が行う政策の評価に関する法律」が施行された。その後、政策評価・独立行政法人評価委員会で政策評価の実施に向けて論点整理が行われ、政策評価が実際に地方自治体でも実施されるようになった。政策とは地方自治体の活動方針を指し、

　　政策（Policy）－施策（Program）－事業（Project）

の3段階に区別される。ここで、政策は特定の行政課題に対応するための方針を、施策はそれを実現するための具体的な方策を、事業は施策を実現するための個々の具体的な活動を意味する。たとえば、安全な生活の実現を政策とす

ると、施策は交通事故の撲滅など、事業は道路上での交通取締などとなる。現在、都道府県レベルではすべての自治体が導入しており、その状況は総務省のホームページで見ることができる[4]。市町村レベルでも、政令指定都市をはじめとして多くの自治体で採用されている。

　民主党が政権を取っていたとき、国民を前にして、いわゆる「仕分け人」が事業資金の使い道を追求する事業仕分けが行われていたが、近年では市町村でも実施する例が見られる。政策評価は、政策を有効性、効率性と公平性などの観点から見直し、問題があれば修正し、新たな政策に結びつけていくという作業である。このような作業を通じて、政策担当者は、住民のニーズを絶えず意識するようになると同時に、政策を評価する場合の有効性や効率性の意味を正しく理解することができるようになる。このことによって、望ましい政策立案をすることが可能になっており、財政運営が円滑に行えるようになっている。

　他方で問題点もある。第1の問題点としては、問題があった点を修正したとき、それをどのように予算編成に生かしていくのかというのがある。第2の問題点は、政策評価を行う際の情報の点である。有効性を吟味する場合、誰にどの程度費用が使われ、どれだけ満足しているかなどの情報が必要である。また、効率性を吟味する場合、投下した費用に対してどのくらいの効果があるのかを知る必要がある。効果は、単に入場者数のように数えれば入手できる情報のようなときもあれば、入場した人の満足度の情報が必要なときもある。このような情報を正確に入手するための仕組みを作っておく必要がある。しかし、このためにもある程度の資金が必要であり、現在の財政難では難しい。第3に、政策評価の担当者の問題がある。現在は、ほとんどの自治体では、政策評価の主体は自治体内部の担当者が行っている。本来であれば、政策評価を中立的に行うため、自治体と関係がない第3者が行う必要がある。

V．今後の自治体の役割

　地方自治体の役割は、先に述べたように主に道路や橋などの公共財である。今後も、こういった役割はなくなることはないであろう。しかし、供給形態は変わる可能性がある。公共財の中でも民間が供給主体になっている例が海外で見られる[5]。日本でも、今後同様のことが起こる可能性がある。たとえば、使用する際にそれをチェックできるような財・サービスは、料金を徴収することが可能なので、ファンドが形成され民間資金が使われる可能性がある。道路は、

今では地方自治体が供給主体であるが、シンガポールで採用されている「RPS (Road Pricing System)」が利用可能になれば、民間が供給することが可能になる。あらゆるものが、市場で取引されるという市場化が絶えず進行している。市場化が進行した先には、地方自治体の役割として管理が残されている。

【注】
1) 総務省の次のサイト参照。
   http://www.pref.kanagawa.jp/cnt/f6830/p21568.html
2) 包絡分析法（Data Envelopment Analysis、DEA）は、実績データにもとづいて最も効率的な事業体の生産性を基準として、他の事業体の効率性を計測する手法である。
3) 簡単な紹介として伊多波・塩津・原田（2009）を参照。
4) http://www.soumu.go.jp/main_sosiki/hyouka/seisaku_n/seisaku_chihou.html を参照。
5) 野村総合研究所 パブリックサポートサービス研究会編（2008）を参照。

【参考文献】
伊多波良雄・塩津ゆりか・原田禎夫（2009）『現代社会の財政学』晃洋書房。
伊多波良雄（2012）「市町村合併の効率性分析－京都府・滋賀県・兵庫県のケース－」『経済学論叢』（同志社大学）第64巻第2号、55-80ページ。
内閣府政策統括官（2009）「市町村合併による歳出変動分析－行政圏の拡大による歳出削減効果はどの程度か－」『政策課題分析シリーズ4』、2009年7月。
（http://www5.cao.go.jp/keizai3/2009/0717seisakukadai04-0.pdf）。
野村総合研究所 パブリックサポートサービス研究会編（2008）『パブリックサポートサービス市場ナビゲーター』東洋経済新報社。
本間聡（2012）「平成の大合併による自治体行政効率の変化」『会計検査研究』No.45、103-114ページ。

第25章

都市経営の手法（PFI・PPP事業：NPM）と都市構造／政策

井上　馨

はじめに

　1990年代半ば以降、日本においてもNPM（ニュー・パブリックマネジメント）の適用が論じられ、公共組織に民間企業的な経営アプローチが試みられた。大住（2012）によれば、「日本では、NPMでいうPFIなどの個々の手法は官庁型意思決定プロセスの部分に『はめ込まれる』かたちでしかなかった。このため、意思決定プロセスの変革はほとんど見られず、その意味ではNPMは実践されなかった」と述べている。『2012年版PFI年鑑』によれば、地方公共団体のPFI実施方針公表件数は、2001年度の30件から増え続け2006年度の45件に達した。それ以降、漸減し2010年度17件、2011年度16件と少なくなった。国の実施方針公表件数も2010年度0件、2011年度3件と激減した。大住（2012）の述べている意思決定プロセスの変革は見られなかった可能性がある。

　しかし、財政再建に取り組んでいる大阪府が2004年度に「公務員住宅」及び「公共賃貸住宅」の公共住宅再生（建替整備）事業に採用した「PFI（Private Finance Initiative）事業」と「団地建替計画及び再生地活用計画等企業提案競技」の二つの調達方法には、意思決定プロセスで「はめ込まれる」ことを排除し、意思決定プロセスの変革が認められた。本章ではPFI事業を簡単に説明し、事例を中心にその有効性を眺め、今後の取り組みへの示唆を行う。

I. PFI事業がVFMを生み出す要因について

　PFI事業は、民間資本を活用し、社会資本整備と運営を効率的に行い、市民に良好な公共サービスを提供する方法である。PFI事業の3つの類型には「独立採算型」「ジョイントベンチャー型」「サービス購入型」がある。事業の建設・所有形態による主な分類には「BOT（Build Operate Transfer）」、「BTO（Build

Transfer Operate）」、「ROT（Rehabilitate Operate Transfer）」などがある。BTOは日本版PFIの独特な形態である。2011年度までの実施方針公表件数は466件である。内訳は、国72件、独立行政法人37件、地方公共団体357件である。

PFIの理念について適切に表現する言葉が、「バリュー・フォー・マネー（Value For Money：VFM）」である。「支払いに対して最も価値の高いサービスを提供する」という考え方である。同一の目的を有する二つの事業を比較する場合、支払に対して価値の高いサービスを供給する方を他に対して「VFMがある」といい、残りの一方を他方に対して「VFMがない」という。

通常示されるVFMとは、「従来型調達方法で設計・建設・管理運営を別個に仕様発注した場合の各コストの合計であるPSC（Public Sector Comparator）」と「PFI事業で設計・建設・運営管理を一括性能発注した場合のLCC（Life Cycle Cost）」との差を「PSC」で除したものである。

VFM =（PSC − LCC）／ PSC

ここで、PFI発祥の英国の大蔵省がPFI事業について行った「PFI事業のVFMの達成に貢献した要因」の調査を表1に示す。

表1　ＶＦＭの達成に貢献した要因

順位	要因
1	Risk transfer（リスク移転→リスクの適正分担）
2	Output based specification（アウトプット仕様→性能発注）
3	Long term nature of contracts（長期契約→設計・建設・維持管理の一括発注）
4	Performance measurement and incentives（出来高払い）
5	Competition（競争）
6	Private sector management skills（民間管理技術→民間ノウハウ）

出典："Value for Money Drivers in the Private Finance Initiative", A report by Arthur Andersen and Enterprise LSE, Commissioned by The Treasury Taskforce, 17 January 2000.

英国のVFMの達成に貢献した要因のうち調査結果上位の6つについて、日本版PFIの適用状況をまとめると以下のようになる。詳細については、井上（2007）を参照されたい。

第25章 都市経営の手法（PFI・PPP事業：NPM）と都市構造／政策

- BTO方式で運営段階は維持管理業務が大部分の日本では英国に比べ「リスクの移転」の度合いが少ない。リスクの適正分担は「官民のもたれあい」を排除し、リスクコントロールできる主体が負担することでVFMを増す。
- 性能発注はアウトプットの要求（サービス）水準が基準になるため、設計・建設・維持管理を総合的に自由に計画できるため大きなVFMを生む。
- 長期契約での設計・建設・維持管理の一括事業がVFMを生む。日本では運営を含むことが少ないので、英国ほどのVFMは期待できない。
- 英国に比べ、運営は別になることから出来高払い要因がVFMを生み出す要因にはなる例は少ない。
- VFMを増す調達システムに競争は欠かせない。なお、価格の低減と品質の向上であるVFMの向上のため、事業者選定では総合評価となっている。
- PFIの場合、それは民間管理技術等の民間ノウハウをより多く引き出しVFMを増すシステム設計である。

Ⅱ．府警察寝屋川宿舎ＰＦＩ事業

　本事例は、2004年度に「公務員住宅」の公共住宅再生（建替整備）事業に採用した「府警寝屋川宿舎PFI事業」である。

　図１は建替前の平面図である。中央をＳ字で寝屋川が南から北に向かって流れる。その両側に東西方向の住棟の建物が建替対象の宿舎24棟である。45年経過した4、5階の建物もあり居住スペースが狭小で、設備等の老朽化が進んでいた。敷地の西側は京阪電鉄本線に接している。大手住宅会社などのグループ、大手建設会社などのグループ、大手製鉄会社などのグループの３者の参加があり、いずれも非常に安定した提案と評価されている。整備計画では３者３様の提案内容で、全住戸を南面させ、各住戸に均質な住環境を確保した点が評価された案や、10階と比較的低く抑えた、単身棟にコミュニティパティオを取り込んだ計画が評価された案があった。南側住宅地に対するプライバシーや西側住宅への日影などへの懸念があり、最終的には、図２の提案が、集約型住棟とすることで、開放的な住環境と環境負荷やライフサイクルコストの低減や近隣への影響や景観を配慮した計画で、緑地と駐車スペースを融合させた提案で、定量的、定性的とも最高点で、総合評価で選ばれた。そのVFMを表２に示す。

表2：府警察寝屋川宿舎 PFI 事業概要及び VFM

事業区域面積	4万6392.69 ㎡
建設予定地面積	3万2908.27 ㎡
建ぺい率／容積率	60% ／ 200%
世帯用宿舎　戸数：615戸（管理人用住戸含む）、面積：65.5 ㎡／戸、タイプ：3DK		
単身寮　室数：130室、面積：25.1 ㎡／室、タイプ：ワンルーム		
特定事業選定時	VFM：6%
事業者選定時	VFM：21%（入札価格 13,767,479,582 円）

出典：大阪府 HP の公表数量（VFM 含）をもとに筆者が作成

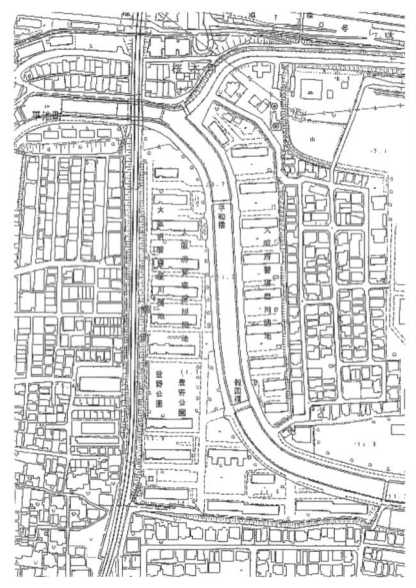

◀図1　府警察寝屋川宿舎周辺平面図
　　　出典：寝屋川市地形図を基に筆者が作成

▲図2　府警察寝屋川宿舎最優秀提案の鳥瞰図
　　　出典：大阪府 HP より筆者が作成

　提案内容が各グループで大きく異なったのはアウトプット仕様の効果が発揮されたことを示している。住戸の戸数、1戸当り面積、タイプ（一般住戸3DK）など必要最小限の要求水準書が、設計・計画の自由度を大きくした。参加グループが得意なノウハウと知恵を出し合ったと思われる。図2のように寝屋川の東に大きな緑地の提案を可能とした。VFM が特定事業選定時の6%から21%に大幅に増えたのもアウトプット仕様の効果と考えられる。最優秀案の VFM を大きくしたのは図3の「一部対面形式の住戸配置」の提案である。

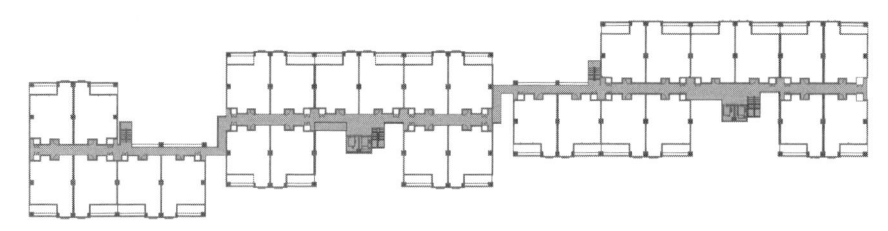

figure3 一部対面形式の住戸配置提案図　出典：㈱大林組より提供

これにより外壁率が減少し、大幅な VFM を生んだ。同時に建物幅が拡がり、高層建物の構造でも大幅な VFM を生んだ。この提案採用には、「はじめに」に述べた、意思決定プロセスの部分に「はめ込まれる」かたちではなく、意思決定プロセスの変革が認められた。要求水準には「世帯用宿舎の住戸及び単身寮の寮室は片廊下形式を基本にする。その他の形式とする場合は、十分な採光と通風を確保した計画とする」と示されている。さらに総則に「本要求水準書に示す仕様については、性能または維持すべき水準等を満たすことが可能な仕様であれば、PFI 事業者の提案に変更することができるものとする」と示し、これは「大阪府が意思決定を自ら行う」との意思決定プロセスの変革である。

図4は設計・建設・維持管理の一括発注による VFM を生むモデルである。本事例では、当初のモルタル防水仕上げであった「廊下の床仕上げ」に、近年開発された性能のよいビニールシートの床仕上げ案の採用である。PSC は当初の防水モルタル仕上げの建設費である。ビニールシートの床仕上げを採用することにより、耐久性・止水性を増し、清掃費と維持管理費は低減する。一括であるのでトータルコストで考えると最適性能水準は図のようになる。さらに、滑りにくいというバリアフリーの品質サービスの向上につながり採用された。

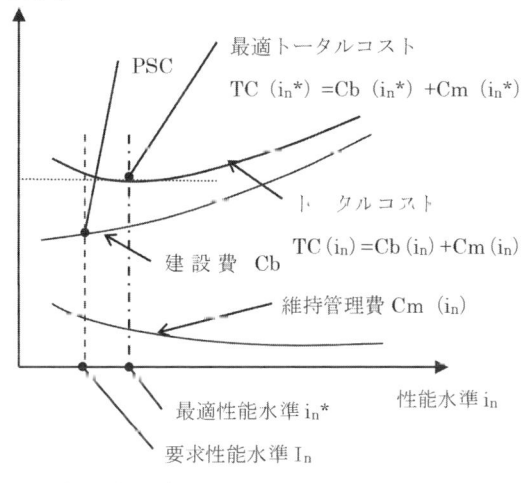

図4　アウトプット仕様による一括発注のモデル
出典：筆者が独自に作成

III. 公共住宅団地建替及び再生地提案競技

本事例は、2004年度の「公共賃貸住宅」の「団地建替計画及び再生地活用計画提案競技」である。この事業は、団地建替で生れた余剰地（再生地）を事業者が購入し、活用計画等を提案するものである。3つの団地の提案競技選定結果を表3に示す。

表3 建替・再生地提案競技の概要及び選定提案結果

建替団地	杉本町	豊野・豊野B	新千里東町
賃貸戸数（戸）	72	56	72
敷地面積（㎡）	5590	2970	5540
公共住宅工事費（万円）	83000	67000	93000
同上戸当り工事費（万円／戸）	約1150	約1730	約1290
募集時上限工事費（万円）	84000	68000	94000
再生地取得面積（㎡）	4950	3144	3300
募集時再生地面積（㎡）	4800	3104	3200
再生地取得価格（万円）	64451	59100	109245
募集時下限取得価格（万円）	53800	31500	80000

出所：大阪府住宅供給公社HPと提案競技募集要項をもとに筆者が作成。

再生地の活用提案を見てみる。図5は戸建住宅を建設販売する計画である。図6は中央の建替団地の両側に2棟の集合住宅を建設販売する計画であり、図7は同様に1棟の集合住宅を建設販売する計画である。

表3の募集時下限取得価格は不動産鑑定の結果の価格である。この表から明らかなように再生地取得価格は募集時価格を大幅に上回り、再生地取得面積については募集時の再生地面積を増加させている。これは、事業者の土地取得希望が大きいことを表わしている。公共住宅はインプット仕様であるが、民間集合住宅を合わせて建設するスケールメリットが大きい。事業者選定は提案内容の定性評価と価格面の総合評価で決定される。この事業手法は「PPP（Public Private Partnership）」に近い。公共と民間の両方の主体が共に、周辺環境を含め、良好な住宅サービスとコストの低減を可能にした手法である。

図5　杉本町団地建替再生地提案

図6　豊野・豊野B団地建再生地提案

◀図7　新千里東町団地建替・再生地提案
出典：図5、図6、図7・大阪府住宅供給公社
HP：www.osaka-kousya.or.jp

おわりに

　PFI事業の場合、Private Finance InitiativeのInitiativeから「民間がイニシアティブ(主導権)をとって公共事業を行う」と誤解されていることがある。ここでいうInitiativeは政策を意味し、PFIの対象は公共部門が本来行う公共事業が対象であるので、その主体はあくまでも公共部門である。PFIは、その主体が民間の資金とノウハウを導入することで効率化やサービスの向上をはかるものである。公共部門と民間の目的が異なることからインセンティブの問題が生ずる。例えば、「溝を掘ってもらう」と目的を持つ人が「フィットネスのトレーニングとして溝を掘りたい」と目的を持つ人と契約できれば理想的である。しかし、そのような契約は現実には不可能である。しかし、当方の目的をより満足させるようなインセンティブを相手が持つようにすることができれば効果的である。例えば、ある事業で公共の目的「品質の高いサービスを低廉に国民に提供する」のために、民間が資本を出し、ノウハウを出せば、その事業を選ばれた民間が行うことができ、その民間が「利益を得、社会貢献ができ、社会信用を得る」(民間の目的)ことができれば互いにWin-Winの取引が成立する。イギリスのPFI事業の場合は、公共部門の目的はVFM達成であり、

達成に貢献した要因は表1であった。その結果、民間から見れば、資金を出し、ノウハウを十分活かせて、民間の目的が達成できたと考えられる。「府警寝屋川宿舎PFI事業」は双方の目的が達成できた事例であった。その要因は、繰り返しになるが、「必要最小限の要求水準書が設計・計画の自由度を大きくした」ことと、総則に「本要求水準書に示す仕様については、性能または維持すべき水準等を満たすことが可能な仕様であれば、PFI事業者の提案に変更することができるものとする」と示し、これは「大阪府が意思決定を自ら行う」との意思決定プロセスの変革であった。「公共団地建替計画および再生地活用計画提案事業」の事業手法は「PPP（Public Private Partnership）」に近い。良好な住宅供給が目的で、公共が建替整備の主体で、民間が再生地の住宅の建設・販売の主体であった。公共がスケールメリットで民間に計画提案参加のインセンティブを与え、民間の優良な住宅建設地を求める目的を兼ね合わせることでWin-Winの取引を成立させた。これは「大阪府が意思決定を自ら行う」との意思決定プロセスの変革であった。安倍政権は成長戦略の中で、「PPP／PFIを活用することで大胆に民間の資金や知恵を導入し、より安全で便利な、より強靭な社会インフラを効率的に整備していく」と述べている。その政策の実現には、PFI・PPPなどの事例で示したが、「民間の力を最大限引き出し、VFMを生み出す基本」に立ち戻り、意思決定のプロセスの変革と自治体職員の意識改革が重要である。

【参考文献】
伊藤嘉博（1999）『品質コストマネジメント』中央経済社。
井上馨（2007）「公共住宅再生事業の新しい調達方法について－大阪府の事例から－」『都市研究』（近畿都市学会学術雑誌）第7号。
井上馨（2008）『PFI事業等の日本における公共事業の発注システムについて』大阪府立大学。
井堀利宏（2001）『公共事業の正しい考え方』中央公論新社。
大住荘四郎（2012）「価値創造のためのパブリック・マネジメント」『経済経営研究所年報』第34集、関東学院大学経済経営研究所。
小川光（2001）「公共事業におけるリスク分担」『ファイナンシャル・レビュー』2月号。
金本良嗣（1993）「公共調達制度のデザイン」『会計検査研究』No.7。
西野文雄監修、有岡正樹・有村彰男・大島邦彦・野田由美子・宮本和明（2004）『完全網羅日本版PFI』山海堂。
日本PFI・PPP協会編（2012）『PFI年鑑2012年版』。
本間正明・齊藤愼編（2001）『地方財政改革－ニュー・パブリック・マネジメント手法の適用』有斐閣。
野田由美子（2003）『PFIの知識』日本経済新聞社。
野田由美子（2004）『民営化の戦略と手法－PFIからPPPへ』日本経済新聞社。

盛武建二(1999)『検証 公共工事会計検査の観点と分析－誤った設計・積算・契約・施工をしないために』山海堂。
山内弘隆・森下正之監修(2003)『自治体版PFI』地域科学研究会。
山田浩之編(2002)『地域経済学入門』有斐閣。
Arthur Andersen and Enterprise LSE (2000), "Value for Money Drivers in the Private Finance Initiative", Commissioned by The Treasury Taskforce, 17 January 2000.
Macho-Stadler and Perez-Castrillo (1997) "An Introduction to the Economics of Information", Oxford University Press.
Oliver Hart, Andrei Shleifer and Robert W. Vishny (1997) 'The Proper Scope of Government : Theory and an Application to Prisons', "Quarterly Journal of Economics" 112 (4) 1127-1161.

第26章

都市構造と防災政策

小長谷 一之

I. 東日本大震災（大規模地震・津波災害）の教訓
－「防災」から「減災」へ

1. 東日本大震災－平均15m近い津波

　東日本大震災では、周知のように津波被害が甚大で、リアス式海岸の漁業集落では約15m程度の津波が押し寄せた（日本気象協会、東大地震研究所）（「東北地方太平洋沖地震津波合同調査グループ」によれば東日本大震災の津波の遡上高さの最大値宮古市重茂姉吉の約500m内陸の40.5m）（以下、小長谷2011ほか）。

2. 大都市の参考になる釜石の例

　漁村の多い岩手県の被災都市の中では、釜石は人口約4万人の工業都市であり、特に大都市の防災にとって教訓となる。釜石市は1896（明治29）年の「明治三陸大津波」、1933（昭和8）年の「昭和三陸大津波」で被害をうけ、1978年から2009年までの31年間をかけて、実に1200億円という巨費を投じて、世界最大規模（水深63mはギネスブックにおいて世界最大認定）の「釜石港湾口防波堤」を湾口海中に完成、さらに第2段の守りとして高さ4mの防潮堤が海岸に設置され市内を守る2重の構造としていた（港湾空港技術研究所2011、日経ケンプラッツ）。しかしながら、東日本大震災の約13mの高さの津波がまず防波堤を破壊し、約9〜7mの波となって防潮堤を襲い、これを易々と乗り越えて市内に進入したとみられ、市の中央部にあるJR駅と新日本日製鐵鉄工所エリアまで至り、東部の7km²が浸水した（小長谷2011、2012、2013a,b）。

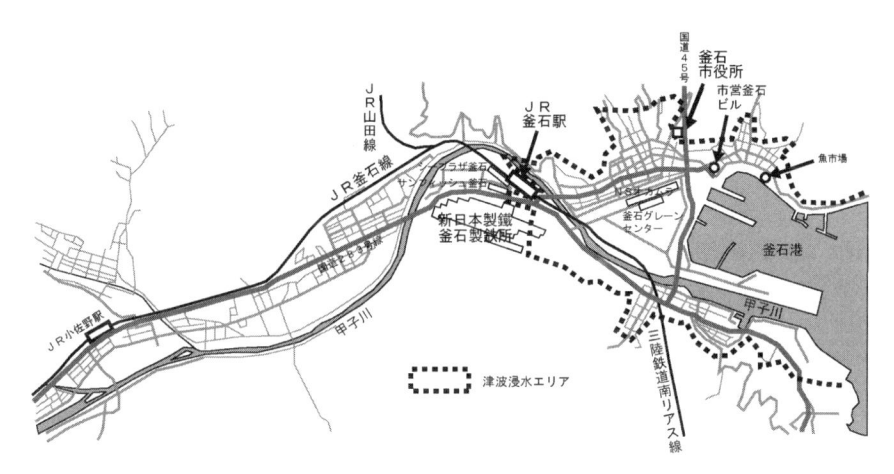

図1　釜石中心部地図、太い点線で囲まれたエリアが津波で浸水した地区（小長谷 2011）

3. 防災から「減災」へ

　東日本大震災で被災を受けた地域は、決して津波被害に対する「初心者」ではなく、三陸沖は、明治三陸、昭和三陸と、地震の頻発地であり、その度に学習した住民と行政は、津波に弱いリアス式海岸の集落をまもるため、多数の年月と大きな費用を費やして非常に強力な防波堤・防潮堤を築き、万全の備えをしてきた「ベテラン」の地域あった。しかし今回の東日本大震災は防波堤や防潮堤をのみ込み、想定していた避難所も浸水し、その経験は今後の対策に抜本的な方向転換をせまるものとなった。そのような中で出てきた考え方が「減災」という思想である。これまで良く使われてきた「防災」とは、狭義には、災害を物理的に「完全に」食い止めることを前提に主として「ハード面」の整備、準備を行うことであった。しかし、津波はどのような想定をしても、ある確率でそれを乗り越える可能性があり、それを乗り越えれば巨大な被害となってしまう。完全に防ごうとしても厖大な費用がかかり、もはや現実的な解決策ではないという可能性がある。そこで、**大規模な災害を「完全には防ぐことができない」との前提を受け入れ、いざ災害が発生した時に発生しうる被害を、限られた予算や資源を最大限有効に活用し、緩和する（被害を最小化する）試み、すなわち「減災」**がクローズアップされるようになった。「減災」という考え方は、決して新しい発想ではない（内閣府 2007、永松 2008）。しかしながらその「減災」という発想が今回の東日本大震災ほどクローズアップされたことはなかった。その理由は、M9.0という規模により、これまでの物理的

な完全な防御が不可能であることが判明したからである。政府の東日本大震災復興構想会議も「防波堤などで津波を完全に防ごうとするのではなく、被害を最小限に抑える「減災」の発想を取り入れ」るよう問題提起している（時事2011.6.25、小長谷2011；2012）。

II．都市再生と振興の方向性
1．減災戦略（1）－高台移転問題
（1）理想としての高台

「減災」で重要なのが、（居住空間の）高台移転で、根本的対策といえる。過去、高台移転に成功した例として「大船渡市の吉浜湾」「山田町の船越地区」「宮古市の姉吉(あねよし)地区」がある（小長谷2011、2012）。

（2）移転にかかる手段

集団移転で利用する国土交通省の「防災集団移転促進事業」は、1972年の「防災のための集団移転促進事業に係る国の財政上の特別措置等に関する法律」を根拠として、国が、地方公共団体に対し、事業費の一部補助を行うものである（以下、小長谷2012）。事業主体の市町村は、「移転促進区域」の設定、住宅団地の整備、移転者に対する助成等について、国土交通大臣に協議し、その同意を得て、集団移転促進事業計画を定める。要約すると、①移転先の用地取得造成は国が支援、②元の土地（被災地）の買い取りは市町村と国が支援、③移転先の土地を取得・賃借・建築する費用は、被災者が主として負担。被災者は、②で得た資金で、③の新しい家の取得をおこなうしくみとなっている。しかし全面的実施にいくつか問題がある。A）合意形成の問題：集団移転の国の枠組みには、コミュニティで合意が要ること（10戸以上の同意要件）。B）資金面の問題：特に平地がほとんどない場合、相当な費用がかかる。場所によっては、②の買い取り価格がきまらないことが問題で特に被災直後は資産価値が下がっている。これに対し国土交通省は、5年間の復興期間にインフラが整備され、地価が回復することを見込んで算定する「復旧価値」を買い上げ価格の基準とするとしている（朝日新聞2011年11月24日、小長谷2012）。

（3）高台移転可能かどうかは地域構造も関係する

すべての地域で高台移転が現実的というわけでなく「高台移転モデルで対応

できるところと出来にくいところ」がある。1）大都市ほど、これまでの土地利用の広がり、合意形成、集団移転に必要な財政面から全面的な高台移転は難しく、逆に小さな漁村集落ほど高台移転の実現性が高くなる。2）地形条件的には、なだらかに高台に向かうところは比較的容易。

2．減災戦略（2）－「水平的避難」から「垂直的避難」へ
（1）代替戦略－「津波避難ビル」

大きな市街地になると、「高台移転」の難しい市街地で有力な代替戦略として「津波避難ビル」の可能性がある。そこで注目されたのが写真1の「市営釜石ビル」で、1983年竣工の築28年の8階建ての津波避難ビルであった。港湾に近い津波エネルギーの大きな立地であったにもかかわらず、浸水被害が2～3階までに限られ4階以上は免れた。

写真1 「市営釜石ビル（浜町1丁目）」
（小長谷撮影2011年8月22日）

3．津波対応総合政策

以上を総合すると、津波災害後の自治体の政策として、復興の多段階モデルが考えられる。（1）まず、短期的応急処置な施策として、仮設住宅、仮設事業所、移動店舗の整備などの「第1戦略」が急務。（2）つぎに、中長期的な施策が必要。まず、地盤沈下し、直接防衛型インフラも大きく損傷している所は、これまでの「防災」の思想に基づく復旧＝「第2戦略」もおこなう必要がある。（3）ただし今後は、強力な津波は完全には防ぎきれないとの前提に立った被害の軽減と暮らし・仕事の防衛、すなわち、「減災」の思想の基づく創造的復興こそ重要。「第3戦略」として「高台移転＋移動ケア」が一つの理想としてある。（4）しかし大きな市街地では、すべて移転することは難しいので、夜間人口も浸水可能性エリアで防衛する必要があり、①津波避難ビル、②避難経路ネットワークなどの「第4戦略」も重要となっている。いずれにしても今後は居住空間と事業所立地の移転・集約化戦略がカギとなる。

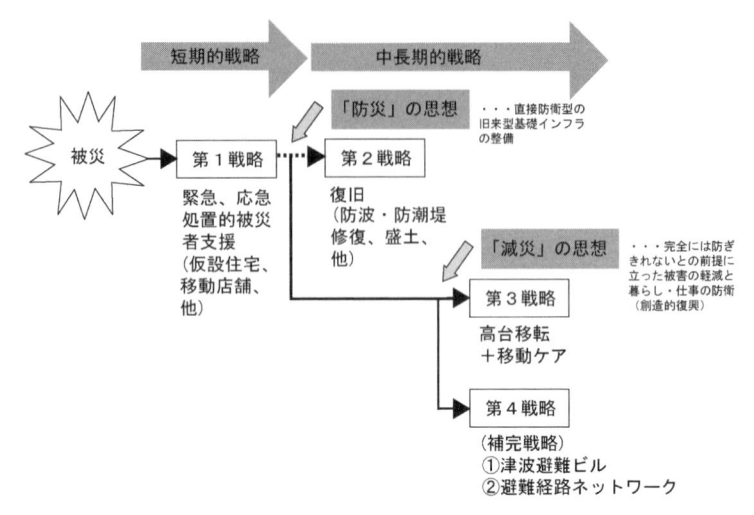

図2 津波からの復興の4つの戦略. 筆者作成（小長谷 2011）

III. 津波避難ビル－大都市の例

1. 津波避難ビルとは・・・その定義

上記を整理すると、

(1) 考え方の革命1－「防災」から「減災」へ

(2) 考え方の革命2－「水平的避難」から「垂直的避難」へ

となる。次に、大都市の例として、大阪市の津波防災を例にとり説明する。これまで大阪市では、東南海・南海等地震の想定最大規模をM8.6とし、水門を全部しめることができれば安全としてきたが、①夜間等の各種条件下で津波速度との関係で全て締め切ることができなかった場合、②東日本大震災以降の予測見直しにおけるM9クラスの超巨大地震の場合、防潮堤（堤防）の強度は震度6強（場所により震度6弱）程度までを想定しているがこれを上回る振動があるか、津波の力が大きい場合損傷する、等の「想定外の場合」には浸水する可能性がある（小長谷 2013a,b）。

大阪市では、もともと、3.11東日本大震災以前には、浸水想定域内にいる人は、域外の広域避難所や公園等への西部5区を対称とする「水平的避難」が対策の中心だった。しかし、3.11東日本大震災以降は、巨大津波の可能性に対応し、避難範囲を西部10区に拡大し、さらに以下の津波避難ビル等への「垂直的避難」（図3）の呼びかけを強めることとしている。その際に避難場所として重要になるのが津波避難ビルである（以下、小長谷 2013a,b）。

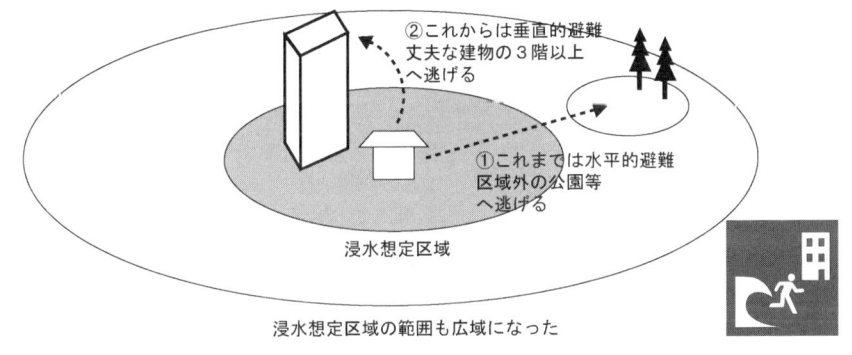

図3 水平的避難と垂直的避難（左）（大阪市資料を元に筆者作成）、津波避難ビルマーク（右）

　大阪市の例では、津波避難ビルの定義は、(1) 高く（一般には3階以上、以下の OP(大阪湾最低潮位面) ＋約 6.9m）、(2) 丈夫な建物（鉄筋ないし鉄骨コンクリート造であって 1981 年新耐震基準をクリアしたもの（阪神淡路大震災でも被害が少なかった）を、(3) 緊急の際、避難が出来るように、市で指定したり、民間で協定を結んだりしたもの。津波避難ビルは図3（右）のようなマークをつける。

2．大都市の防災事例－津波避難ビルの整備
(1) 進みつつある津波避難ビルの準備（以下、小長谷 2013a, b）

　現存の大阪市の認定プロセスと数を図4に示す。推定避難可能人数は、共有部分 1 ㎡に対して 1 人あたり畳 1 畳分 1.6 ㎡として計算した。

A) 公共施設については、府市を中心に津波避難ビルの指定を進めている。小中高等学校施設と公共・公営住宅団地が圧倒的に多く、751 施設、推定避難可能人数 33.8 万人となっている。住宅系では UR と賃貸マンション協定を結び、地域の責任者に災害時あけられる機材を用意する予定となっている。

B) 民間施設については、同じく市区を中心に、大きな施設や商業ビル・チェーン店・ホームセンターなどを指定している。商業施設や業務用ビルは、ホームセンターのように大規模なものであれば下が店舗、上が駐車場構造のものは駐車場階に逃げられる場合がある。この場合は、①市と協定書を締結し、②指定という手順となる。2012 年 11 月 30 日現在 271 施設が指定され、推定避難可能人数 22.6 万人となっている。

C）その他、地域での独自のとりくみ「民（コミュニティ）＝民（企業）協働例」があり、市が把握しているものだけでも 57 施設、推定避難可能人数 4.1 万人となっている。近隣の企業と自治会が協定を結んだ好例として、大正区の南岡島の連合町会が中山製鋼等とおこなったものがモデルで、今後期待される。

(2) 昼間と夜間の津波避難推計人口

10 区における津波避難推計人口は、夜間で 84.7 万人、昼間で 27.8 万人と推定される。これに対し、10 区における津波避難ビル (施設) 確保状況（以下、2012 年 11 月 30 日現在、大阪市危機管理室）は、以上 A＋B＋C を総計して、大阪市が把握しているものだけで 1079 棟、60.6 万人のスペースが確保できているので、夜間では十分、昼間も 7 割程度まで確保してきている（夜間は滞留人口が少ないのでスペース的には十分だが、避難や津波対応の困難さなど別の難しい面がある）（小長谷 2013a,b）。

3. 都市構造からみる注意点

図 4 は、大阪市西部 10 区地域における「津波避難ビル」の町丁目別公共・民間の分布地図（2012 年 11 月 30 日現在、地域取組みは除く）を、筆者が町丁目別に集計したもので、各区の棒グラフの、左は目標避難人口、右は 2012 年 11 月 30 日現在の確保避難人口である。

(1) エリア別対策 1 －都心はむしろ逃げるところが多い、ただし地下街に注意

図 4 では西区がやや少ないが、都心に近い地域は、津波避難ビルの指定がなくとも、高いビルが多く逃げられる可能性がある。しかし都心は地下街にいるときは速やかに最寄りのビルに避難することが大切である（小長谷 2013b）。

(2) エリア別対策 2 －工場地帯は、事業所単位の対策が今後の課題

大都市は、近代にベイエリア地域ほど工場誘致を進めてきて、今は一部は撤退、その跡地に商業施設と住宅を作りつつあるという歴史をへている。上記のように大型商業施設は津波避難ビルになりえるが、戸建て住宅は避難対象なので注意がいる。地域別には、此花の西部などの工場地域で高いビルが少なく、今後以下のように事業所単位の対策が課題である（小長谷 2013b）。

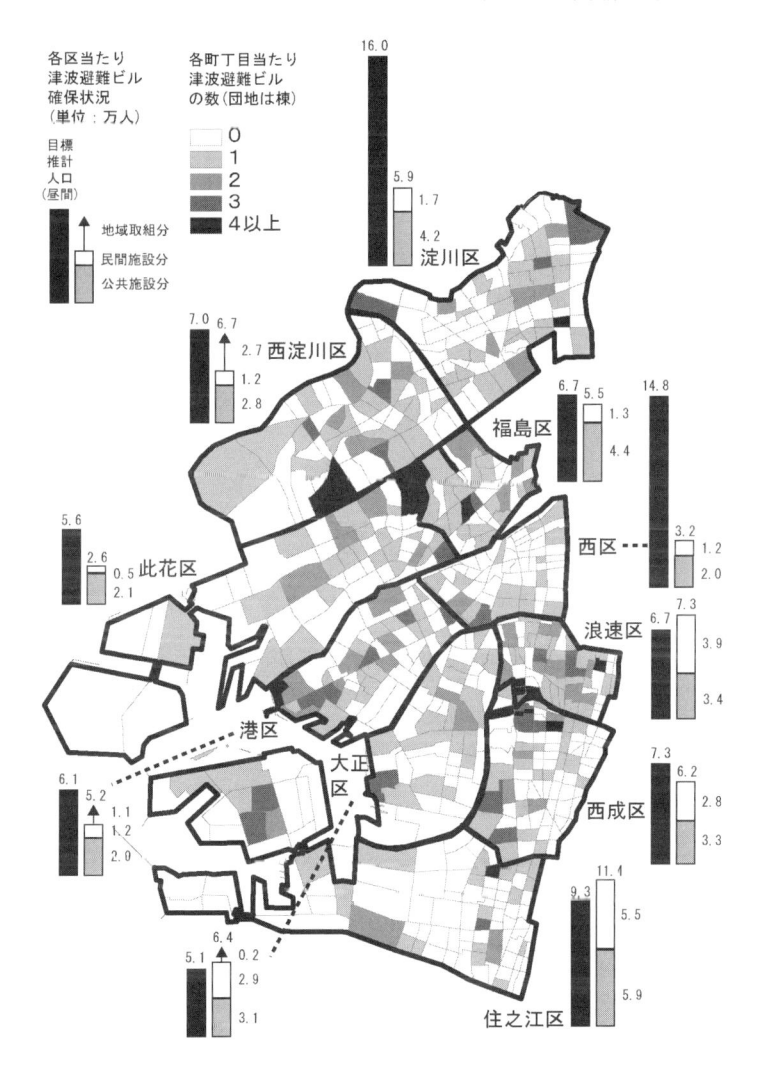

図4 大阪市西部10区地域における「津波避難ビル」の「町」目別公共・民間の分布地図と各区ごとの確保状況（2012年11月30日現在、地域取組みは除く）（小長谷 2013b）

4. 実際には、どのように逃げるのか

　南海トラフ級の超大型地震がきた場合には、約2時間（2012年8月想定ではやや短く最短で110分）で大阪に到達するとされている。これまででもっとも厳しい2012年の内閣府の予測で、M9.0クラスでは、上記1.の①②の場合は浸水被害が予想される。大阪市では、大阪管区気象台が「津波警報」を発表する津波高3m未満の場合はベイエリア5区に「避難勧告」、大阪管区気象

台が「大津波警報」を発表する津波高 3m 以上の場合は西部 10 区に「避難勧告」を出すこととしている。この場合、TV、ラジオ、屋外防災スピーカーで伝達され、火の元を消し、職場・住宅で助け合いながら、速やかに最寄りの「津波避難ビル」へ避難することになる（小長谷 2013b）。

5. 今後の課題は、ベイエリア・河川周辺の事業者との協働による対策

浸水の危険のあるベイエリア・河川周辺は工場が多いところで、①高いビルが無いところがあり対応が必要、②複雑な防潮扉がある場合は対策が必要、③コンビナート等の火災の可能性に対策が必要など、今後、検討していく課題が残っている。大阪府もコンビナートの対策を進めつつあるが、これからは、行政－事業者－地域住民間の協働の重要性がますます高まっていくであろう。また、住居・職場で、近くに高いビルのないところなど、今後学習し、啓蒙する取り組みがもとめられる。

【参考文献】
朝日新聞（2011.12.5）「高台への集団移転、初の合意　岩手・野田村の一部世帯」。
朝日新聞（2011.11.24）「被災の土地、高く買い上げへ　復旧想定し算定、移転促す」。
小長谷一之（2005）『都市経済再生のまちづくり』古今書院。
小長谷一之（2007）「21 世紀の都市問題とまちづくり」『21 世紀の都市像－地域を活かすまちづくり』古今書院。
小長谷一之（2011）「津波防災と都市構造」『創造都市研究』第 7 巻第 1 号（通巻 10 号）、http://dlisv03.media.osaka-cu.ac.jp/infolib/user_contents/kiyo/DBp0070102.pdf
小長谷一之（2012）「都市・地域構造と経済の再生」大阪市立大学都市防災研究グループ編『いのちを守る都市づくり：課題編』、大阪公立大学共同出版会。
小長谷一之（2013a）「コミュニティ防災を知る－特別な大災害に対応する津波避難ビル」大阪市立大学都市防災研究グループ編『いのちを守る都市づくり：アクション編』、大阪公立大学共同出版会。
小長谷一之（2013b）「コミュニティ防災を知る－津波避難ビルの整備と政策」大阪市立大学都市防災研究グループ編『いのちを守る都市づくり：アクション編』、大阪公立大学共同出版会。
東京大学地震研究所ウェブサイト（2011）「津波調査結果」。
内閣府（2007、2008、2009）『減災の手引き』。
内閣府（2012）「南海トラフの巨大地震モデル検討会・平成 24 年 3 月および 8 月 29 日報告」。
永松伸吾（2008）『減災政策論入門－巨大災害リスクのガバナンスと市場経済』弘文堂。
日本気象協会（2011）「平成 23 年（2011 年）東北地方太平洋沖地震津波の概要（第 3 報）」。
読売新聞（2011.4.15）「ジャンボ機 250 機分の波、世界一の防潮堤破壊」。
内閣府（2012）「南海トラフの巨大地震モデル検討会・平成 24 年 3 月および 8 月 29 日報告」。

第 27 章

海外の都市政策の動向 1 ーイギリス

安田　孝

Ⅰ．グローバル化時代のイギリス都市政策

　都市政策とは、簡単にいえば、主として中央政府と地方自治体により規制手法と助成・事業手法によって推進される課題群と考えてよい。

　イギリスでは2012年3月に、保守党連立政権のコミュニティ地方自治省が、「全国計画政策枠組み」を公表した。それは今後数年間の都市政策のひとつの方向を示すものとして重要である。その第一のキーワードは「サステナブル」であり、計画作成の基本方針といえる。また、20世紀の都市政策・地域政策が、福祉国家、民営化、協働化などの方針のもとでそれぞれ展開されてきたことに対する、新たな方向を示しているともいえる。それはすでに20世紀末から推進されつつある方針の再確認でもあった。

　2011年の「ローカリズム（地域主義）法」では、労働党政権が推進していた地域計画主体の形成による分権化を中止し、中央主導による基礎自治体の強化を明確にした。その一環として、これまでに公表してきた計画方針ガイダンス、計画方針文書や地域計画方針などのすべてを廃止するという。しかし地域計画推進や協働（パートナーシップ）による「コミュニティ強化」の方針は変わらず、それは自治体のリーダーシップ強化と連携で可能と考えているようだ。

　計画方針としては、都市中心部の活性化や地方経済の強化などによる経済競争力の向上、インフラ整備や高品質住宅供給の支援による地域整備、健康コミュニティの推進や歴史的、自然的環境の保存と鉱物資源のサステナブル利用などによる持続的発展の達成を目標として計画策定と決定を進めるとしている。労働党政権が推進していた地域計画主体の形成は弱まるが、基本的目標は不変のようである。

II．イギリス都市政策の形成過程

イギリス近代行政制度は、19世紀末のいくつかの地方行政法の成立から始まったと言えよう。それ以前からは工場村の建設や各種条例行政、その後はハワードの「田園都市」提案があり、20世紀に入ってからはスラムクリアランスと公的住宅建設、郊外での都市計画スキームによる居住地建設運動や技術者組織の形成へと展開した。第一次世界大戦後の戦間期には、戦争遂行のための政府公約として住宅建設の推進が、雇用の安定とともに提案されていた。

そのため、第二次世界大戦後の福祉国家建設の一環として、制度化されたのが1947年の「都市農村計画法」と前年の「ニュータウン法」であり、人口と産業の計画的分散を目標とする規制政策・事業政策であった。それは戦間期の不況対策と労働者福祉対策の具体化であったが、コミュニティ再編政策の側面も有していた。

第二次世界大戦後すぐには、多くの自治体計画委員会あるいは合同都市計画委員会などにより再建計画が立案公表され、それはロンドンやプリマスなど少数の都市で実現されたが、多くは課題として残された。それらの計画成果は、多様な自治体総合計画として今日でも注目すべきものである。

ロンドンでは、都市圏あるいは大都市圏としての再建計画がニュータウン建設による人口と職場の分散政策となり、その後の大量住宅供給政策となったことは、よく知られている。一方で都市農村計画法による開発許可制度は、地方計画当局としての自治体機能の強化となるが、中央政府主導の規制と協議合意方式でもある。その後、1970年頃と1990年前後の改正により計画主導が強化された。さらに1990年頃からは多くの計画方針ガイダンスや計画方針文書、地域空間戦略、地域空間ガイダンスによる中央主導が継続していた。

一方、自治体独自の計画行政は、1970年頃に策定の試みはあったが行政団体（コーポレート）としての

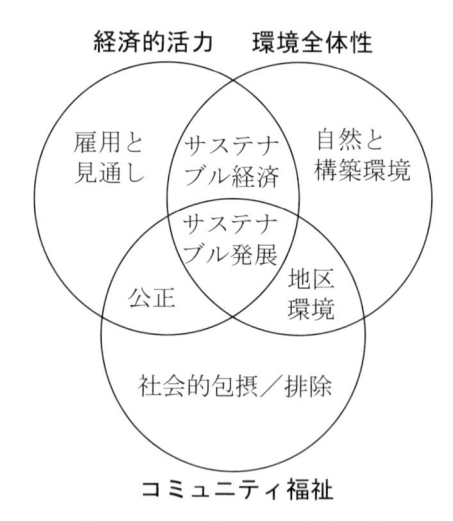

図1　サステナブル発展の概念モデル
（フォワードスコットランド 1997）

総合計画立案は困難だったようだ。それが1980年代、1990年代の「民営化」と「環境主義」の展開を経て、「コミュニティ戦略（計画）」の推進へと結びつくのは20世紀末においてである。

III．民営化（市場化）と環境主義

　多くの修正を必要とされたとはいえ、理想としての福祉国家政策が公的部門の拡大を招き、結果として公的財政負担の増大をもたらしていた。1979年に始まる保守党時代は、民営化による企業再生への誘導であった。多くの公的活動分野が民営化され、強制競争入札制度が地方自治体サービスに適用された。

　都市政策の分野では、「都市開発公社」によるインナーシティやドックランドの再開発、公営住宅の居住者購入権付与が注目された。それはまた、計画主体の多元化による事業手法の強化であり、都市再生政策として多くの事業機関やプログラムが開始された。

　それは、1960年代から、住宅の物理的条件から社会的側面に政策重点目標が移行し、社会的ニーズのあるエリアへ移動したことから始まっていた。さらに1970年代後半には都市再生の鍵は経済的問題にあると考えられ、1980年代中頃には私的部門との協働による大規模敷地開発へと展開したのが、「都市開発公社」や「エンタープライズゾーン」であった。ところが、1987年に再選されたサッチャー首相は「アクション・フォー・シティズ」を公表し、改めてインナーシティ対策に取り組むことを表明した。

　その後、1990年頃には都市開発公社の活動がピークを迎えるとともに、再生資金メカニズムには変更が告げられ、「シティチャレンジ」となり、都市再生エージェンシーとニュータウン委員会も操作上名称のイングリッシュパートナーとなり、1997年からはミレニアムコミュニティプログラムを開始した。このような再生財源プログラムやシティチャレンジの競争的、協働的創設という断片的性格への批判に対して、総合再生財源方式が導入された。それは1994年には設立されていたが、2002年には「地域開発エージェンシー」に責任が移管された。

　その間に労働党政権となり、「コミュニティニューディール」や「近隣再生政策」が開始され、2000年都市白書やその2005年改訂版で「アーバンルネッサンス」が推進されることになった。その最も重要な計画事項は2000年の計画方針ガイダンスの改訂である。さらに国際比較による「イギリス都市の状況」

を公表し、地域経済開発戦略の弱さが指摘され、その後の検討は続いていた。

一方で、1980年代中頃からグラスゴーで展開されていた地域開発会社方式が、都市再生会社として関連機関の協働方式でリバプールやマンチェスター、シェフィールドで先導的に導入された。その後2005年までに合計26の都市再生会社がUK（連合王国）で設立され、都市再生を先導している。都市政策の最も一貫した特徴は、政策と先導の終わりなき継続である。雇用と訓練、起業機関の推進も重要である。

この間に長く放置されていた環境問題が突然環境主義に転換されたのも、マーガレット・サッチャー首相の注目すべき1989年の演説によるものであった。この演説で彼女は、保守党は地球の保護者であり、保証者であると宣言した。それは1990年の白書「この共通の遺産」として、政府の総合的政策分野での環境戦略として提示された。一方ではEU（ヨーロッパユニオン）の時代が来つつあることの国際的圧力もかかっていた。

歴史的環境保存への関心は永年の課題であった。戦災で多くの歴史的建物が破壊されたが、1950年代のさらなるクリアランスや再開発、改善活動や道路建設などによりもっと効果的反応が高まっており、1967年の「シビックアメニティ法」により保全地区政策が導入されていた。その後1983年に「国家遺産法」が新しく広い歴史遺産の評価を意義付け、モダンな名前を生み、イングリッシュ・ヘリテージが環境省内にあった多くの機能を取り込んだ。

IV．第三の道とサステナブルコミュニティ戦略

サッチャーリズムの展開はイギリス経済の改善を実現したが、それは主としてシティの金融界とドックランドの活性化であり、一方で貧富の格差や社会的排除を拡大しつつあった。このような状況に対してトニー・ブレア率いる労働党はニューレイバーとして多くの提案や議題、協議事項を持って登場した。都市政策・地域政策においても地域計画やコミュニティ政策に重点を置くことが目標となった。それは計画や政策の総合化による地域社会の強化、そのための参加や協働の推進であり、サステナブルコミュニティ政策とも言える。

第二次世界大戦後すぐの再建計画ブーム以降、ストラクチャープランとローカルプランによる自治体計画化の制度はあったが、自治体行政計画全体としての検討は低調であった。それを「協働（パートナーシップ）方式」で推進を試みたのが20世紀末からの「コミュニティストラテジー（戦略）制度」であり、

自治体行政権限の強化をも目標としていた。その後、2004年の「計画強制収用法」による総合化の試みを経て、2007年には「サステナブルコミュニティ法」に具体化した。自治体としての総合計画を、関係機関の協働で策定することを制度化したのが「サステナブルコミュニティ戦略」であり、2004年法による開発計画ドキュメントのコア戦略と並立する自治体総合計画であった。

さらに1990年の「共通の遺産：英国の環境戦略」の公表以降に本格化した環境主義は、EUの活動展開を受けて1994年には「サステナブル開発：UK戦略」となるが、2004年に成立した計画強制収用法の制度化では地域空間戦略を開発計画内容と関連づけることで影響をうけていた。すなわちこの制度化は、一方でのEUの地域空間計画動向と他方でのコミュニティ戦略によるパートナーシップ化の動向を総合的に関連づけ、地区開発枠組みに位置づける試みであった。

V．パートナーシップと2つのコミュニティプラン（戦略）

1990年代は又、第3セクターとして知られる多様な「ボランタリー・コミュニティグループ」の役割が注目された。その既存の簡単な定義では、非営利組織で政府から自立し、ボランタリズムの方法で収益を上げ、サービス提供、助言活動、キャンペーンなどの活動によりコミュニティに価値を加えるグループである。それはボランタリーセクター、第3セクター、シビルソサエティ、非営利セクター、チャリティセクター、社会企業セクター、収益圧力グループなどとも名づけられている。

1970年代における単一事項での自治体と「ボランタリー・コミュニティグループ（VCG）」との関係の着実な発展が、こうして1990年代中頃には急速に進展し、1998年には政府・VCG間ナショナルコンパクトがブレア政権の初期に作成された。相互の利益のため、及びVCGが以前は公的セクターによって提供されていたサービスを一層提供しつつあることを認めることにより相互関係を改善するためのものであった。政策協議や推進などにおける両者の対等な立場を確認するためのものである。さらにすべてのイギリス地方自治体は2004～5年までにローカルコンパクトの公表に同意した。

こうして、1970年代の国民保健サービス改革により自治体での社会サービスディレクターの設置や関連機関との合同によるコミュニティサービス改善の政策は、1990年代に入って協働による都市再生政策の展開へと進展した。

ところが、「2000年地方自治法」により制度化されたコミュニティ戦略（2007年法によりサステナブルコミュニティ戦略に）とは別に、中央政府事業としての「コミュニティプラン」が2003年に公表されている。それは「将来のための建設」と名付けられ、当時の副首相府により開始されたものであり、主要な活動事項として、適切な場所に適切な住宅を、低需要と放棄、住宅供給の段階的変更、土地と農村と農村コミュニティ、サステナブル発展などについて示すものであった。その後2005年に改訂されて「人びと、場所と見通し：5カ年計画」になるが、全体で19項目についての財源が公表されている。そのなかには「地域開発エージェンシー」や「コミュニティ・ニューディール」も含まれていた。さらに成長エリアやマーケット再生エリア、グリーンベルトなどを含めて中央政府としてのサステナブル計画としている。

VI. 環境・福祉と自立・協働の都市政策

　イギリス都市政策・地域政策は福祉国家化、市場化、協働化を経て環境主義とグローバル化に直面している。それは又、都市政策の実験あるいは経験の蓄積でもあった。

　1970年頃から始まる医療福祉制度を含めたコミュニティ強化の動向は、中央政府主導の福祉国家政策に偏りすぎた矛盾を、地方自治体を中心とする地域社会の機能強化により解決する試みであった。その後の民営化により、さらに拡大した課題をようやく1990年代に、国際化を含めて対応し始めた。

　そこには、近代産業社会開始以来の父権的福祉提供の歴史があり、20世紀に入っての国家福祉政策の展開があったが、産業と行政制度の再編により変容しつつあるようだ。1970年代からの社会サービスを主とする自治体強化の動きにもかかわらず、1980年代以降は自治体サービスの民営化が進行し、あらためて地方自治体の主要機能の確認が求められている。それは、サステナブルを目標とする都市政策の課題そのものともなりうるであろう。自治体サービス分野とは、第1に住宅や施設を始めとするコミュニティの構築であり、第2に老若男女のケア、ソーシャルケア、第3にコミュニティの教育、第4にコミュニティ娯楽の演出、第5にコミュニティの保護・保全、最後にコミュニティ支援である。しかし、これらのほとんどは自治体自身によらなくても提供可能であり、望ましい方向は地域社会のボランティアを始めとする非営利活動による協働化の推進であろう。

さらに、選出された議員による市議会は、行政サービスと財源に関する検討はもちろん、コミュニティのアイデンティティの形成と表現、多様性の強調、革新と学習の促進、迅速で適切な対応、市民性と参加の推進、政治的教育と訓練の提供、権力の分散などの役割が要請され、これらは外部委託がしにくいであろう。自立と協働による環境の維持改善と福祉推進のための都市政策の展開が期待されるところである。

VII. まとめ

　今日のイギリス都市では都市政策形成、施行に関与する多様な活動グループや団体がある。それは、新組織、会合、会社、法人団体、委員会やトラストなどであり、主として地方自治体により排他的に提供されていたサービスの実施を、中央政府から直接間接に任されている。その活動を協働方式で調整し、コミュニティ戦略として制度化を試みたのがブレアの労働党政権であった。

　新保守党連立政権では、複雑になりすぎた協働方式を基礎自治体の強化でまとめようとしているようだ。第二次世界大戦後の福祉国家政策以降は、中央政府主導で計画化が推進された。しかし地域住民や関係権利者から離れた施策の限界などにより、さらには財源不足もあって、再び地域社会の自立と協働による居住環境の維持改善と福祉の向上が求められている。基礎自治体はその中心となる必要がある。

　地域社会では多元的活動主体の展開のみでなく、その地区環境と活動の歴史も蓄積されている。したがって、それぞれの活動の歴史と形成された構築環境の文脈も、コミュニティのアイデンティティ形成のために政策化される必要が大きい。地方自治体は今日では広くローカルガバナンスと呼ばれる複雑なモザイク状組織の一部分にすぎないが、直接選挙される故にその責任あるユニークな存在である。自然的歴史的環境形成の記録と計画化を含めて、すべてを政策課題として継続的に協議されることが期待されている。基礎自治体はその中心となるであろう。

　「2000年地方自治法」では直接選出市長制が認められ、ロンドンや最近のリバプールなどで市長が選出され、政策目標と責任の明確化が推進されつつある。イギリスでも都市政策をめぐる状況は変化しつつある。

本稿は、科学研究費基盤研究（B）番号 20360277「都市形成における地域継承空間システムと近代化空間システムの関係についての研究」（代表者日本大学工学部宇杉和夫）の成果の一部である。

【参考文献】
岡部明子（2003）『サステナブルシティ』学芸出版社。
真山達志監修（2009）『入門都市政策』（財）大学コンソーシアム京都。
広井良典（2009）『コミュニティを問いなおす』ちくま新書。
高寄昇三（1996）『現代イギリスの都市政策』勁草書房。
Cullingworth,B. and Nadin,V. (2006) , "Town and Country Planning in the UK（14th edition）", Routledge.
Wilson,D. and Game,C. (2011) , "Local Government in the United Kingdom (5th edition) ", palgrave macmillan.
Greed,C.H. edited (1999) , "Social Town Planning", Routledge.
Hambleton,R. (1978) , "Policy Planning and Local Government", Hutchinson.

第28章

海外の都市政策の動向2－欧州を中心に

高山　正樹

はじめに

　本稿で取り上げるテーマは極めて広範な内容を含んでいる。中国・インドのような人口大国、アフリカや中南米の多くの発展途上国、ロシア・東欧の旧社会主義諸国、アメリカ・カナダ・西欧などの先進国など、少し考えて見てもこれら地域の国民経済に大きな違いがあり、都市政策の内容が大きく異なることは想像に難くない。筆者は、これらの国民経済の違いを踏まえて、その都市政策の動向を正確に論じる能力を持ってはいない。ここでは先進地域としてEU、そして日本の都市政策に大きな影響を与えてきたイギリスの都市政策を中心に見ることとしたい。

　最初に、本テーマをめぐって、いくつかの点を確認しておきたい。それは「都市政策」の意味である。まず「都市」をどう捉えるかという点である。都市は人口が集中、集積し製造業やサービス業を中心に活発な経済活動が行われている場所で、景観的には一次産業的土地利用が乏しい地域であることは疑いの余地はないであろう。ただ、具体的にこれらの事柄が、どの程度かと言うことになれば、何らかの数値で示す必要があろう。日本の状況を思い浮かべても、行政的に市と命名されていても全域が都市的景観であるとはとは言えないし、また、逆に村と命名されていても、その一部には都市的景観を持っている場所もある。従って本テーマは都市政策ではなく、地域政策[1]といっても良いかもしれない。ただ現代社会では途上国も含めて都市人口が過半を占めるようになっている現状を踏まえれば[2]、今日の地域政策は都市政策と言って問題ないのかもしれない。とりわけ都市人口率の高い欧米や日本においては、その持つ意味は大きい。

　次に、「政策」とは何か。また、どのような問題（内容）が「政策」対象となるのか。広辞苑（第6版）には「政策」とは「①政治の方策。策略。②政府・

政党などの方策ないし施策の方針。」と書かれているが、ほとんど意味をなしていない。また、政策学の説明として、「産業・労働・金融・交通・政治・教育・外交・軍事などの政策を実践的見地から研究する学問」と書かれている。したがって都市に関わるあらゆることが都市政策の対象ということになろう。具体的には都市施設（インフラ）の整備、住宅問題、交通問題、財政問題、社会問題、環境問題など様々な事柄が考えられる。また、政策を行う主体は誰かという点も議論される必要があろう。これらの点を考えれば、紙幅に限りがあることもあるが、到底、筆者の能力では十分に説明を尽くすことは出来ない。説明は限定的にならざるをえない。

そこで本稿では、先進地域の都市政策が、これまでどこに焦点を定めてきたか、そして今日どのようなことが課題となっているのかをEUとイギリスの都市政策を中心に見ることとしたい。

Ⅰ．先進国の都市政策の変遷

先進国都市を取り巻く諸課題を一律に説明することも困難であるが、ある程度共通する事柄がある。第二次大戦後の高度成長の中で、都市への人口集中と、その弊害への対応として郊外化が進むとともに、郊外化を進めてきた。アメリカでは、モータリゼーションを軸とした郊外化の中で、いわゆる「スプロールsprawl[3]」が大きな問題となってきた。この点は日本においても少なからず共通している事柄である。もちろんEUでも同様に郊外化は進展したが、その都市づくりに対する考えはアメリカとは異なっている。EU地域では都市の大規模化を抑制するような都市概念、市民概念が歴史的に定着してきた。また、ドイツをはじめ地方分権的な制度の中で巨大都市化が自ずと抑制されてきた。今日でもヨーロッパ各国は人口が少ないこともあるが、都市圏で1000万人を超えるような都市はない（モスクワを除く）し、否、500万人を超えるような都市はロンドンのみである。そのロンドンにしても景観的、感覚的にはニューヨークや東京などのような巨大都市のイメージはない。

イギリスでは、19世紀末のロンドンの過密問題に対し、E.ハワードの田園都市建設、その後のロンドン外周のグリーンベルトの設置や第二次大戦後のニュータウン建設に象徴されるように中心都市の巨大化を防いできた。しかし、少なからず、郊外化も進展してきた。その結果、すでに1960年代には大都市都心周辺部の衰退減少が注目されるとともに、1970年代には都心や都心周辺

部（インナー・シティ）の再生が大きな政策課題となった。

その後1990年代以降は、国民経済のグローバル化と地球環境問題というグローバル・イシューを抱える中で、都市政策の基軸は、まさにこれらの点を踏まえたサステイナブルな開発と都市地域のガバナンスに向けられてきたと言ってよいであろう。具体的な欧米の都市づくりのコンセプトとしては、「コンパクトシティ Compact City」や「スマート・グロース Smart Growth（シュリンク Shrink）」を想定した都市政策が行われていると言ってよい。以下では、これらの点を踏まえてEUとイギリスの都市政策を検討したい。

II．EU地域の都市政策

周知のようにEUは旧ECの時代から、次第に加盟国を増加させ[4]、今日では西欧から南欧、北欧、さらには、かつての旧社会主義国の東欧まで含んでいる。この間に旧社会主義政権の崩壊、東西ドイツの統合やチェコとスロバキアへの分離、最近ではギリシアの財政破綻など国民経済を取り巻く状況が大きく変わった国も少なくない。そのような中で都市政策を一律に論ずることは出来ないが、今日のEUの都市政策は、サステイナブルな開発を軸にコンパクトシティを目指していると言える。以下では今日的な都市政策の課題を中心にその詳細を見て行きたい。

EUが地域的に拡大すれば当然のことながら国家間の経済的・社会的格差は増大する。同時に国民経済内部にも地域格差が存在する。これらを放置して統合を深化させることは出来ない。そのためのEUの大きな政策課題は、その地域格差の是正にあったと言ってよい。そのために進められた政策は、「欧州地域開発基金（European Regional Development Fund、1975設立）」や「欧州社会基金（European Social Fund、1958年設立）」などいわゆる「構造基金（Structure Fund）」を通して、構造的困難に直面している低開発地域（1人当たりのGDPがEU平均の75％未満の地域）の経済的・社会的構造転換を中心に支援が行われてきた。また、マーストリヒト条約（1993）以降、「結束基金（Cohesion Fund）」によって1人あたりGDPが域内平均の90％未満の加盟国における交通インフラ整備や環境保全などに資金援助が実施されてきた[5]。これら基金は、国民経済内の後発地域で、歴史的・文化的特徴を共有する地域を単位として配分されてきた。そして基金の運用に当たっては地元とのパートナーシップや補完性の原理[6]に従って行われてきた。これら政策は直

接的に都市を対象としたものではないが、都市は各地域の中心的役割を果たしている。その意味では、少なからず都市政策とも関わっている。また、都市部では1970年代以来、欧米で共通に見られたインナーシティの再生に取り組んできた。

　では今日の都市政策の焦点はどこにあるのであろうか。1972年にストックホルムで開催された国際連合人間環境会議では、そのキャッチフレーズとして「かけがえのない地球（Only One Earth）」が用いられた。また、同年に発表されたローマ・クラブの『成長の限界』では、限りある資源や地球環境に関心が向けられた。このローマ・クラブの報告書は「サステイナブル」という用語をキーワードの1つとしてまとめられている。その後、1987年に国連の環境と開発に関する世界委員会（ブルントラント委員会）が提出した報告書『われら共通の未来（Our Common Future）』で、この用語が流布するが、1992年にリオデジャネイロで開催された「環境と開発に関する国連会議（地球サミット）」以後、「サステイナブルな開発（Sustainable Development）」が中心的課題となった。この後EUの地域政策、都市政策はまさにこのサステイナブルをキーワードに進められてきた。1996年にはEUの都市環境に関する専門家グループによる報告書 "European Sustainable Cities" が提出された。この中では地球環境問題への対応としてサステイナブルな都市造りを明確に示している。また、翌1997年に提出された "Towards an urban agenda in the European Union" という報告書では、都市が抱える雇用、社会的排除の問題、統合を深化させる上でサステイナブルな開発を通して都市生活の質を向上させることなど実践的課題が示された。このような都市のサステイナブルな開発という視点は21世紀になっても基本的に変わっていない。2010年に欧州委員会が提出した報告書 "Europe 2020 : A strategy for smart, sustainable and inclusive growth" では、グローバル化、資源の制約、人口の高齢化が進む中で、スマート・グロースとともにサステイナブルな都市開発を進めることにより、EU地域の結束を深める方向が示されている。また、2011年に提出されたEU都市政策に関する報告書『未来を作る都市　課題、ビジョン、今後の展望』（日本語版）によれば、明確な欧州都市ビジョンの作成は困難であるとしつつも、都市の重要性が増す中で、欧州都市は、①社会発展が進化している場所であること、②民主主義、文化的対話、多様性のプラットホームであること、③グリーンで、生態系に配慮した、環境再生の場であることを踏まえ、これらに上に立つ

て欧州都市開発目標は以下のように述べられている。

「未来の欧州都市地域的開発は、バランスの取れた経済成長および多極的都市構造を有するバランスの取れた地域組織に基づく欧州の持続可能な開発を反映していなければなりません。一般の経済的利益サービスへと容易にアクセスできる強固な地域センターが含まれていなければなりません。都市スプロール現象を制限するコンパクトな集落構造を特徴としなければなりません。都市周辺の環境の保護レベルおよび質が高くなければなりません。しかし、欧州の都市開発モデルが脅威にさらされているという多くの兆候が見受けられます。都市人口が増加し続けているため、土地に重圧がかかっています。現在の経済では全員に職を提供することは不可能であり、失業に関連する社会問題が都市に溢れています。最も裕福な都市でさえ、空間的差別の問題が増え続けています。各都市はエネルギー消費およびCO_2排出量の削減を促すため理想的には配置されていますが、都市スプロール現象および通勤者による渋滞が多くの都市で増加しています。真に持続可能で調和の取れた都市開発への深い熱意を満たすには、我々は一連の課題について連帯して対応していかねばなりません。」（同報告書12ページ）。

このように、サステイナブルな都市開発を軸にしつつも現実的諸問題が地域によって多様であることが明示されている。たとえば、EU内では未だ郊外化が進展している東欧などの地域では、郊外化を抑制すると同時に中心市街地の再生が課題となっている。しかしながら、"Europe 2020"に明示されているように、EU全体の都市政策の方向性は、まさにサステイナブルかつ包括的な成長を求めている。なお、都市政策の主体は、補完性の原理でも指摘されているように、地元であるローカルレベルでの取り組みを基盤に進められると言ってよいであろう。

Ⅲ．イギリスの都市政策－ロンドン（GLA）を中心に

イギリスの都市政策は、19世紀末のロンドンの過密への対応としてE.ハワードの田園都市建設から、第二次大戦中に提出された人口・産業の分散政策（いわゆるバーローレポート Barlow Report）[7]、さらに戦後のニュータウン政策に至るまで、大都市からの「人口・産業の分散政策[8]」を進めてきた。その結果1970年代初めには都心周辺部の衰退問題、いわゆるインナーシティ問題が

顕在化した。また、1930年代以来進めてきた地域間格差是正政策の一つとして後発地域、失業が顕在化している地域に対して産業の分散も進めてきた。このことも大都市地域の衰退の原因の一つとなってきた。

　労働党政権下の1969年にアーバン・プログラム（Urban Programme）が始められた。これは政府の補助金を軸として地方の雇用や福祉事業を進めるものであった。また、1977年に提出された白書"Policy for the inner cities"(Cmnd 6845) では、パートナーシップ（Partnerships）という考え方が示された。これは政府が中心となり、地方政府やボランティア団体なども含めて都心及び都心周辺部での地域再生の取り組みを進めるものである。今日から見れば、1977年のこの白書は英国の都市政策の転機ともなった。特に1979年に誕生したサッチャー政権下でも都心や都心周辺部の再生事業は引き継がれたが、その手法は労働党政権時代とは異なったものになった。すなわち、1980年には民間資本を導入するため都市開発公社（Urban Development Corporation）を設立して政府主導で都市再生事業が進められた。とりわけロンドン・ドックランド（London Docklands）の再生事業には膨大な投資を行い地域の再生を企図してきた[9]。さらには1980年にはエンタープライズ・ゾーン（Enterprise Zones）がインナーシティに設定され、このゾーンへの進出企業に対して税制上の優遇措置や規制を緩和することによってインナーシティの再生を図ってきた。このような政策は再び労働党政権となった1997年のブレア政権以後も21世紀にまで引き継がれた。以下では今日の大ロンドン地域における都市政策の現状を瞥見しておきたい。

　サッチャー政権下の1986年に大都市圏行政体であるGreater London Council（GLC）が解体されたが、その復活を求める中で、内容的にはGLCとは異なるが2000年にGreater London Authority（GLA）が設立された。このGLAの首長（大ロンドン市長）選挙において、英国憲政史上初めて市民による直接首長選挙が実施された。GLA組織の詳細は他の文献に譲るが[10]、それ以来、首都ロンドンの都市政策はGLA市長と同議会が行っている。具体的には市長の提出した"The London Plan"の戦略に基づいて政策が推進されている。その基本はサステイナブル・デベロップメントである。

　初代市長のKen Livingston氏は都心部への車の乗り入れ税（Congestion Charge）を実施し、ある程度の渋滞緩和を実現した。また現市長のBoris Johnson氏は環境問題への対応として自転車利用を進めている。また、都心

周辺部や郊外、とりわけ Thames Gateway と呼ばれるロンドン東部一帯の開発は、ドックランド開発事業の延長線上に、今日なお地域の再生事業が進められている。具体的な開発地は主に工場跡地（Brownfield）や使われなくなった施設の再利用である。2012 年のロンドン・オリンピックではメインスタジアムをはじめ多くの施設は、このような場所に建設された。このような競技場の多くは Newham borough（区）を中心にロンドン東部の borough で開催された。ロンドン東部は、GLA 内で総じて非白人率[11]や失業率が高く、社会・経済的にも再生が必要となっていた。EU の構造基金は、ロンドン内でも移民などが多い地域にも支給されてきた。

なお、環境を意識した都市政策はもちろん、イギリスでも EU と同様に 1990 年代以降は積極的に進められている[12]。

おわりに

これまで欧州を中心とした先進国の都市政策の実情を見てきた。稿を閉じるに当たって、発展途上国の都市政策の実情について若干の紹介をしておきたい。ただ、発展途上国と言ってもそれぞれの国の歴史、文化や国民経済の違いあるので、その都市政策を一律に説明することは困難である。そのような中である程度共通して言えることは都市人口の自然増加と農村からの人口移動に伴う社会増加により、都市部のインフラ整備が大きな課題となっていることであろう。具体的には道路整備、住宅建設、上下水道をはじめ学校などの住民の生活には欠かせない施設が不足している。都市化の速度に追いついていない実態がある。かつて、東南アジア諸都市ではスラムやスクオッターと呼ばれるような地区が大都市部に多く見られたが、より後発の国々では今日でも同じ状況が見られると言って良いであろう。もちろん、生活インフラが不足しているのみでなく、雇用を確保すると言う観点からは産業の育成が欠かせない。これについては道路、鉄道、港湾や電力などの産業インフラが不足していることが指摘出来るであろう。加えて、多くの貧困者が都市部に集住していることもあり、環境問題も大きな課題となっている。このため、途上国においてもサステイナブルな開発が求められている[13]。

最後に、これまで述べなかった点を少し補足することで本稿のまとめとしたい。今日、地球環境問題への対応として先進国、発展途上国を問わずサステイナブルな開発を軸とした都市政策が求められている。同時に、グローバル化の

中で国境を超えた都市間の競争は一層激しくなっている。雇用を維持するための産業政策はどの都市においても欠かせない。しかしながら、既存のグローバルな都市階層構造の中で各都市の役割に違いが生じている。そのような中で、先進各国の都市が活力を維持するために求められている戦略の1つはクリエイティブ都市戦略である。しかし,そのためには人材を必要としている。また、特定の機能を軸として都市の個性を打ち出すブランディング戦略により生き残りを図る動きもある。EU がヨーロッパ文化首都や環境先進都市を選定するのもその手法の1つである。また、ユネスコの創造都市ネットワークをはじめ、食文化都市、文化芸術創造都市など何らかの特色を打ち出すことによって集客力を高め都市の活性化につなげるような動きも見られる。しかし、基本的には各都市は、それが小都市であれ、巨大都市であれ、そこに住む人々の満足出来る生活、つまり生活の質（Quality of Life）を軸に政策を立案することが求められるであろう。

これまで欧州の都市政策を見てきたが、そこでの課題は今日の日本の都市政策においても共通する課題である。とりわけ、高齢社会が深化するなかでスマートシュリンクとも言うべきコンパクトシティ、サステイナブルシティづくりのために、各都市は必要な事柄を明確にするとともに、パートナーシップを軸に進めていくことが 21 世紀の日本の都市政策の課題でもあろう。

【注】
(1) 地域政策の捉え方については、いくつかの考え方があるが、筆者の視角については以下の拙論で示している。高山正樹(2009)「均等発展政策から地域再生の地域政策への課題」『経済地理学年報』第 55 巻第 4 号、pp.1-17.
(2) 国連世界人口白書（2011）によれば、世界の都市人口は 50% を越え、先進工業地域で 75%、東ヨーロッパ・中央アジア地域では 65% としている。
(3) スプロールに伴う重大な問題は、景観的な問題や環境問題などもあるが、都市財政に対して都市基盤整備への財政負担が大きくなる点にある。
(4) 1958 年の原加盟国 6 カ国から、1973 年の英国、アイルランド、デンマークの加盟後、次第に加盟国を増加させ、2004 年には旧東欧、バルト諸国など多くの国が加盟し、2013 年現在 28 カ国が加盟している。
(5) http://ec.europa.eu/regional_policy/how/coverage/index_en.cfm（2013 年 12 月 15 日検索）、外務省（2002）「欧州連合（EU）の構造政策（地域政策）」（www.mofa.go.jp/mofaj/area/eu/kouzou_s.pdf）
(6) EU の決定が EU 加盟国やその regional level ないし local level の主体性を損なう場合、EU 中央は原則のみ定め、具体的施策はこれら地域に委ねると言う考え方（http://www.eurofound.europa.eu/areas/industrialrelations/dictionary/definitions/subsidiarity.htm）。
(7) 伊藤喜栄・小杉毅・森川滋・中島茂共訳（1986）『イギリスの産業立地と地域政策』（ミネルヴァ書房）(Royal commission on the distribution of the industrial population, Report (1940), HMSO)。
(8) （財）自治体国際化協会（1995）『ロンドンの分散（ Decentralisation ）政策と都市開発』、

クレアレポート No.095。
(9) (財) 自治体国際化協会（1990）『ロンドン・ドックランドの開発と行政』、クレアレポート No.002。
(10) (財) 自治体国際協会（2006）『GLA（グレーター・ロンドン・オーソリティ）の現状と展望』クレアレポート No. 285 、東郷尚武（2004）『ロンドン行政の再編成と戦略計画』、日本評論社、など多くの文献で紹介されている。
(11) 過去2回のロンドン・オリンピックはロンドン西部を中心に開催されたが、2012年には Newham borough を中心に東部で行われた。Newham borough とロンドン全体の民族構成（2011年センサス）を比較して見ると、前者の Newham では英国出身白人は38.2%、ついで多いのはインド人9.7%、さらにアフリカ黒人9.5%、バングラデシュ人8.2%、パキスタン人7.9%と続く。後者のロンドン全体では英国出身白人は59.5%、インド人6.1%、アフリカ黒人5.3%などである。
(12) Department of the Environment, Transport and the Region のもとで Lord Rogers of Riverside を座長に編成された Urban Task Force の最終報告書 "Towards an Urban Renaissance"（1999）では、その基軸をサステイナブルシティに置いている。
(13) 国土交通省「都市政策の海外展開」（http://www.mlit.go.jp/toshi/toshi_fr2_000004.html）（2013年9月24日検索）によれば、政府の新成長戦略（平成22年6月18日閣議決定）として、「環境技術において日本が強みを持つインフラ整備をパッケージでアジア地域に展開・浸透させるとともに、アジア諸国の経済成長に伴う地球環境への負荷を軽減し、日本の技術・経験をアジアの持続可能な成長のエンジンとして活用する。具体的には、新幹線・都市交通、水、エネルギーなどのインフラ整備支援や、環境共生型都市の開発支援に官民あげて取り組む。」としている。

【参考文献】
欧州連合（2011）『未来を作る都市　課題、ビジョン、今後の展望』。
岡部明子（2003）『サステイナブルシティ―EUの地域・環境戦略』学芸出版社。
海道清信（2001）『コンパクトシティ』学芸出版社。
黒田彰三編著（2007）『都市空間の再構成』専修大学出版局。
黒田彰三（2006）「都市再生の日英比較」『専修大学都市政策研究センター論文集』第2号、pp.69-81。
建設省まちづくり事業推進室監修、財団法人都市未来推進機構編集、イギリス都市拠点事業研究会（1997）『検証 イギリスの都市再生戦略―都市開発公社とエンタープライズ・ゾーン』風土社。
(財) 自治体国際化協会（2004）『英国の地域再生政策』クレアレポート No. 253。
(財) 日本開発構想研究所（2008）「諸外国の国土政策・都市政策」。
白石克孝編（2008）『英国における地域戦略パートナーシップへの挑戦』公人の友社。
新川達郎編（2013）『政策学入門』法律文化社。
竹内佐和子（2006）『都市政策』日本経済評論社。
辻悟一（2001）『イギリスの地域政策』世界思想社。
辻悟一（2003）『EUの地域政策』世界思想社。
前山総一郎（2010）「都市持続可能性とローカルガバナンスの社会制度に関する研究序説―アメリカの都市サステナビリティ諸事業の調査を基に―」『八戸大学紀要』第40号、1-27頁。
的場信敬編（2008）『政府・地方自治体と市民社会の戦略的連携』公人の友社。
ローマ・クラブ（1972）『成長の限界』ダイヤモンド社（Donella H Meadows, Dennis L. Meadows, Jorgen Randers, William W. Behrens (1972) ,"The Limits to Growth; A Report for The Club of Rome's Project on the Predicament of Mankind"。
European commission (1997) , "Toward an urban agenda in the European Union"。
European commission (2010) , "Europe 2020; A strategy for smart, sustainable and inclusive growth"。

Expert Group on the Urban Environment (European commission) (1996) ,"European Sustainable Cities".
Ravetz,J. (2000) , "City Region 2020; Integrated planning for a sustainable environment", Earthscan
Glasson,J. and Marshall,T. (2007) , "Regional Planning", Routledge.
Mayor of London (2011) , "The London Plan".
United Nations (1987) , "Report of the World Commission on Environment and Development, Our Common Future".

第 29 章

海外の都市政策の動向 3
— 創造階級論と都市の創造性

長尾　謙吉

はじめに

　本章にあたえられた課題「海外の都市政策の動向」はあまりに広範であり、数名の著者の手に負えるものではない。「都市をめぐるトレンドと政策」を取り上げた OECD（経済協力開発機構）のレポートでは、競争力戦略、社会的格差、環境計画、多層的ガバナンス、財政など多様な都市課題と政策が検討されている（Kamal-Chaoui and Sanchez-Reaza 2012）。こうした個々の課題は、近畿都市学会の 50 周年記念事業である『21 世紀の都市像』（近畿都市学会, 2008）および本書『都市構造と都市政策』の諸章においても検討されている。21 世紀に入ってからの世界の都市政策を俯瞰すると、大きな影響を与えてきたのは、フロリダによる「創造階級（creative class）論」である（Florida 2002a, 2004）。そこで、本章では創造階級論を基軸として都市政策を検討していきたい。第Ⅰ節では創造階級論を紹介し都市政策との関わりを追跡し、第Ⅱ節では「都市の創造性」をめぐる一つの鍵なる多様性と都市の活力との関わりを検討したい。

Ⅰ．創造階級論と都市政策

　創造階級論は、知識労働に基づく新たな社会的階級の台頭を提示したものである。日本語訳書（2008）の副題のように「経済階級」とするのは、フロリダが経済的機能に基づいた社会集団の形成を重視しているとは言え、いささか狭小ではなかろうか。

　フロリダは、「意義のある新しい形態をつくり出す」（Florida 2002a, 翻訳書、2008, p.85）仕事として、創造性を発揮することがもとめられる職務につく従事する人たちを創造階級として把握する。「スーパー・クリエイティブ・コア」

には、「科学者、技術者、大学教授、詩人、小説家、芸術家、エンタテイナー、俳優、デザイナー、建築家のほかに、現代社会の思潮をリードする人、たとえばノンフィクション作家、編集者、文化人、シンクタンク研究員、アナリスト、オピニオンリーダーなど」を含んでいる。「スーパー・クリエイティブ・コア」を中心に、そのまわりに「クリエイティブ・プロフェッショナル」が位置し、「ハイテク、金融、法律、医療、企業経営など、さまざまな知識集約型産業で働く人々」を含んでいる（Florida 2002a, 翻訳書 2008、pp.85-86）。アメリカ合衆国における階層別の人口比率をみると、農業やブルーカラー職は大幅に減少する一方で、創造階級の人口は1980年代以降に大幅に増加し、「地殻変動」が生じている。創造階級は地理的な集中度が高く、産業地図においても「地殻変動」が観察されている。

　フロリダは、創造性が経済成長の原動力となり、影響力からみて創造階級が社会の支配的な階級になると主張する。創造階級の人々の価値観は、「個人志向」「実力主義」「多様性と開放性」の三つを基本線としており、広範に社会的な影響を与えており、都市政策にも新機軸が求められるという。

　創造階級論で注目すべき第一点は、産業分類ではなく、職業分類に焦点をあてていることである。創造性を発揮する技能との関わりから、産業よりも職業に着目している。大胆かつ大雑把な職業の分類には批判的検討を要するが、職種に着目する重要性を提起し研究を刺激した（例えば、Markusen and Schrock 2006）。

　第二に注目すべきは、「人間の立地決定を動機づけるものはなんなのか」（Florida 2004, 翻訳書 2010、p.22）と人間に着目した点である。「経済学者をはじめとする社会科学者は、どのようにして企業が立地場所を選択するのかに多大の注意を払い、どのようにして人間が立地場所を選択するかについては事実上無視してきた」（Florida 2004, 翻訳書 2010、p.39）系譜を考えると、学術的にも価値ある議論である。

　創造性をめぐる新しい経済地理を理解するための鍵となるのが、技術（technology）、才能（talent）、寛容（tolerance）という「三つのT」である。技術と才能という企業や人材の規模や集中に加えて寛容という観点を導入していること、三つのTの相互依存関係を重視してすべてがそろうことが必要であること、を提示している点に新しさがある。

　寛容を分析するために用いているのが、同性の非婚パートナーの比率を用い

た「ゲイ指数（the Gay Index）」、デザインや芸術関連の職業従事者の比率を用いた「ボヘミアン指数（the Bohemian Index）」、外国生まれの人口比率を用いた「メルティング・ポット指数（the Melting Pot Index）」である。そして、「生活の質」と対比しつつ「場所の質」の重要性を提起し、「何があるのか」「だれがいるのか」「何が起こっているのか」（Florida 2002a, 翻訳書 2008、pp.297-298）と観点を社会文化的に広げていることが第三の注目すべき点である。

筆者は、2000 年 4 月にピッツバーグで開催されたアメリカ地理学者協会の年次大会において「才能の経済地理」に関する発表を聞く機会があった。この発表をもとに学術雑誌に掲載された論文（Florida 2002b）からもわかるように、もともとは学術的に人的資本の地理に接近するものであった。しかし、単行本『創造階級の台頭』（Florida 2002a）や『創造階級の移動』（Florida 2005）での人々を喚起あるいは扇動するかのようなスタイルの書き方は、多大なる影響力を及ぼし、過剰とも思える反応を生んだ。

影響を受けた自治体や商工会議所のリーダーたちは、地元の開発戦略を策定しはじめて、カリスマ化したフロリダらにコンサルティングを依頼した。そうした動向の一端は、クリエイティブ・クラス・グループのウェブサイト <www.creativeclass.com> からも伺える。創造階級論は創造都市論（佐々木 2001、Landry 2000）とも共鳴しつつ、世界各地に伝播していった（Atkinson and Easthope 2009）。同じような問題意識を持った都市が、同じような人々にコンサルティングを依頼し、同じ人が世界を飛び回りつつ同様の話をしている状況をみて、ペックは「都市の創造性をめぐる現代のカルト」（Peck 2005, p.766）と辛口に批判している。

創造性戦略が尋常でないほど拡散したのは、企業家主義的な都市の系譜を継承しているからである（Peck 2005、笹島 2012）。都市創造性をめぐるシナリオや実践は、企業家主義に基づき新自由主義的になった都市状況に適合している。「都市の創造性をめぐる現代のカルト」は極端な一括であり「都市の創造性」をめぐる知見を見失う可能性があるが（長尾・笹島 2012）、「極端に単純化した創造都市モデルに傾斜することの危険性」（水野 2010、p.437）は無視することはできない。例えば、ドイツにおいても創造階級論の影響は大きく、スタンバーグは「過去から学んでいるのか？」という辛辣なタイトルで、学術的な意見や検証を無視して流行を追い求める地域経済政策を批判している（Sternberg 2012）。創造階級論が広く受け入れられてきたのも、都市政策が

「ファスト化」（Peck 2005, pp.761-768）してきた証左であり、明らかに 21 世紀における「海外の都市政策の動向」となっている。

II. 多様性と都市の活力

　「三つの T」の一つは「寛容」であり、これが創造階級論のユニークな点である。寛容を表す指標が多様性であり、それは人材流入障壁が低いことを示し、才能ある人々をひきつけるというのがフロリダによる仮説である（Florida 2002b）。フロリダは、創造階級にとっての快適さを主張するが、歴史的にみると「創造の場としての都市は社会的にも思想的にも大混乱にある場所で、決して快適な場所ではない」（ホール 2010, p.36）ことなど、アメリカ合衆国のごく数十年の観察を基にした一般化が弱点となっている。とはいえ、「多様性は、『刺激』と『エネルギー』をも意味」（Florida 2002a, 翻訳書 2008, p.291）し、「活力ある都市を特徴づける創造性は多様性を基盤」（成田 2005、p.78）としていることから、都市研究にとって多様性は重要な研究テーマである。

　フロリダは、「経済学者は、これまで多様性は経済活動にとって重要であると言い続けてきたが、その意味は企業や産業の多様性」（Florida 2002a, 翻訳書，2008、p.314）であり、「企業が集まるのは、才能ある人々が集中することで生まれる力を利用するためである」（Florida 2002a, 翻訳書 2008，p.283）と主張する。

　多様な人が大都市圏内で物理的に近接しており知識のスピルオーバーが生じるというだけでは、「都市の創造性」を説明することにはならない。人材の集積と地域生産システムをからめて、「人が先か企業が先か」という「鶏が先か卵が先か」の問題に接近する必要がある。ストーパーとスコットは、創造都市論のように人材の集積が先行するという捉え方、とりわけアメニティを基盤とした人的資本の蓄積という論点を批判する（Storper and Scott 2009）。一方、そうした批判は、経済成長の基底的な変化を見逃しているとフロリダらは批判する（Florida, Mellander and Adler 2012）。アシェイムとハンセンは、両者の観点ともに問題があり、創造階級の中でも職種における「統合的」「科学的」「象徴的」という知識基盤の違いが居住地選好の違いにも結びつくと指摘している（Asheim and Hansen 2009）。「統合的」知識に基盤をおく機械工業系ではストーパーらの観点が、「象徴的」知識に基盤をおく文化産業系ではフロリダらの観点が、そして「分析的」知識に基盤をおく医薬品産業系では中間的な

傾向が観察されるという。

　スウェーデンを研究対象としたアシェイムとハンセンによるもう一つの重要な指摘は、フロリダが提唱する三つのTが特定の都市・地域の文脈に接合するのかどうかを考慮せずに適用されてきたことである（Asheim and Hansen 2009）。フロリダの着想は合衆国の経験から得たものであり、ある種のアメリカモデルが「ファスト化」した都市政策のもとで急速に世界に拡散している。例えば、日本の文脈で考えてみると、才能の指標として4年生大学卒業の学士取得者比率という設定が適切か、疑問を呈する人が少なくないであろう。

　本書タイトルの『都市構造と都市政策』に関わっては、都市空間構造と地理的スケールに留意する必要がある。フロリダは、「現実には、人々は標準的な理論が示すようなキャリア選択や地理的移動をしているわけではない。かといって闇雲に仕事や場所を選んでいるわけではない」（Florida 2002a, 翻訳書2008, p.286）として「場所の質」の重要性を提起した。創造階級が好む「場所の質」は、郊外の業務核としてのエッジシティ（edge city）にはほぼ見られず、尖ったという意味合いでのエッジィシティ（edgy city）に注目がいく（Peck 2005, p.745）。

　アメリカ合衆国において、多様性は、空間スケールによって得られる値は大きく異なる（Storper and Scott 2009, p.155）。郊外の居住地は極めて同質度が高く、郊外の業務核には標準化されたようなオフィスビルやショッピングセンターが集積している。一方、外国生まれの人口比率が高く、変化も激しいインナーシティ（都心周辺部）に視線が注がれる。インナーシティは、多様性のもとで尖った試行錯誤を育む場所であるが、「創造ブーム」が襲うと低家賃住居の立ち退きなど多様性の目を摘む流れになる危険性がある（長尾2008, Atkinson and Easthope 2009）。

　創造階級論が提示する多様性や居住地選好は、消費面からの接近であった。都市としては、消費とともに生産に目を向ける必要がある。この点で注目すべきは、須田（2001）による仮説であり、生産においては「サラダボウル」的な個々の集団の凝集性を活かした集積の経済が働き、消費においては「るつぼ」的な集団を越えての集積の経済が働くというものである。この仮説は、「多様性」を構成する諸集団間の相互作用を考えるうえでも興味深い。都市の活力を生み出す源泉を明らかにするためには、都市という「容器」が高い「多様性」で満たされている、というだけで話を終わらせてはならない。

おわりに

　本章では、「海外の都市政策の動向」という課題に対して、創造階級論という近年では最も影響力のある考えをめぐる政策動向とその課題を検討した。それゆえ、内容は先進諸国に傾斜したものとなってしまった。

　創造階級論は、職種、人材、寛容性に着目し、都市研究に新風をもたらした。また、その言説は都市政策に多大な影響を与えている。創造階級や創造都市をめぐって、諸外国では学界における批判的検討にも関わらず政策関係者はそれらに無関心で、流行に乗るべく拙速に政策に取り入れることが強く批判されている。日本では、翻訳書の刊行や学説の紹介など学界において「受容」には熱心であるが、批判的研究は数えるほどしかない。

　創造階級論は、影響力が強いがゆえに、厳しい批判にもさらされている。フロリダらは、そうした批判から学ぶことが多く、議論を通して仮説を考え直しながら理解を深めているという（Florida, Mellander and Adler 2011）。日本において、海外の研究や政策の「受容」と「適用」だけでない取組みが求められるのではなかろうか。本章がその一つの契機となれば幸いである。

【参考文献】
近畿都市学会編（2008）『21世紀の都市像』古今書院。
佐々木雅幸（2001）『創造都市への挑戦－産業と文化の息づく街へ－』岩波書店。
笹島秀晃（2012）「創造都市と新自由主義－デヴィッド・ハーヴェイの企業家主義的都市論からの批判的視座－」『社会学年報』第41巻。
須ží昌弥（2001）「『ニューヨーク』を見る視点」（金田由紀子・佐川和茂編『ニューヨーク－周縁が織りなす都市文化－』、三省堂）。
長尾謙吉（2008）「都市と文化産業－サンフランシスコ・ソーマ地区の変貌」（近畿都市学会編『21世紀の都市像』、古今書院）。
長尾謙吉・笹島秀晃（2012）「創造都市をめぐる省察」『日本都市学会年報』第45巻。
成田孝三（2005）『成熟都市の活性化－世界都市から地球都市へ－』ミネルヴァ書房。
ホール・ピーター（2010）「創造性が都市を動かす」（横浜市・鈴木伸治編『創造性が都市を変える－クリエイティブシティ横浜からの発信－』、学芸出版社）。
水野真彦（2010）「2000年代における大都市再編の経済地理－金融資本主義、グローバルシティ、クリエイティブクラス」『人文地理』第62巻第5号。
Asheim, B. and H. K. Hansen (2009) 'Knowledge Bases, Talents and Contexts: On the Usefulness of the Creative Class Approach in Sweden', "Economic Geography", Vol.85 No.4.
Atkinson, R. and H. Easthope (2009) 'The Consequence of the Creative Class: The Pursuit of Creative Strategies in Australia's Cities', "International Journal of Urban and Regional Research", Vol.33 No.1.
Florida, R. (2002a) "The Rise of the Creative Class: And How it's Transforming Work, Leisure, Community and Everyday Life", Basic Books. リチャード・フロリダ著、井口典夫訳（2008）『クリエイティブ資本論－新たな経済階級（クリエイティブ・クラス）の台頭－』ダイヤモンド社。
Florida, R. (2002b) 'The Economic Geography of Talent', "Annals of the Association of American

Geographers", Vol.92 No.4.
Florida, R. (2004) "Cities and the Creative Class", Routeledge. リチャード・フロリダ著、小長谷一之訳（2010）『クリエイティブ都市経済論－地域活性化の条件－』日本評論社.
Florida, R. (2005) "The Flight of the Creative Class" Harper Business. リチャード・フロリダ著、井口典夫訳（2007）『クリエイティブ・クラスの世紀－新時代の国、都市、人材の条件－』ダイヤモンド社.
Florida, R., C. Mellander and P. Adler (2011) 'The Creative Class Paradigm', in "Handbook of Creative Cities", eds. by D. E. Andersson, A. E. Andersson and C. Mellander, Edward Elgar.
Kamal-Chaoui, L. and J.Sanchez-Reaza (eds.) (2012) "Urban Trends and Policies in OECD Countries", OECD Regional Development Working Papers 2012/01, OECD Publishing. http://dx.doi.org/10.1787/5k9fhn1ctjr8-en
Landry, C. (2000) "The Creative City: A Toolkit for Urban Innovators", Earthscan. チャールズ・ランドリー著、後藤和子監訳（2003）『創造的都市－都市再生のための道具箱－』日本評論社.
Markusen, A. and G. Schrock (2006) 'The Distinctive City: Divergent Patterns in Growth, Hierarchy and Specialisation', "Urban Studies", Vol.43 No.8.
Peck, J. (2005) 'Struggling with the Creative Class', "International Journal of Urban and Regional Research", Vol.29 No.4.
Sternberg, R. (2012) 'Learning from the Past? Why "Creative Industries" can hardly be Created by Local/Regional Governance Policies', "Die Erde", Vol.143 No.4.
Storper, M. and A. J. Scott (2009) 'Rethinking Human Capital, Creativity and Urban Growth', "Journal of Economic Geography", Vol.9 No.2.

執筆者紹介〈執筆順〉（** 編集委員長、* 編集幹事）

松澤　俊雄（まつざわ としお）（第 1 章）
　大阪市立大学名誉教授。1948 年生まれ。九州大学大学院経済学研究科修士課程・同博士課程単位取得後退学、博士（経済学）。専門は地域・都市交通政策論・公共経済論・交通経済論。主な業績に『大都市の社会基盤整備』（編著）東京大学出版会、『入門近代経済学』（共著）日本評論社、「混雑理論と混雑税の再検討」『高速道路と自動車』第 35 巻第 8 号。

小長谷　一之*（こながや かずゆき）（第 2 章、第 17 章、第 26 章）
　大阪市立大学大学院創造都市研究科教授。1959 年生まれ。東京大学大学院理学系研究科修士課程修了・京都大学大学院文学研究科博士課程中退。専門は都市経済・地域政策・まちづくり。主な業績に『都市経済再生のまちづくり』古今書院、『経済効果入門』（編著）日本評論社、『地域活性化戦略』（共著）晃洋書房。

海道　清信（かいどう きよのぶ）（第 3 章）
　名城大学都市情報学部都市情報学科教授。1948 年生まれ。京都大学大学院工学研究科博士課程単位取得満期退学。専門は都市計画・まちづくり。主な業績に『コンパクトシティ』学芸出版社、『コンパクトシティの計画とデザイン』学芸出版社、『シリーズ地球環境建築・専門編 1：地球環境デザインと継承』（共著）彰国社。

實　　清隆（じつき よたか）（第 4 章）
　奈良大学名誉教授。1940 年生まれ。東京大学大学院理学系研究科博士課程修了、博士(学術)。専門は都市地理学・都市政策学。主な業績に『都市計画へのアプローチ―市民が主役のまちづくり―』古今書院、『都市における地価と土地利用変動』古今書院。

酒井　高正（さかい たかまさ）（第 5 章）
　奈良大学文学部地理学科教授。1960 年生まれ。京都大学大学院文学研究科修士課程修了。専門は人口地理学・地理情報システム(GIS)。主な業績に『GIS 原典 I』(共訳) 古今書院、「小地域統計に見る奈良市の「都市」と「農村」」『統計』第 59 巻第 3 号、「製鉄都市ハミルトンの変容の概況」『奈良大地理』第 19 号。

髙橋　愛典（たかはし よしのり）（第 6 章）
　近畿大学経営学部教授。1974 年生まれ。早稲田大学大学院商学研究科博士後期課程単位取得退学、博士（商学）。専門は交通経済学・ロジスティクス論。主な業績に『地域交通政策の新展開』白桃書房、『地方分権とバス交通』（共著）勁草書房、『都市と商業』（共著）税務経理協会。

毛海　千佳子（けうみ　ちかこ）（第 6 章）
近畿大学経営学部講師（2014.4 より）。1977 年生まれ。神戸大学大学院経営学研究科博士課程修了、博士（商学）。専門は交通経済学・サービス産業論。主な業績に「交通手段選択行動におけるサービス属性の評価について」『交通学研究』2004 年研究年報、'The role of schedule delays on passengers' choice of access modes: A case study of Japan's international hub airports'、*Transportation Research : Part E*, Vol.48（共著）。

稲垣　稜（いながき　りょう）（第 7 章）
奈良大学文学部准教授。1974 年生まれ。名古屋大学大学院人間情報学研究科博士後期課程修了、博士（学術）。専門は都市地理学。主な業績に『郊外世代と大都市圏』ナカニシヤ出版、「大都市圏郊外における中心都市への通勤者数減少の要因に関する考察」『地理学評論』第 87 巻第 1 号、「郊外の誕生・現在・今後」『都市研究』第 11 号。

山田　正人（やまだ　まさひと）（第 8 章）
星城大学経営学部准教授。1962 年生まれ。京都人学大学院工学研究科博士前期課程修了。専門は都市計画・交通計画・景観・都市情報。主な業績に「その他の多変量解析手法」『すぐわかる計画数学』（分担執筆）コロナ書店、「人口減少時代における郊外の空洞化と公共交通－中京圏を事例として－」『都市研究』第 12 号。

香川　貴志（かがわ　たかし）（第 9 章）
京都教育大学教育学部教授。1960 年生まれ。立命館大学大学院文学研究科博士後期課程単位取得退学。専門は人文地理学・都市地理学。主な業績に『バンクーバーはなぜ世界一住みやすい都市なのか』ナカニシヤ出版、『ジオ・パル NEO』（共著）海青社、『よみがえる神戸』（共訳）海青社、『京都地図絵巻』（共編著）古今書院。

宗田　好史（むねた　よしふみ）（第 10 章）
京都府立大学大学院生命環境科学研究科教授。1956 年生まれ。法政大学大学院工学系研究科修士課程・ピサ大学大学院・ローマ大学大学院・工学博士（京都大学）。専門は都市計画、保存計画、観光計画。主な著書に『中心市街地の創造力』学芸出版社、『なぜイタリアの村は美しく元気なのか』学芸出版社、『町家再生の論理』学芸出版社。

綿貫　伸一郎（わたぬき　しんいちろう）（第 11 章）
大阪府立大学地域連携部門教授。1950 年生まれ。京都大学大学院経済学研究科博士後期課程単位修得退学。専門は地域経済学。主な業績に『地域格差と地域不平等』大阪府立大学経済学会、『都市と土地の経済学』（編者）日本評論社、『地域経済学入門』（共著）有斐閣。

竹内 正人（たけうち まさと）（第 12 章）

神戸夙川学院大学観光文化学部教授。1954 年生まれ。大阪府立大学大学院経済学研究科博士後期課程修了、博士（経済学）。専門は都市経済。業績に「中古住宅の価格形成要因の分析とその考察」『大阪府立大学経済研究』第 50 巻、「大阪府戸建注文住宅市場における価格形成に関する研究」『都市研究』第 7 号、「コンセプトタウンにおける既存住宅の評価価値の研究」『都市研究』第 9 号。

牛場 智（うしば さとし）（第 13 章）

大阪市立大学客員研究員。1976 年生まれ。大阪市立大学大学院創造都市研究科博士(後期)課程修了、博士（創造都市）。専門はまちづくり・商業（流通）。主な業績に「e リテイルと「新しい街」との関係－大阪・中崎町を事例に－」『流通研究』第 11 巻第 1 号、「共分散構造分析による「新しい街」の魅力要素と来訪者満足度の関係－商業集積における地域マーケティングの視点から－」『創造都市研究』第 6 巻第 1 号。「「LRT」導入によるコンパクトシティ政策と地域商業のアート的マーケティング－富山市を事例に－」『創造都市研究』第 8 巻第 1 号。

石田 信博（いしだ のぶひろ）（第 14 章）

同志社大学商学部教授。1956 年生まれ。同志社大学大学院経済学研究科博士課程修了。専門は交通経済・地域経済・国際物流。主な業績に『コールドチェーン』（共著）晃洋書房、『インターモーダリズム』（共著）勁草書房。

梅村 仁（うめむら ひとし）（第 15 章）

県立高知短期大学地域連携センター長・教授。1964 年生まれ。大阪市立大学大学院創造都市研究科博士後期課程修了、博士（創造都市）。専門は公共経営・地域産業政策・まちづくり。主な業績に『都市型産業集積と自治体産業政策』高知短期大学社会科学会、『地方都市の公共経営』南の風社、『地域産業政策－自治体と実態調査－』（共著）創風社。

加藤 恵正（かとう よしまさ）（第 16 章）

兵庫県立大学政策科学研究所所長・教授。1952 年生まれ。慶応義塾大学経済学部卒業、神戸商科大学大学院経済学研究科博士課程修了、博士（経済学）。専門は都市・地域政策。主な業績に「被災地経済の再生と新たな発展－社会イノベーションの加速を－」『都市政策』第 146 号、「グローバル都市政策によるアジア連携の可能性－」『都市政策』第 150 号。

碓井 照子（うすい てるこ）（第 18 章）

奈良大学名誉教授。奈良女子大学大学院文学研究科修士課程修了。専門は GIS・都市地理学・計量地理学。日本学術会議会員、元地理情報システム学会会長、全国 GIS 技術研究会理事長。主な業績に" GIS based studies in human and social Science" Taylor & Francis（共著）、"Republic Japan after Great East Japan Earthquake and Tunami" Asia institute of urban environment（共著）、「GIS 革命と地理学－オブジェクト指向 GIS と地誌学的方法論－」『地理学評論』第 76 巻第 10 号。

山田 浩之[**]（やまだ ひろゆき）（総括、第19章）
　京都大学名誉教授・近畿都市学会会長。1932年生まれ。京都大学大学院経済学研究科博士課程修了、経済学博士。専門は都市・地域・交通経済学、文化経済学。主な業績に『都市の経済分析』東洋経済新報社、『都市と土地の経済学』（共編著）勁草書房、『地域経済学入門』（共編著）有斐閣。

淡野 明彦（たんの あきひこ）（第20章）
　奈良教育大学名誉教授。1947年生まれ。東京教育大学大学院理学研究科（地理学）修士課程、理学博士（筑波大学）。専門は都市観光、世界遺産。主な業績に『アーバンツーリズム―都市観光論』古今書院、『観光地域の形成と現代的課題』古今書院、「世界遺産と観光に関する地理学的アプローチ」『地理空間』』第1巻第2号。

辻本 千春（つじもと ちはる）（第21章）
　大阪観光大学教授（2014.4より）。1953年生まれ。大阪市立大学大学院創造都市研究科修士課程、同研究科博士（後期）課程終了、博士（創造都市）。専門は観光、メディカル・ツーリズム、ヘルスツーリズム。主な業績に「観光、医療、都市―メディカル・ツーリズム都市としてのバンコク―」『都市研究』第11号。「メディカル・ツーリズムの成立条件とその効果に関する考察―タイにおけるメディカル・ツーリズム勃興の要素論―」『観光研究』第23号。

森本 静香（もりもと しずか）（第21章）
　ポーラ化粧品。大阪市立大学大学院創造都市研究科修士課程修了、修士（都市政策）。主な業績に「高齢者介護の新たな社会化モデル―高齢者介護を通じてできる紐帯「介縁」ネットワーク―」『創造都市研究e』第8巻第1号（http://creativecity.gscc.osaka-cu.ac.jp/ejcc）。

福井 美知子（ふくい みちこ）（第21章）
　大津市中心市街地活性化協議会委員。石坂線21駅の顔づくりグループ代表、元びわこデザイン文化協会理事、大津まちなか食と灯りの祭実行委員長。大阪市立大学大学院創造都市研究科修士課程終了、修士（都市政策）。主な業績に「あかりのまちづくり―創造性を発揮する素材」『まちづくりと創造都市2―地域再生編』晃洋書房、「創造都市と市民創作型アート」『創造の場と都市再生』（共著）晃洋書房。

久 隆浩（ひさ たかひろ）（第22章、第23章）
　近畿大学総合社会学部教授。1958年生まれ。大阪大学大学院工学研究科博士後期課程修了、工学博士。専門は都市計画・環境デザイン・まちづくり・市民参加論。主な業績に『都市・まちづくり学入門』（編著）学芸出版社、『21世紀の都市像』（共著）古今書院、『自治都市・大阪の創造』（共著）敬文堂。

伊多波 良雄（いたば よしお）（第 24 章）
　同志社大学経済学部教授。同志社大学大学院経済学研究科博士課程満期退学。博士（経済学）。専門は地方財政学・政策評価。主な業績に『地方分権時代における地方財政』有斐閣、『公共政策のための政策評価手法』（編著）中央経済社、『スポーツの経済と政策』（編著）晃洋書房、『貧困と社会保障制度』（共著）晃洋書房。

井上 馨（いのうえ かおる）（第 25 章）
　大阪府立大学客員研究員。1946 年生まれ。大阪府立大学経済学研究科博士課程修了。博士（経済学）。専門は都市・地域経済。主な業績に「公共住宅再生事業の新しい調達方法について」『都市研究』第 7 号、「都市祭礼の社会経済的側面」（共著）『文化経済学』第 6 巻第 2 号。

安田 孝（やすだ たかし）（第 27 章）
　大阪商業大学大学院地域政策学研究科非常勤講師。1945 年生まれ。大阪大学大学院工学研究科修士課程修了、工博。1970 年より大阪大学工学部環境工学科助手、1988 年より摂南大学工学部建築学科助教授、教授、2009 年退職。専門は都市計画・都市政策。主な業績に『郊外住宅の形成』INAX 出版、『新修 豊中市史 第九巻：集落・都市』（共著）豊中市。

高山 正樹（たかやま まさき）（第 28 章）
　大阪大学大学院経済学研究科教授。1950 年生まれ。大阪市立大学大学院文学研究科修士課程修了・同博士課程単位取得退学。専門は経済地理学・都市地理学。主な業績に「都市経済構造の変化と中間層の成長」『アジアの大都市 3：クアラルンプル・シンガポール』日本評論社、「大阪大都市圏における人口高齢化の地域的予測と高齢世帯の地域的構成」『アジアと大阪』古今書院。

長尾 謙吉（ながお けんきち）（第 29 章）
　大阪市立大学大学院経済学研究科教授。1968 年生まれ。大阪市立大学大学院文学研究科博士課程単位取得退学。専門は経済地理学。主な業績に『大都市圏の地域産業政策』（編著）大阪公立大学共同出版会、『経済・社会の地理学』（共著）有斐閣。

書　名	都市構造と都市政策
コード	ISBN978-4-7722-5276-8　C3036
発行日	2014年3月31日　初版第1刷発行
編　者	近畿都市学会
	©2014 近畿都市学会
発行者	株式会社古今書院　橋本寿資
印刷所	理想社
発行所	(株)古今書院
	〒101-0062　東京都千代田区神田駿河台2-10
電　話	03-3291-2757
FAX	03-3233-0303
URL	http://www.kokon.co.jp/

検印省略・Printed in Japan

★いま，都市の思想が変わる！　21世紀の都市を輝かせる秘訣とは？

21世紀の都市像
－地域を活かすまちづくり－

近畿都市学会　編　　　　古今書院刊

菊判　284ページ　定価 2,600円+税　　ISBN978-4-7722-6104-3

人口減少や産業空洞化，都心再生など社会経済環境がめまぐるしく変化する21世紀初頭において「都市政策・まちづくり」はいかにあるべきか，土木・建築，地理，経済，経営，社会，法律，犯罪などさまざまな分野の研究者・自治体等の実務者が多彩なテーマを掲げ，机上の空論ではない，地域の現実に即した提言をおこなう。近畿都市学会創立50周年記念出版。

＜本書の目次＞

【第Ⅰ部　21世紀の都市論とまちづくり】

第1章　創造都市論の再構成
第2章　コンパクトシティ論
第3章　現代都市の土地問題
第4章　21世紀の都市問題とまちづくり
第5章　21世紀初頭における都市の開発利益に関する考え方
第6章　21世紀型社会システムとしての住民主体のまちづくり
第7章　LRTと21世紀の交通まちづくり

【第Ⅱ部　21世紀都市の構造】

第8章　インナーシティ再生をめざすEU諸国の取り組み
第9章　ロボット産業の振興と都市政策
第10章　オフィス立地と都市地域構造
第11章　戦後日本のニュータウンの現状と展望

第12章　学術研究都市の創造と課題
第13章　市民参加型GIS（PP-GIS）と21世紀の都市像
第14章　町屋再生と景観保全－「奈良町」の事例から－

【第Ⅲ部　21世紀都市の経済と社会】

第15章　犯罪からみた21世紀の都市像と犯罪のないまちづくり
第16章　都市・地域再生とソーシャル・イノベーション
第17章　都市と文化産業－サンフランシスコの変貌－
第18章　商店街の活性化－中心都市と郊外－
第19章　地域商業の活性化と社会システム
第20章　途上国の都市と貧困問題
第21章　地方分権と地方財政